文物建筑开放利用案例指南

Guidelines for the Open Use of Heritage Buildings

国家文物局《文物建筑开放利用案例指南》课题组　主编

中国建筑工业出版社

图书在版编目（CIP）数据

文物建筑开放利用案例指南 / 国家文物局《文物建筑开放利用案例指南》课题组主编 . —北京：中国建筑工业出版社，2019.7
ISBN 978-7-112-23912-2

Ⅰ . ①文… Ⅱ . ①国… Ⅲ . ①古建筑 – 文物 – 保护 – 中国 – 技术培训 – 教材 Ⅳ . ① TU-87

中国版本图书馆 CIP 数据核字（2019）第 129968 号

责任编辑：陈　桦　柏铭泽
责任校对：张惠雯

文物建筑开放利用案例指南
国家文物局《文物建筑开放利用案例指南》课题组　主编
*
中国建筑工业出版社出版、发行（北京海淀三里河路 9 号）
各地新华书店、建筑书店经销
北京雅盈中佳图文设计公司制版
天津图文方嘉印刷有限公司印刷
*
开本：889 × 1194 毫米　1/20　印张：$21^3/_5$　字数：633 千字
2019 年 9 月第一版　2020 年 1 月第二次印刷
定价：169.00 元
ISBN 978-7-112-23912-2
（34194）

《文物建筑开放利用案例指南》编写人员名单

编委会

主　任　刘玉珠

副主任　宋新潮

编写组

组　长　汤羽扬　闫亚林

成　员　周景峰　韩真元　刘　峘　袁琳溪

　　　　张歆喆　刘昭祎　刘　洋　张　磊

　　　　凌　明　姚　丞

前言

我国现有 76.7 万处不可移动文物，其中文物建筑数量最多、范围最广，从辉煌的宫殿到朴素的民居，从唐代的寺庙到近现代的代表性建筑、工业遗产，既是中华民族五千多年发展历程的文明见证，也是中华优秀传统文化的实物载体。

中央政府高度重视文物活化利用，提出要系统梳理传统文化资源，让收藏在禁宫里的文物、陈列在广阔大地上的遗产、书写在古籍里的文字都活起来。党的十九大报告提出“加强文物保护利用和文化遗产保护传承”，为新时代文物保护利用提供了重要方向。2018 年，中共中央办公厅、国务院办公厅印发《关于加强文物保护利用改革的若干意见》，进一步明确了加强文物保护利用的具体要求。

文物建筑开放利用是文物合理利用的一个重要方向。近年来各地积极探索文物建筑开放利用的功能、形式、途径和方法，精品案例层出不穷，取得了丰硕成果。2017 年国家文物局发布了《文物建筑开放导则（试行）》（以下简称《导则》），鼓励文物建筑采取不同形式对公众开放，强调文物建筑开放利用的社会性和公益性，明确了文物建筑开放利用的一般条件和要求。《导则》的出台，从理念和技术层面为各地文物建筑开放利用提供了引导和途径。

在《导则》的基础上，国家文物局组织研究编写了本书，以开放条件、功能适宜、价值阐释、业态选择、社会服务、工程技术、运营管理等七大要素为纲领，选取各地文物建筑开放的优秀案例和典型做法，以图文并茂的形式进行解读，一方面便于社会各界理解和使用《导则》，另一方面，也希望借助本书推动文物建筑保护利用经验和模式的复制推广。本书所选40余处案例，虽不足以全面展现当前文物建筑开放利用工作的全貌，但却体现了文物传承文化、立足当代、服务公众的基本定位，展示了行业和社会为加强文物保护利用所做出的共同努力。

未来，国家文物局将在文物建筑开放利用方面持续发力，继续发现、培育一批可推广复制的案例，推动各地积极开展文物建筑开放工作。同时，国家文物局也将继续贯彻“保护为主、抢救第一、合理利用、加强管理”的文物工作十六字方针，以高度的历史自觉和文化自信，保护和传承文化遗产，使文物保护成果更多惠及人民群众，努力探索出一条符合中国国情的文物保护利用之路。

目 录

我国文物建筑开放利用历程回顾

在国家各项事业蓬勃发展的今天，优秀文化传承、民族文化自信、文化创造性转化已经提高到了民族崛起或复兴的高度。在诸多的文化建设工作中，文物建筑作为中华优秀文化传承的物质实体，无疑是优秀文化传承中的“参与者”。在我国现有的76.7万处不可移动文物中，建筑类占比近40%，七批全国重点文物保护单位总计4296处，古建筑类1882处，占比43.82%。可见我国不可移动文物中，地面建筑占比最高，类型最丰富，也与公众最为接近。为更好的发挥文物建筑的资源价值，近些年，各级政府都在文物建筑的活化利用方面进行了努力的探索。尽管这种探索还存在着诸多的困难和问题，但探索一条符合中国国情的文物保护利用之路是未来必定要走的一条路。本册《文物建筑开放利用案例指南》既是在多方的支持下，汇集了一批有特点的文物建筑利用案例。

一、建筑的本源即可“利用性”

建筑是标志人类文明的物质要素之一。我国古代哲学家老子《道德经》中“凿户牖以为室，当其无，有室之用。是故有之以为利，无之以为用”一语解读了建筑与空间关系，同时也阐发了建筑的另一属性，即可“利用性”。“建筑”在起源之始就伴随着明确的使用功能，从最初的抵御自然风雨、灾害影响的功能，到被赋予了丰富社会、文化的功用和意义。建筑与人、社会形成了密不可分的互动和关联。人们使用、享受着建筑提供的生活生产空间和环境，也感知、体会着建筑传递的文化传统和精神意象。

伴随着人类社会的进步，对旧有建筑利用的历史也同样悠久。因为建筑中凝结了自然资源和人类劳动价值，人类除了建造新建筑物的需求和激情，对于旧有建筑物的延续使用也投入了热情和智慧。当一座建筑在延续使用中，因为其建造技艺、或是人的活动使其成为某一时代或地区的杰出代表时，则被后人认为是可以保存传承下去的遗产，由此产生了现代概念的“文物建筑”“历史建筑”等受法律保护的文化遗产类型,即前人的建造物所包含的历史信息使其具有了“不可再生”的属性。由于这种特殊的属性，遗产类建筑与一般的建筑在使用方式上有了差别，即遗产的建筑除物质上的使用价值外，因为承载了重大历史、文化价值，具有了文化资源和社会公共性的特征，甚至是国家名片，因而保护被放到了重要的地位。同时，文物建筑也是构建社会文化、经济的一部分，它需要参与社会的发展，发挥其融入社会、传承文化基因的作用。当然，文物建筑更需要在当代人手中保护利用好，能够延续下去，为后代社会传承历史文化价值，实现永续利用。固此文物建筑的保护利用，是在解决作为遗产的建筑“昨天、今天、明天”的系统问题，要考虑“保护”“利用”“延续”的平衡。

二、中国古代对旧有建筑的利用

我国关于“文物”一词的涵义有 一个变化的过程。由历代相传的文献、古物，至 20 世纪逐渐被定义为“具有历史、艺术价值的古代遗物”，再到文物建筑。

现代文物概念产生以前，由于政治、经济、社会等诸多因素，我国古代更多地是通过对旧有建筑的维修、构件更换，重建来满足各类功能活动的需要。除非是遭遇自然灾害，通常采用的是更换建筑构成组件的方法，使得核心的建筑空间、等级秩序、功能延续的利用更为普遍。

古代对祭祀、宗教等具有政治、教化意义的建筑，通常采用保留形制、延续使用功能的方式。如皇家宗庙，是我国的宗庙制度中儒教祖先崇拜的产物，历代对其保护和使用均十分重视。宗庙制度产生于周代。据《礼记·曲礼》记述，凡于民有功的先帝如帝喾、尧、舜、禹、黄帝、文王、武王等都要祭祀。现北京的历代帝王庙，为嘉靖时在北京阜成门内保安寺址上建立，祭祀先王三十六帝，之后清代重修，对祭祀帝王进行了重新选定，帝王庙有非常强的象征作用。宗教建筑也具有建筑利用的延续性。古代皇家建设的大型宗教寺庙多延续千百年的使用，如洛阳白马寺、开元寺等。除了皇家建筑外，民间宗教建筑也是有悠久的利用过程，祭祀功能持续。如祭祀妈祖、关帝等。历史发展，社会变迁，但是宗教建筑承载的核心功能没有改变。

文庙是我国另一类的代表性古建筑类型。古代，文庙建筑一直发挥着教化的功能，是历代重要的文化教育宣传场所。由于孔子创立的儒家思想对于维护封建社会统治安定所起到的重要作用，历代帝王都对孔子尊崇备至，从而把修庙、祀孔作为国家大事来办。自汉代以后，祭孔活动延续不断，规模也逐步提升，明清时期达到顶峰。文庙建筑的空间布局、外在形制和实用功能上始终得以延续利用。宗祠是血缘宗族社会中古代供奉祖先和祭祀的场所，因此家族宗庙建筑在乡村十分普遍，建筑的功能相对固定，形制格局多年沿袭，会经常的维护和世代传承的利用。

其他如经济生产所需的古代大型基础设施工程，也是旧有建筑利用的常见实例。如水利设施，都江堰始建于秦昭王末年，2000 多年来一直发挥着防洪灌溉的作用。浙江丽水的通济堰，距今已有 1500 年历史，经济生产的因素使得人们多年维护和不断改善工程设施，至今仍旧在发挥着灌溉作用。

大同《重修华严寺碑记》记载：“整修寺院，朽者更之，废者兴之，残者成之，……”不难看出古代对寺院、文庙等建筑的态度，功能延续或再续是第一位的，建筑构件、组件均可更换、更新。我国古代对旧有建筑的利用，主要是对原有功能的延续使用，常用的方式是更换糟朽构件、重修、扩建，或是重新装饰一新。

三、近代文物建筑利用的探索

我国现代意义的文物保护产生于20世纪初。近代以来在政府层面开始出现对文物古迹保护的举措。清光绪三十二年（1906），清朝廷设民政部，拟定《保存古物推广办法》，通令各省执行，虽然该项举措主要是针对可移动文物外流的趋势，但还是有积极的意义。清宣统元年（1909），朝廷又组织官员、学者调查国内碑碣、造像、绘画、陵墓、庙宇等文物古迹①。

1912年民国政府筹建"国立历史博物馆"，1914年颁布《大总统禁止古物出口令》，1916年10月制定了《保存古物暂行办法》，其中规定"兹酌定暂行保管办法五条，除通行各省外，合行令知该尹通伤所属，一面认真调查，一面切实保管"。1928年，民国政府颁布《古物保存法》十四条，涉及私有、公有古物的区别，中央、地方的保存，地下古物的发掘，古物的流通，研究等种种问题。这两部民国时期的法规主要侧重了"古物"的"保护"。

20世纪初，西方建筑和文化遗产观点开始进入中国，一些政府人士、学者开始了解和掌握西方对于文化遗产保护的基本理念和措施。以梁思成为代表的学者从建筑史学出发，在梳理文物建筑发展脉络，分析其特征和价值的基础上，提出了关于文物建筑修缮保护的观点，开始出现了文物保护和利用的萌芽。

朱启钤②任北洋政府内务总长期间，发动绅士、商人捐款，将皇家建筑——社稷坛开辟为公园，命名为"中央公园"，又名"稷园"，也就是今天北京中山公园。成为文物建筑利用意识的萌芽性发展的一个较早实例。民国初年大总统府设在中南海，朱启钤把中南海南侧宝月楼的下层改为"新华门"，拆除内侧皇城墙，使大门直通西长安街，又在门内修建大影壁，至今这些建筑仍在发挥作用。

1925年10月，故宫博物院成立，在故宫展示相关文物。1946年，国民政府将古物陈列所和故宫博物院合二为一，统称故宫博物院。又陆续开放了天坛、先农坛、孔庙、国子监、颐和园、玉泉山等多处名胜风景区。可以说，朱启钤是文物建筑保护和利用的重要先驱者之一。

另一个代表性的例子是"万牲园"，即今北京动物园。光绪时代北京动物园被称作"万牲园"，是皇家特有。在清末时期，曾各"农事试验场"，以学习先进国家的技术、振兴我国农业为目的，但仍主要作为皇家园林使用。新中国成立以后，对其进行了全面整修，1955年改名为北京动物园。园内许多皇家建筑被保留下来，是历史建筑与动物园展示开放相结合的实例。

这个时期全国各地也有向社会公众开放的官府和私家府邸园林。如上海的张园、徐园、愚园等，早在19世纪80年代已开放；如1918年浙江乐清县将城外西北隅的社稷坛旧址改为公众运动场。在20世纪30年代，一些城市如南京、杭州、济南、青岛、广州、

---

① 单霁翔．我国文化遗产保护的发展历程[J]. 2008，1（3）：24-33.

② 朱启钤（1871—1964），字桂莘，号蠖园，贵州开州（今开阳）人。清光绪年间举人，辛亥革命后，曾任北洋政府交通总长、内务总长、代理国务总理。1930年组织中国营造学社，任社长，从事古建筑研究。中华人民共和国成立后，任全国政协委员、中央文史研究馆馆员。

天津、等地都设置了公园[①]。

梁思成学成归国后在开展文物建筑的调查和研究同时，同时开始关注文物建筑的利用问题，提出了先进和完整的观点，是我国当时文物建筑观念的最新突破。他在提出对文物建筑保护与修复观点的同时，还提出了应采用“分级利用”的观点。他在《北京——都市计划中的无比杰作》一文中述及：“文物建筑不同于其他文物，其中大部分在作为文物而受到特殊保护之时，还要被恰当地利用”；“对文物建筑应区别对待，有的建筑如故宫，应该绝对保护，不能改造。”

这一时期，从国家层面开始重视古物的保护，将一些皇家建筑、园林向市民开放，但并没有古物利用的相关规定。

四、中华人民共和国成立后至20世纪60年代文物建筑利用

1949年中华人民共和国成立后，我国文物建筑保护与利用进入了一个新的阶段。中华人民共和国成立伊始，百废待兴。在国民经济恢复时期经济实力有限，国家有着对旧有建筑重新利用的巨大需求。文物建筑利用是以“维修、利废”的态度为主。对已丧失原有功能的建筑，或在战火中损伤严重的建筑，进行整旧如新、改建，以供新功能使用。这个时期，国家根据建设中出现的情况，及时颁布政策法令。出台了一系列文物保护的文件，对协调文物保护利用和基本生产建设的关系，起到了积极的促进作用。

1953年中央人民政府政务院发布《中央人民政府政务院关于在基本建设工程中保护历史及革命文物的指示》。该文件是中华人民共和国成立后第一份关于文物保护的重要文件，其中虽未明确提及文物的“利用”一词，但是该文件首段即提到，“我国文化悠久，历代人民所创造的文物、建筑遍布全国，其中并有很大部分埋藏地下，尚未发掘。这些文物与建筑，不但是研究我国历史与文化的最可靠的实物例证，也是对广大人民进行爱国主义教育的最具体的材料”，其将文物建筑确定为进行民众的教育素材，明确了文物的公众教育属性，体现了利用文物的初步想法，这是中华人民共和国成立后首次提到文物建筑的利用思路。同时，文件还规定“各级人民政府文化主管部门应加强文物保护政策、法令的宣传，教育群众爱护祖国文物，并采用举办展览、制作复制品、出版图片等各种方式，通过历史及革命文物加强对人民的爱国主义教育”，“各地发现的历史及革命文物，除少数特别珍贵者外，一般文物不必集中在中央，可由省（市）文化主管部门负责保管，并应就地组织展览，对当地群众进行宣传教育。”这一规定更是进一步明确了文物建筑宣传教育作用的具体操作方式。

1956年《关于在农业生产建设中保护文物的通知》重点规定了农业生产中文物保护问题，其中保护是重点。同时文件中也提到有关的文物利用“在发现文物地区，就地举办临时性的展览”。在关于规划中提到“对生产建设没有妨碍的文化遗迹应坚决保存，若有碍生产建设但价值重大，应尽可能纳入绿化或其他建设规划加以保存利用”。在公众方面则提到“使保护文物成为广泛的群众性工作”。

中华人民共和国成立初始，城市发展带来的巨大新建筑建设量不可避免的引发基本建设和文物保护的矛盾。1953年开始的第一个五年计划，国家集中力量进行工业化建设，加快推进各领域的社会主义改造，工业、农业建设蓬勃开展，大量交通、水利等基本设施动工动土。一些建设单位对文物价值缺乏普

① 陈植 . 造园学概论 [M]. 北京：商务印书馆，1935：32-33.

遍、系统认识，对文物建筑的保护利用经验不足。加之“大跃进”等政治运动的影响，文物建筑利用走过一段曲折、起伏的道路。如由于城市人口的增加和功能需求的改变，出现了过度甚至破坏性利用情况，大宅院、祠堂等一些居住类古建筑，由于居住人口增加，或者改为政府办公、学校、仓储等功能后，根据建筑新的使用要求改建古建筑，导致一些具有悠久历史的建筑被拆除。

中华人民共和国成立初期有关文物建筑利用的代表性事件之一是关于北京老城与城墙的保护利用问题。1950年，梁思成与陈占祥提出了北京老城整体保护的方案，即整体保护北京老城，而在一侧另建新城，并提出了北京城墙公园的设想，即在保护北京古城墙的同时，在城墙顶设置游憩空间，布置座椅，在城楼角楼布置陈列馆、阅览室等，为公众提供休闲游憩场所。

城墙公园的设想体现了文化遗产整体利用的意识：对于利用形式梁先生提出“保留内外城墙及护城河，将城楼、角楼等辟为陈列馆、阅览室、茶点铺等，并将宽阔的城墙顶部利用为公园等”。这个设想的描述，颇富诗意：“城墙外面有一道护城河，河与墙之间有一带相当宽的地……拆除后的地带，同护城河一起，可以做成极好的‘绿带’公园。护城河在明正统年间，曾经‘两涯甃以砖石’，将来也可以如此做。将来引导永定河水一部分流入护城河的计划成功之后，河内可以放舟钓鱼，冬天又是一个很好的溜冰场。不唯如此，城墙上面，平均宽度约十公尺以上，可以砌花池，栽植丁香，蔷薇一类的灌木，或铺些草地，种植草花，再安放些园椅。”这种将城墙与水系环境整体保护利用的设想反映了对文物建筑及环境完整性保护的理念。这些思想从今天的角度来看，具有重要的前瞻性和指导意义。

城墙公园的设想还体现了文化遗产利用的公益性意识，文物利用的目的是为人民的更好生活，惠及民生，充分体现其公共社会价值。梁思成《北京——都市计划的无比杰作》述及：“北京峋峙着许多壮观的城楼角楼，站在上面俯瞰城郊，远览风景，可以供人娱心悦目，舒畅襟怀。但在过去封建年代里，因人民不得登临，事实上是等于放弃了它的一个可贵的作用。今后我们必须好好利用它为广大人民服务。”他诗意地描述到“夏季黄昏，可供数十万人的纳凉游息。秋高气爽的时节，登高远眺，俯视全城，西北苍苍的西山，东南无际的平原，居住于城市的人民可以这样接近大自然，胸襟壮阔……古老的城墙正在等候着负起新的任务，它很方便地在城的四面，等候着为人民服务，休息他们的疲劳筋骨，培养他们的优美情绪，以民族文物及自然景色来丰富他们的生活”。

同时，城墙公园设想也体现了合理利用的意识：文物的利用要以保护为根本，找到其合理的功能定位，以充分体现文物价值。梁先生提及：“现在前门箭楼早已恰当地作为文娱之用。在北京市各界人民代表会议中，又有人建议用崇文门、宣武门两个城楼作陈列馆，以后不但各城楼都可以同样的利用，并且我们应该把城墙上面的全部面积整理出来，尽量使它发挥它所具有的特长。”“这样一带环城的文娱圈，环城立体公园，是全世界独一无二的。”

梁先生也对文物的利用提出过分级的观点：“对文物建筑应区别对待，珍宝型文物应该绝对保护。有些文物则可在保护中加以利用，在利用中更妥善地予以保护，如北京的城墙”。时至今日，分级利用的思想仍然符合我国的国情。由于公布为文物保护的单位大量增加，文物的类型不断拓展和丰富，文物建筑利用问题变得更加复杂，涉及产权、民生、运营、管理、社会的方方面面，分级利用的意识可为解决复杂问题提供探索的方向。

20世纪60年代，对建筑遗产保护过程中的经验与教训逐渐得以积累和总结，开始纠正“大跃进”带来的失误，探索符合中国国情的实践方法，建立起针对考古发掘、博物馆建设、文物保护单位、古建筑修缮等问题的指导原则，服务之后建筑遗产保护与利用的实践。1961年的《文物保护管理暂行条例》，是中华人民共和国成立后第一部文物保护法规，对于文物建筑的保护与利用，具有重大意义。标志着开始建立具有法律定位的“文物”概念。《文物保护管理暂行条例》是《中华人民共和国文物保护法》的前身，其中可以看到后来文物保护法的一些基本思想和管理思路。《文物保护管理暂行条例》中关于文物利用的条款是“第十二条 核定为文物保护单位的纪念建筑物或者古建筑，除可以建立博物馆、保管所或者辟为参观游览场所外，如果必须作其他用途，应当由主管的文化行政部门报人民委员会批准。使用单位要严格遵守不改变原状的原则，并且负责保证建筑物及附属文物的安全。”明确了文物作为其他用途利用的原则和审批程序。

1961年，国务院颁布了《文物保护管理暂行条例》，并公布了第一批全国重点文物保护单位的名单，共计180处，提出对不可移动文物管理工作的“四有”要求。在此基础上，确立了“重点保护、重点发掘，既对文物保护有利、又对基本建设有利”的“两重两利”要求，形成了适用于当时社会发展阶段的建筑遗产保护与利用原则。这一原则是基于我国当时国情与经济、管理能力，同时考虑了文物保护与其肩负的提高我国整体艺术素养，传播民族文化的要求。

纵观这段历史时期，正如谢辰生先生所言：“中华人民共和国成立后17年的文物保护工作，虽然经历了1958年一次短暂的曲折，但总的来说始终是在正确的方针政策指导下进行的。因而在法规建设、队伍培养以及各项业务工作中都取得了显著成绩，为新中国文物保护管理工作的进一步发展奠定了坚实的基础[①]。”

五、1978年至21世纪初文物建筑利用的发展

1978年，具有历史意义的十一届三中全会，做出把党和国家的工作重点转移到社会主义现代化建设上来和实行改革开放的战略决策。随着党和国家工作重心的转移，文物保护事业逐步受到各级政府重视，走入发展轨道。一系列政策的出台促进了文物建筑的保护和利用工作的开展。同期，国外的保护和修缮理论更多的引入国内，如《威尼斯宪章》《马丘比丘宪章》等陆续翻译出版。更多的经费投入到文物建筑保护修缮中，社会对文物的利用呼声逐步增高，文物建筑利用实践也有了一定的探索。

1982年的《中华人民共和国文物保护法》（以下简称《文物保护法》）是我国文化领域第一部由国家最高立法机构颁布的法律，也是我国历史上第一次以法律的形式对文物保护工作进行的界定。随着《文物保护法》的颁布，各地方也结合实际，陆续出台了一批加强文物保护和管理的法规和规范性文件，强化文物保护和管理。这标志着中国文物事业逐步走向法制化轨道，是文物事业发展的一个里程碑。

这个时期，我国改革开放和现代化事业全面展开。在城市化进程中，规模空前的基本建设与文物保护之间的矛盾日益突出，文物工作受到城市建设、旅游开发等活动的冲击，保护和利用的关系是行业在理论和实践上关注的焦点。如何处理好保护和利用的关系，成为这一时期文物事业迫切需要探索、解决的问题之一。

---

① 谢辰生．新中国文物保护工作50年[J]. 当代中国史研究．2002，9（3）：61-70.

在全面总结新中国成立以来文物工作实践的基础上，国家明确提出了“保护为主、抢救第一”的新时期文物工作方针。1995年9月，在西安召开全国文物工作会议，针对市场经济条件下经济发展与文物保护的关系，进一步提出了“有效保护、合理利用、加强管理”的原则。2002年10月修订的《文物保护法》颁布。它的一个重要成果是把“保护为主、抢救第一、合理利用、加强管理”的文物工作方针上升为法律规定。至此，文物工作“十六字”方针沿用至今。

2000年，由国际古迹遗址理事中国国家委员会制定的《中国文物古迹保护准则》由国家文物局批准并向社会公布。该准则以我国文物保护法规为基础，与国际《威尼斯宪章》等系列文件相结合，按照中国国情提出了文物古迹保护原则和方法，其中第四条对文物古迹的利用提出明确的要求“文物古迹应当得到合理的利用，利用必须坚持以社会效益为准则，不应当为了当前利益的需要而损害文物古迹的价值”。同年中国文化遗产保护与城市发展国际会议形成了《北京共识》，提出了重视城市文化遗产保护的问题。这些都体现出我国开始超越一般文物管理，而转向对文化遗产的综合管理并与国际文化遗产保护的接轨。随着经济社会的迅速发展可以明显看到，我国文物保护事业进入到一个蓬勃发展的黄金时期，文物保护和合理利用理论和实践得到迅速发展。

2005年12月，国务院印发了《关于加强文化遗产保护的通知》，明确提出了加强文化遗产保护的指导思想、基本方针、总体目标和主要措施。该通知中对文化遗产保护提出了详细的规定和要求，其中对于过度利用问题予以关注“坚决避免和纠正过度开发利用文化遗产，特别是将文物作为或变相作为企业资产经营的违法行为”。

2006年《国家文物局关于加强工业遗产保护的通知》中对工业遗产的保护和利用进行了规定“加强工业遗产的保护、管理和利用，对于传承人类先进文化，保护和彰显一个城市的底蕴和特色，推动地区经济社会可持续发展，具有十分重要的意义”。

2008年，全国博物馆向社会免费开放工作正式启动。一些被辟为博物馆的文物建筑免费开放，游客量成倍增加，文物建筑日益发挥着更大社会价值。

随着历史文化遗产概念的深入，工业遗产、老字号遗产、大运河遗产、乡村遗产、20世纪遗产、文化线路遗产、农业文化遗产、丝路文化遗产、抗战文物、一带一路文化遗产和儒学遗产等均进入遗产保护的视野，由此对遗产进行有序、合理利用也越来越迫切。

六、近10年文物建筑利用发展的新趋势

2011年8月国家文物局发布《国有文物保护单位经营性活动管理规定（试行）》，对国有文物保护单位的经营性活动进行了规定。明确国有文物保护单位的经营性活动，不得背离公共文化属性，不得改变文物保护单位用途，将文物保护单位作为企业资产经营；不得租赁、承包、转让、抵押文物保护单位，以营利为目的进行商业开发等。

相关行业也出台了对于文物保护和利用的政策。国务院于2012年12月发布了《关于进一步做好旅游等开发建设活动中文物保护工作的意见》，明确提出合理确定文物景区游客承载标准，对于易受损害的文物资源，要通过预约参观、错峰参观等方式调节旅游旺季的游客人数，并定期对旅游情况进行安全评估，防止片面追求游客规模。

党的十八大以来，中央政府就坚定文化自信、加强文物保护、传承优秀传统文化发表了一系列重要论述，明确指出文化自信是更基础、更广泛、更深厚的

自信。要求统筹好文物保护与经济社会发展，切实加大文物保护力度，推进文物合理适度利用，努力走出一条符合国情的文物保护利用之路。国务院于2016年3月的《国务院关于进一步加强文物工作的指导意见》中，对文物工作落实责任、加强保护、拓展利用、严格执法等方面做出了部署。

文物建筑的合理利用问题成为业界研究和讨论的重点和热点，社会和群众的文物建筑利用意识在增强。随着学界、业界和社会的多年探索，取得和积累了一些较好的经验。一些具有重大历史、艺术价值的文物建筑被辟为参观游览场所，结合城市公园等建设，为公众营造公益性生活空间，取得了文物保护和社会效益的双赢。在文庙、府学、书院等儒家文物建筑中，用作学习、文教、科普、庆典等场所，举办各种文化活动，弘扬了中华传统文化，促进社会精神文明和道德建设。一些古村落古民居，在带动乡村旅游，发展地方经济方面取得了成功的经验。在革命文物分布密集的地方，充分利用红色资源，以点串线、以线带面，整合多处革命文物建筑或者遗址，对该区域革命历史类文物进行整体利用，充分彰显革命文物的价值，起到了提升革命文物公共服务水平和社会教育效果的作用。工业遗产建筑利用的模式也有着较多有益的探索。工业遗产建筑多为钢筋混凝土结构，高度和跨度大，可利用性强，同时具有时代特征明显的建筑艺术、结构工艺美学的特点，有不少较好的尝试。如对工业建筑进行功能转化，形成了别具特色的博物馆、展示馆、文创空间等。

一些重要的规范和标准也陆续出台，2015版《中国文物古迹保护准则》对合理利用问题专辟章节，分别从功能延续和赋予新功能等角度，阐述了合理利用的原则和方法，提出应根据文物古迹的价值、特征、保存状况、环境条件，综合考虑研究、展示、延续原有功能和赋予文物古迹适宜的当代功能的各种利用方式，强调了利用的公益性和可持续性，反对和避免过度利用。2017年国家文物局公布《文物建筑开放导则（试行）》，首次对文物建筑开放利用的具体实施指导原则进行了规定，相应案例研究等指导性文件也将发布。

2018年7月，中共中央办公厅、国务院办公厅印发了《关于实施革命文物保护利用工程（2018—2022年）的意见》，对推进革命文物保护利用传承，加强革命文物保护修复和展示传播，深化革命文物价值挖掘和利用创新等提出了指导方针。2018年10月，中共中央办公厅、国务院办公厅专门印发了《关于加强文物保护利用改革的若干意见》，将新时代文物保护利用工作纳入党和国家事业发展全局，从不断满足人民日益增长的美好生活需要的角度，对文物保护利用改革工作提出了更高的要求，指明了新时代文物事业改革发展的方向。

七、结语

通过梳理分析我国的建筑利用、文物建筑利用的历史发展过程，可以看到文物建筑利用发展过程具有的深刻历史因素和内在动因，其发展史上多样的方式、思潮的变迁，反映了来自不同历史环境中社会、经济、审美、文化、科技等的诸多因素。

实现文物建筑的“合理利用”是一个综合的过程。需要法律法规的健全以及国家政策的指导，需要文物行业及建筑业界进一步的理论研究支撑，需要相关多学科的交叉，更多新思维和技术的引入，需要社会各界的关注和热情，并参与进来，共同承担责任和义务，使珍贵的文物建筑遗产，能够在保护基础上做到合理的利用，将保护、传承、提升其价值，至走向未来。

指南七要素（案例索引）

文化是民族的血脉，是人民的精神家园。文化自信是更基本、更深层、更持久的力量。中华文化独一无二的理念、智慧、气度、神韵，增添了中国人民和中华民族内心深处的自信和自豪。

——《关于实施中华优秀传统文化传承发展工程的意见》中共中央办公厅 国务院办公厅 2017 年 1 月

实施中华优秀传统文化传承发展工程和国家记忆工程，通过对体现中华优秀传统文化的代表性文物的有效保护与合理利用，发挥好文物资源的社会教育和公共服务功能，建设全民共识的国家精神标识。

——《全面加强文物保护利用 传承发展中华优秀传统文化》中共国家文物局党组 2017 年 3 月

宣传计划应该体现和解释场所和文化经历的真实性，提高对文化遗产的欣赏和理解程度。

——《国际文化旅游宪章》国际古迹遗址理事会（ICOMOS），1999年，墨西哥

一、开放条件：科学制定开放利用策略和计划

1. 政府与社会力量共同推动保护修缮与开放计划

永庆坊 161；屈氏庄园 261；四行仓库抗日纪念地 279；山西省文物建筑“认养”299；“五四宪法”起草地旧址 345；海宁周氏民宅 369；松阳古村落 363

2. 通过政策引导，社会力量介入保护修缮与开放计划

西递村 079；万松老人塔 099；卧云庐 177；满洲住友金属株式会社车间旧址 245；邬达克旧居 287；静园 305；沙溪古镇 319

建筑物的使用有利于延续建筑的寿命，应继续使用它们，但使用功能必须以尊重建筑的历史和艺术特征为前提。

——《关于历史性纪念物修复的雅典宪章》第一届历史纪念物建筑师及技师国际会议国际建筑协会 1931 年，雅典

二、功能适宜：明确适宜文物建筑利用的功能

1. 延续原功能实现当代使用

正乙祠戏楼 087；武汉大学早期建筑群 189；岳麓书院 203；和顺图书馆旧址 329；胡庆余堂 337；心兰书社 357

2. 原功能与新功能混合实现品牌效应

国民政府警察局旧址 129；春草堂 155；万木草堂 183；青岛啤酒厂早期建筑 267；德国胶州邮政局旧址 273；胡庆余堂 337

3. 新功能契合原有空间实现当代使用

智珠寺 093；万松老人塔 099；龙烟铁矿股份有限公司旧址（首钢园区）117；陈家祠堂（陈氏书院）169；颐和路公馆区第十二片区 215；丽则女学校旧址 227；北半园 233

强化国家站位、主动服务大局，加强文物价值的挖掘阐释和传播利用，让文物活起来，发挥文物资源独特优势，为推动实现中华民族伟大复兴中国梦提供精神力量。

——《关于加强文物保护利用改革的若干意见》
中办国办印发 2018 年 10 月

三、价值阐释：重视价值发掘与丰富的传达方式

1. 深入的价值发掘支撑展示与阐释	陈家祠堂（陈氏书院）169；西秦会馆 253；静园 305；“五四宪法”起草地旧址 345
2. 丰富的阐释手段提升价值表达	重庆湖广会馆 123；岳麓书院 203；长春电影制片厂早期建筑 209；颐和路公馆区第十二片区 215；西秦会馆 253；青岛啤酒厂早期建筑 267；沙逊大厦 293
3. 文化产品创新生动传达价值	静园 305；庆王府 313
4. 与非遗内容高度契合深入阐释价值	正乙祠戏楼 087；沧浪亭 239；沙溪古镇 319

利用是文物古迹保护的主要内容。应根据文物古迹的价值、特征、保存状况、环境条件，综合考虑研究、展示、延续原有功能和赋予文物古迹适宜的当代功能的各种利用方式。利用应强调公益性和可持续性，避免过度利用。

——《中国文物古迹保护准则》
国际古迹遗址理事会中国国家委员会 2015 年

四、业态选择：选择兼顾社会与经济效益的多样性业态

案例	要点
正乙祠戏楼 087；北京东方饭店初期建筑 111；沙逊大厦 293	1. 业态选择契合价值核心主题
智珠寺 093；龙烟铁矿股份有限公司旧址（首钢园区）117；永庆坊 161；金陵兵工厂旧址 221；满洲住友金属株式会社车间旧址 245；德国胶州邮政局旧址 273；通益公纱厂旧址 351	2. 业态选择能够增强地方文化氛围
松阳古村落 363	3. 业态选择能够符合建筑空间使用要求
美国使馆旧址 105；庆王府 313	4. 能够根据需要进行业态优化调整

五、社会服务：通过创新和多样性活动服务社会	
1. 利用中为社会提供公益活动场所	国民政府警察局旧址 129；林森公馆 143；汇丰银行福州分行及独立厅 149；邬达克旧居 287；心兰书社 357
2. 举办各类公益活动宣传地方传统文化	万松老人塔 099；重庆湖广会馆 123；陈家祠堂（陈氏书院）169；胡庆余堂 337
3. 举办各类活动带动社区活力或乡村振兴	三坊七巷古建筑群 135；卧云庐 177；北半园 233；满洲住友金属株式会社车间旧址 245；屈氏庄园 261；和顺图书馆旧址 329；通益公纱厂旧址 351；心兰书社 357；海宁周氏民宅 369
4. 持续创新开展各类教育活动	万木草堂 183；西秦会馆 253

应合理控制开放使用范围、内容和强度，修缮过程中应充分考虑开放使用，避免二次装修、空间改造、设施设备装配影响文物安全。

——《文物建筑开放导则（试行）》国家文物局 2017 年 11 月

六、工程技术：保护工程与利用的完美结合	
1. 修缮中对历史工艺技术的深度研究与挖掘，并予以表达	智珠寺 093；春草堂 155；汉口横滨正金银行（中信银行滨江支行）197；四行仓库抗日纪念地 279
2. 保护修缮与展示利用工程统筹计划完成	重庆湖广会馆 123；汉口横滨正金银行（中信银行滨江支行）197；满洲住友金属株式会社车间旧址 245；四行仓库抗日纪念地 279；和顺图书馆旧址 329
3. 详细记录保护修缮全过程，并展示、出版	三坊七巷古建筑群 135；静园 305；庆王府 313；沙溪古镇 319
4. 精细化控制，新技术运用贯穿全过程	武汉大学早期建筑群 189
5. 尊重历史景观环境的保护与维护	美国使馆旧址 105；永庆坊 161；丽则女学校旧址 227

案例解读——城市遗产

HZ-C01　五四宪法历史资料陈列馆

杭州

根据杭州市园林文物局提供的图文资料整理

一、杭州市城市遗产的总体情况和特点

在 2007 至 2010 年全国第三次不可移动文物普查中，杭州市共调查登录 11134 处具有一定文物价值的不可移动文物。目前，杭州拥有 944 处各级文物保护单位（点），包括全国重点文物保护单位 39 处（群），省级文物保护单位 101 处（群），市县级文物保护单位 487 处，文物保护点 385 处，历史文化街区和历史地段 27 处。此外，还有 336 处历史建筑，国家级历史文化名村名镇 4 处，省级历史文化名村名镇 21 处，国家级和省级考古遗址公园各 1 处。

二、积极建立财政资金保障和推动文化遗产的保护利用

从 2004 年开始，杭州市设立了 1.3 亿的历史文化名城保护专项资金，用于文物保护和博物馆建设。通过每年有计划地开展文物保护修缮工程，城区文物的濒危状态得到了有效缓解。省级以上文保单位完好率在 100%，市级文保单位完好率在 95% 以上。为了有效提升各级政府、文物管理使用单位的积极性，杭州市文物部门采取了灵活的资金补助政策，对大型的政府主导文物保护项目，实施全额保障；对企事业单位承担的文物保护项目，根据其经费状况，在项目实施完毕后根据决算报告实施不少于 50% 的财政补助，重点向公益性展示利用的文化遗产倾斜。

三、持续健全政策管理和规划指导文化遗产的保护利用

杭州市一直以来鼓励包括政府、企业、社会团体在内的各方力量参与文化遗产保护利用。2006 年出台的《杭州市人民政府关于加强我市历史文化遗产保护的实施意见》和 2018 年出台的《杭州市人民政府关

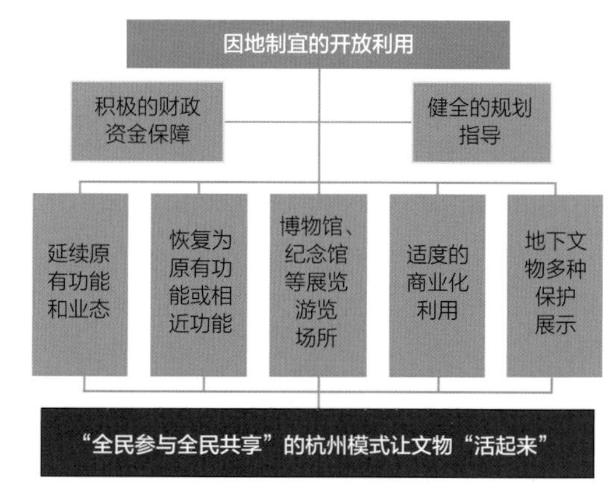

HZ-C02　杭州城市遗产保护开放利用框图

杭州历史文化资源统计表　　表 HZ-C01

文物保护单位		历史街区、名镇、名村	
保护级别	数量（外 / 群）	保护类别	数量（处）
全国重点文物保护单位	39	历史文化街区、历史地段	27
省级重点文物保护单位	101	国家级历史文化名镇名村	4
市县级重点文物保护单位	487	省级历史文化名镇名村	1
文物保护点	385		
历史建筑	336		

于进一步加强文物工作的实施意见》，都强调鼓励社会力量和民间资金投入文物保护利用。以文物保护规划的形式来指导文化遗产的保护利用展示，相继出台了临安城遗址保护规划、杭州市文物保护单位用地保护规划等保护规划，规划部门也会同文物部门和房管部门相继出台了《杭州市工业遗产建筑规划管理规定》《杭州市教育建筑遗产保护规划》等专项规划及规范性文件，对不同类型的城市遗产保护和展示利用进行规范和指导。近期在编的《钱塘江海塘遗址保护与利用规划》也将结合城市规划，分段保护展示钱塘江两岸 120km 长的海塘遗存。

杭州市代表性文件一览表　　表 HZ-C02

文件类型	名称
政策文件	2006 年《杭州市人民政府关于加强我市历史文化遗产保护的实施意见》
	2018 年《杭州市人民政府关于进一步加强文物工作的实施意见》
规划文件	《临安城遗址保护总体规划》
	《杭州市文保单位用地保护规划》
	《杭州市工业遗产建筑规划管理规定》
	《杭州市教育（建筑）遗产保护规划》
	《钱塘江古海塘遗址保护利用规划》

四、因地制宜，开放利用坚持“突出社会效益为主，兼顾经济效益”的原则

1）首选延续文化遗产初建时的原有功能和业态。全国重点文保单位胡庆余堂延续了药店功能，被开辟为胡庆余堂中药博物馆。新新饭店和清泰第二旅馆旧址也延续了从民国初年至今的旅馆功能，并以相关的名人文化为品牌，进行宣传和利用。

2）恢复原有功能或相近的功能，对外开放。方回春堂药店在清河坊历史街区保护工程中搬迁居民后，重新恢复了中药店的功能，成为受市民和游客欢迎的场所。或是与传统文化的展示传播相结合，如清代梁肯堂故居修缮后由杭州中医院建成了广兴堂中医馆，结合专家门诊展示体验中医药文化。大运河边的通益公纱厂旧址建筑在保存原状的前提下建成手工艺活态馆，集中了杭州的各种手工艺非遗项目，成为非遗学习、传承和交流的场所，创造了可观的社会和经济效益。

3）改造为博物馆、纪念馆和展览游览场所对外开放。胡雪岩旧居修缮后成为对外开放的游览景点，相邻的朱智故居修缮后成为中国社区文化展示馆和当地社区服务用房；市中心的浙江省高等法院旧址在修缮后建成杭州城市规划展示馆，成为展示城市文化的窗口；西湖博览会工业馆旧址在搬迁居民后被开辟为西湖博览会博物馆，与会展业进行了较好的结合；钱学森故居修缮后开辟为钱学森纪念馆，北山街 84 号汤恩伯旧居建成了“五四宪法”陈列馆，二者成为杭州市红色文化教育基地。

4）适度进行商业利用。湖边村的韩国独立运动旧址，除了部分被开辟为纪念馆外，还有一部分与历史街区的建筑一起开发作为酒店使用。

5）地下文物进行多种方式的保护展示。临安城遗址内的重要遗存通过不同的方式进行保护展示。南宋太庙遗址在发现和初步发掘后进行回填，建成绿地广场供市民休憩；南宋御街三省六部遗址在建设万松岭隧道时被发现，随即道路进行了避让，建成南宋御街展览馆向公众开放；南宋官窑也建成博物馆进行遗址展示。雷峰塔遗址上以保护罩的形式建成新的雷峰塔，成为杭州市的热门景点。南高峰的二十一师北伐将士墓在发现清理后，经过环境整治，将烈士陵园与山地公园结合供市民游客凭吊游览。

五、探索“全民参与全民共享”的杭州模式让文物“活起来”

近年来杭州博物馆事业发展迅速，目前已拥有各类博物馆 80 余座，呈现出系列化、社会化、多样化的繁荣局面。博物馆已经成为展示城市文化遗产的重要场所，也是城市文化遗产利用的首要选择。2003 年杭州市率先在全国进行博物馆免费开放，除了因文物保护需要控制人流外，免除西湖景区和各博物馆的门票，吸引公众走进博物馆。2009 年，杭州推出了“第二课堂行动计划”，将开放的文物建筑、遗址和博物馆展览馆纳入青少年教育体系，让广大中小学生能够

HZ-C03　清泰第二旅馆旧址（左图）
HZ-C04　章太炎故居开展小学生民俗体验活动（右图上）
HZ-C05　杭州隐庐修缮后作为精品酒店使用（右图下）

将文化遗产作为学习的场所。至今已吸引 3000 多万人次青少年走进文化遗产进行学习。近期杭州市开展“讲文物故事”系列活动取得显著成效，探索了文化遗产“全民参与全民共享”杭州模式，受到国家文物局及全国同仁的高度肯定。

HZ-C06　富义仓修缮后作为创意空间使用

SH-C01　上海历史博物馆南京西路出入口

上海

根据上海市文物局提供的相关图文资料整理

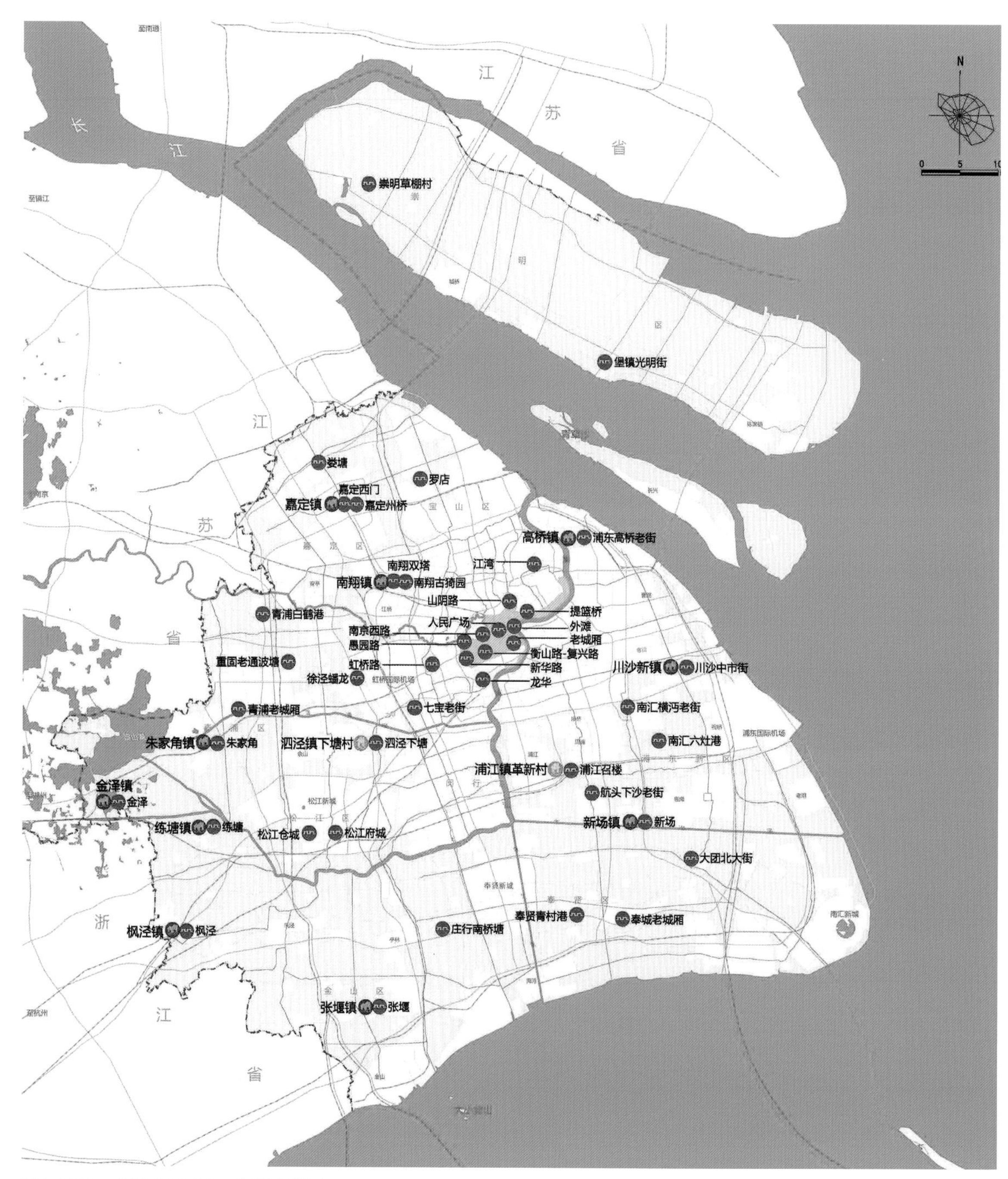

SH-C02　上海市历史文化保护规划图

上海市历史文化资源一览表　　表 SH-C01

文物保护单位		历史街区、名镇、名村		
保护级别	数量（处/群）	保护类别	数量（处）	备注
全国重点文物保护单位	29	中国历史文化街区	1	
市级重点文物保护单位	238	中国历史文化名街	3	
区级重点文物保护单位	423	中国历史文化名镇	11	
文物保护点	2745	中国历史文化名村	2	
历史建筑	1058	国家级传统村落	5	
		历史文化风貌区	44	上海特有
		风貌保护街坊	250	上海特有
		风貌保护道路（街巷）	397	上海特有

上海市代表性规划文件　　表 SH-C02

代表性规划文件
《上海市历史文化名城保护规划》
《上海市中心区历史风貌保护规划（历史建筑与街区）》
《衡山路——复兴路历史文化风貌区保护规划》
《风貌道路保护规划》
《上海市革命遗址保护规划》
《上海工业遗产保护规划》
《中国共产党第一次全国代表大会会址保护规划》
《宋庆龄故居保护规划》

上海是国家历史文化名城，目前拥有全国重点文物保护单位 29 处、市级文物保护单位 238 处、区级文物保护单位 423 处、文物保护点 2745 处，共计不可移动文物 3435 处，其中近三分之一已向公众开放。全市拥有各级各类博物馆 128 家，每年举办展览近 800 个，举办教育活动近 23000 次。上海还拥有中国历史文化街区 1 个，历史文化名街 3 条，中国历史文化名镇 11 个，中国历史文化名村 2 个，中国传统村落 5 个。

上海的历史文化遗产保护工作以历史城区、历史城镇与村庄为主要载体，系统整合并保护各类历史文化遗产以及承载历史文脉与文化内涵的空间肌理、历

SH-C03　武康路 100 弄

上海历史风貌保护制度形成历程统计表　　表 SH-C03

阶段	时间	事件
"历史风貌保护"制度雏形	1986 年	上海被批准为第二批国家级历史文化名城
	1991 年	颁布的《上海市优秀近代建筑保护管理办法》
	1991 年	上海市规划局编制《上海市历史文化名城保护规划》，在中心城区划定了外滩等 11 片历史文化风貌区，作为城市保护的核心
	1999 年	上海市规划局编制了《上海市中心区历史风貌保护规划（历史建筑与街区）》
"历史风貌保护"制度建立	2002 年	上海市颁布了《上海市历史文化风貌区和优秀历史建筑保护条例》
	2003 年	上海市召开城市规划工作会议，正式提出"建立最严格的历史文化风貌区和优秀历史建筑保护制度"
	2003 年	上海市规划局下设"风貌保护处"（曾用名"雕塑与景观管理处"）
	2004 年	上海市规划局以《衡山路—复兴路历史文化风貌区保护规划》为试点，组织开展了历史文化风貌区控制性详细规划的编制工作
	2005 年	上海市政府正式颁布了第四批 234 处优秀历史建筑
"历史风貌保护"制度完善	2013—2014 年	组织开展了"历史文化风貌保护对象扩大深化研究"和"第五批优秀历史建筑遴选推荐"
	2015 年	上海市人民政府同意将新康大楼等 426 处建筑列为上海市第五批优秀历史建筑
	2016 年	将明待里等 119 处风貌保护街坊和金陵东路等 23 条风貌保护道路（街巷）列为上海市历史文化风貌区范围扩大名单

史环境、生活方式等要素。上海还划定了 44 片历史文化风貌区，250 处风貌保护区外的风貌保护街坊，397 条风貌保护道路与风貌保护街巷。除了各级文物保护单位外，作为较早开始关注文物建筑以外的近代建筑遗产的城市，上海还拥有 1058 处优秀历史建筑及风貌区内的相关保留历史建筑和一般历史建筑。

一、上海城市遗产整体协同保护利用体系

1）共建共享的保护利用制度

在上海这样一个具有中外文化交融、拼贴的海派特征的历史文化名城，面对快速大规模的旧城改造，建立有针对性地、实事求是而有效的管理机制是非常必要的。

在针对优秀历史建筑和文化风貌区的地方政策文件出台之前，1982 年的《中华人民共和国文物保护法》对上海的历史建筑保护起着最主要的作用。1991 年，《上海市优秀近代建筑保护管理办法》出台。该办法所指的保护对象除了涵盖上海的文物建筑外，还包括了暂未获得文物身份的优秀近代建筑，并初步形成了城市规划管理局、房屋土地管理局与文物管理委员会共同负责的历史建筑保护机制。2002 年，发布《上海市历史文化风貌区和优秀历史建筑保护条例》，至此，上海市的历史文化风貌区、优秀历史建筑的保护正式立法。2014 年 6 月，通过了文物保护地方法规《上海市文物保护条例》；2017 年又发布了《市政府关于进一步加强文物工作的实施意见》，进一步加强和规范了文物建筑保护的具体措施。

城市更新背景下城市遗产保护利用

近些年，随着城市更新与发展，上海市不断扩大和统筹了城市遗产保护和利用工作。2015 年《上海市

城市更新实施办法》的出台，以及2017年市政府发布的《关于深化城市有机更新促进历史风貌保护工作的若干意见》，标志着文物建筑的开放利用不再仅仅是文物保护领域的孤立事件，更是城市更新发展进程中的重要组成部分。保护和更新成为城市发展语境下具有同等地位的建设活动。在这些政策背景下，结合区域更新进行的文物建筑综合性保护开放越来越多。如上生新所项目，正在建设中的原公共租界工部局大楼改造、尚贤坊改造等项目也纷纷从产权置换、功能更新、风貌保护、空间肌理等多种角度探索文物建筑保护与开放的新路径。

共建共享的保护利用规章

《市政府关于进一步加强文物工作的实施意见》和《关于深化城市有机更新促进历史风貌保护工作的若干意见》文件，提出了鼓励社会参与文物保护的政策措施，包括：对社会力量自愿投入资金保护修缮区级文物保护单位和文物保护点的，可依法依规在不改变所有权的前提下，给予一定期限的使用权；探索对文物资源密集区域的财政支持方式，在土地置换、容积率补偿等方面给予政策倾斜，大力推广政府和社会资本合作（PPP）模式；设立历史风貌保护及城市更新专项资金；

上海城市遗产保护利用相关政策文件一览表　　表 SH-C04

阶段	时间	事　件
“历史风貌保护”制度雏形	1991年	上海市优秀近代建筑保护管理办法
	1994年	关于在区县建设和土地出让权过程中加强文物保护的通知
	1995年	上海市城市规划条例
	1995年	上海市第二批优秀历史建筑保护技术规定
	1997年	上海市优秀近代房屋质量检测管理暂行规定
	1998年	上海市第三批优秀历史建筑保护技术规定
	1999年	关于本市历史建筑与街区保护改造试点的实施意见
“历史风貌保护”制度建立	2001年	上海市文物经营管理办法
	2002年	上海市古树名木和古树后续资源保护条例
	2003年	上海市历史文化风貌区和优秀历史建筑保护条例
	2003年	关于加强历史文化风貌区建筑修建规划管理的意见
	2003年	关于本市公有优秀历史建筑解除租赁关系补偿安置指导性标准的通知
	2004年	关于进一步加强对本市优秀历史建筑保护的若干意见
	2004年	关于加强历史文化风貌区和优秀历史建筑保护的规划管理工作的若干意见
	2004年	关于进一步加强本市历史文化风貌区和优秀历史建筑保护的通知
	2004年	关于建立上海市历史文化风貌区和优秀历史建筑保护委员会的通知
	2004年	关于加强优秀历史建筑和授权经营房产保护管理的通知
	2004年	优秀历史建筑修缮技术规程
	2005年	上海市第四批优秀历史建筑保护技术规定
	2006年	关于严格控制本市历史文化风貌区核心保护范围内新建、扩建地下室规划管理的若干意见
	2006年	关于加强建筑物变更使用性质规划管理的若干意见
	2007年	关于本市风貌保护道路（街巷）规划管理若干意见
	2011年	上海市城乡规划条例
“历史风貌保护”制度完善	2012年	上海市市级非物质文化遗产保护专项资金管理办法
	2014年	上海市文物保护条例
	2015年	上海市城市更新实施办法
	2015年	上海市城市更新实施细则
	2015年	上海市优秀历史建筑保护修缮技术规程
	2016年	上海市非物质文化遗产保护条例
	2016年	关于推进本市历史文化名镇名村保护与更新利用的实施意见
	2017年	关于深化城市有机更新促进历史风貌保护工作的若干意见

建立历史风貌保护开发权转移机制；允许历史风貌保护相关用地因功能优化再次利用，进行用地性质和功能调整等。

2）全面规范的保护规划

1991年，上海编制了《上海市历史文化名城保护规划》，1999年，上海市规划局又组织编制了《上海市中心区历史风貌保护规划（历史建筑与街区）》。2002年上海公布了44片历史文化风貌区后，2004年开始以《衡山路—复兴路历史文化风貌区保护规划》为试点，陆续编制完成了44片历史文化风貌区的保护规划。在保护规划的基础上，上海市还对风貌保护道路编制了《风貌保护道路规划》。

此外，文物管理部门组织编制了《上海市革命遗址保护规划》《上海工业遗产保护规划》等针对不同类型的城市遗产保护规划，以及《中国共产党第一次全国代表大会会址保护规划》《宋庆龄故居保护规划》等全国重点文物保护单位的专项保护规划，为文物建筑的开放利用提供了规范和指导。

3）多部门协同的管理体系

上海的历史建筑是由市文物局、市规自局、市房管局“三驾马车”共同管理。其中，各级文物保护单位的保护利用由市文物局主管；历史文化风貌区及风貌区内的保留、一般历史建筑由市规自局主管；优秀历史建筑由市房管局主管。此外，涉及建设工程的保护利用项目，市发改委、财政局、市住建委、市消防局等相关部门也会发挥相应的职能。针对多部门的工作协调，在文物建筑保护领域，并联审批、联席会议制度等有利于简化手续、提升效率的制度已成为工作常态。

二、政府引导、企业主导、居民自主参与的多样开放利用途径

1）政府引导率先探索文物建筑开放利用模式

早期文物建筑保护利用领域往往由政府为主导，一方面是由于文物建筑的国有产权关系决定的，另一方面也因为过去对文物建筑的开放利用经济回报低，对企业缺乏吸引力。

上海外滩地区是最早开始探索文物建筑以非博物馆、纪念馆等公益性用途向公众开放的地区之一。20世纪90年代，为增强上海经济中心功能，上海市政府集中对外滩建筑的使用功能进行置换，政府机关退出外滩，由国有企业通过置换获得外滩文物建筑产权，再将使用权出租给社会资本，实现文物资源的开放利用。如外滩3号原有利银行大楼、外滩18号原麦加利银行大楼被作为集美食、艺术、文化、音乐及时尚为一体的休闲场所，是较为成功的文物建筑开放案例。由国有企业开始探索的文物建筑商业化利用的模式，为吸引社会资本的介入创造了条件。

SH-C04　上海市历史博物馆航拍图

2）社会企业主导探索多元的文物建筑开放利用模式

近年来，越来越多的社会资本开始投入文物建筑的保护利用事业中，他们大多是以租用的形式获得文物建筑经营权后再进行对外开放利用。如Prada集团对荣宗敬住宅进行修缮后以“荣宅”的新身份重新示人，并以定期举办展览的形式向公众开放；美国洛克菲勒国际集团与上海新黄浦集团联合开发“外滩源”项目，将外滩圆明园路沿街的历史建筑进行整体修缮后，打造成为集展览、餐饮、办公等功能为一体的商业空间；华侨城与宝格丽集团对上海总商会大楼进行修缮后作为为酒店；万科集团的“上生新所”项目，对原哥伦比亚公园区域进行综合利用，成为集办公、娱乐、生活为一体的文化艺术汇聚地。

3）居民自主参与探索自下而上的文物建筑开放利用模式

另一种文物建筑开放利用模式是政府引导、居民自主参与，自下而上的小规模、多元化、渐进式保护利用方式，从而形成保护历史风貌、改善生活环境和发展创意产业和谐共存的模式。上海田子坊位于泰康路210弄，深藏于闹市中，是20世纪50年代典型的弄堂工厂群，1998年艺术家陈逸飞带工作室来此后，田子坊逐渐成为海内外视觉创意设计机构争相进驻的“热土”，入驻的商家、艺术家、居民积极参与田子坊的管理和筹划中，“形成自给自足的产业模式”。

SH-C05　上生新所（上图）
SH-C06　上海城市遗产保护开放利用框图（下图）

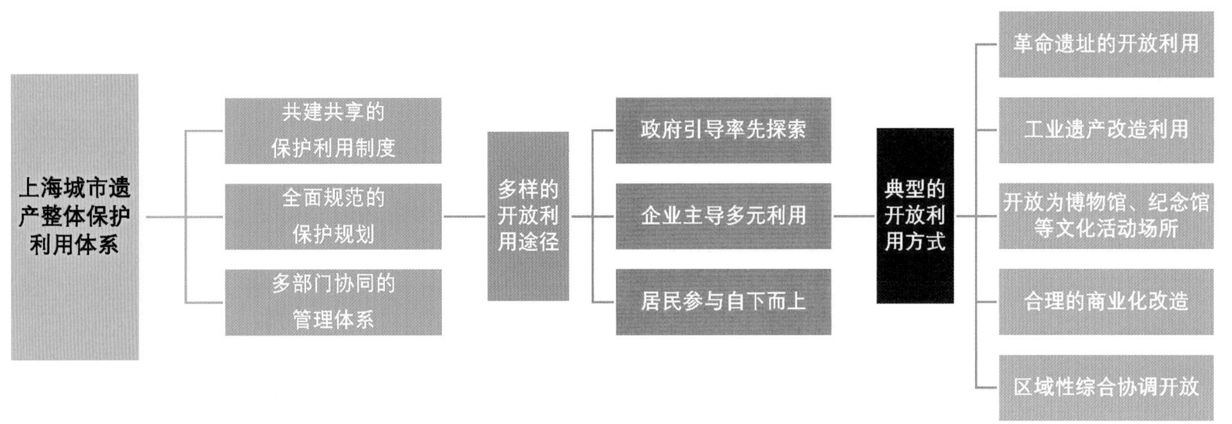

三、上海城市遗产典型的开放利用方式

1）革命遗址开放利用

上海作为中国共产党的诞生地、中国革命的发祥地，许多重大政治历史事件在这里发生发展，许多文物建筑是各大事件发生地，见证了中国和上海近代历史的风云变幻。如“中共一大会址”和“中共二大会址”见证了中国共产党诞生和成长，四行仓库见证了淞沪会战中国军人的浴血奋战……上海革命遗址还包括中国社会主义青年团中央机关旧址、中国劳动组合书记部旧址等，这些近代革命遗址均经过精心修缮后作为博物馆等对公众开放。

SH-C07　中共一大会址

2）工业遗产开放利用

作为中国近代工业的摇篮，上海是较早认识到近代工业遗产价值的城市。早在 1989 年，上海市就将杨树浦水厂纳入上海市级文物保护单位进行保护。近年来，又结合文物保护和再利用的需求，对一批工业遗产进行保护和再利用，取得了非常好的效果。如莫干山路原上海春明粗纺厂等厂房被改建为 M50 创意园区；民生码头被改造为展览、创意办公场所对外开放；原工部局屠宰场被改造为 1933 老场坊文化创意场所；“西岸”地区原龙华机场的大机库被改造为余德耀美术馆；原上钢十厂的厂房被改造为综合文化空间“红坊”，并以上海城市雕塑艺术中心为主题。

SH-C08　复兴中路 505 号思南文学之家

SH-C09　四行仓库

3）开放为博物馆、纪念馆等文化活动场所

将文物建筑空间作为载体，置入博物馆、纪念馆等展示功能也是文物建筑开放利用的重要类型。如人民公园旁的原跑马总会建筑群被改造为上海市历史博物馆，历史上这里也曾先后作为上海博物馆、上海图书馆、上海美术馆向公众开放；宝庆路 3 号花园洋房原为 20 世纪 30 年代上海滩颜料大王周宗良的私人花园，如今作为上海交响音乐博物馆。

作为中国近代最繁华的城市，上海还是一个名人荟萃的地方，历史上叱咤风云的达官贵人、军阀政要、洋商富贾、名流学者、爱国志士曾纷纷寓居于此，大批经典的历史故事在这里留下烙印，由此名人故居也是上海文物建筑的重要类型之一。这些名人故居中的很大一部分已作为纪念馆对外开放，如毛泽东旧居、孙中山故居、宋庆龄故居、陈望道故居、巴金故居等。

4）合理的商业介入开放

随着越来越多社会资本对文物建筑保护领域的介入，文物建筑保护利用开始探索和发展商业介入模式。其中有维持文物建筑原有功能的，如沙逊大厦（和平饭店）、外滩原汇丰银行大楼、大新公司（第一百货大楼）、美琪大戏院等建筑保留了原有的酒店、银行、商场、剧院等功能向公众开放。这些建筑根据文物保护要求进行保护和修缮时，结合现代使用需求进行了结构、消防设施设备等多方面的完善和提升；也有对文物建筑进行功能置换后引入商业开放利用的，如外滩 2 号原上海总会大楼被改作为华尔道夫酒店，外滩 27 号原怡和洋行大楼被作为罗斯福公馆，成为集餐饮、办公等功能为一体的时尚中心。

SH-C10　上海市历史博物馆

5）区域性综合协调开放利用

随着历史文化风貌区、风貌保护街坊、风貌保护道路等多种层次保护要素的确立，文物建筑的开放利用不再仅仅局限于孤立的保护单位，成片保护、区域联动的利用模式为文物建筑的利用带来新的生机。

周公馆和思南公馆相邻而建，这里集中了众多历史悠久的花园洋房，如今成为集文化、商业、居住等功能为一体的城市休闲区，并通过思南读书会、露天博物馆、空间艺术季等"文化思南"品牌系列活动提升区域的开放性。作为中国历史文化名街的武康路，1.17km的街道上散布着宋庆龄、黄兴、巴金、张乐平、柯灵等名人故居，如今这些文物建筑经保护修缮并向公众开放。紧挨黄兴故居的建筑曾作为"世界社"的办公地点，也是社员们乃至上海教育出版界人士的社交场所，如今成为徐汇老房子艺术中心，用于集中展示徐汇区的文物建筑资源。

SH-C11　思南公馆

SZ-C01　苏州平江府内景

苏州

根据苏州市文物局提供的相关图文资料整理

苏州是中国重要的历史文化名城和世界遗产城市。2012年5月，联合国教科文组织总干事伊琳娜·博科娃访问苏州，对苏州在保护历史文化遗产方面所做的工作给予高度评价，欣然题词：Sharing Suzhou's Experience with the World（让苏州经验与世界同享）

在传统的认知上，文物的价值主要是文化价值，功能主要是教育功能。受这一理念影响，相当长的一段时间，重保护轻利用的现象比较普遍。文物的功能单一，活力不足，一些文物资源长期空关闲置，影响了文物作用的发挥和价值彰显，也影响了社会对文物价值的认知和评价。合理利用好文物，真正让文物活起来，发挥积极的应有作用，是中央深化文物保护利用改革提出的重要工作任务，也是文物部门回应社会关切，彰显文物价值，提升社会地位和影响力的一次重要机遇。

一、苏州城市遗产的总体特点

1）2500年城址未变、格局依旧的城市

苏州存续了两千多年，也持续发展繁荣了两千多年，是人类文明进程中的一个奇迹。苏州城始建于公元前514年，是著名政治家、军事家伍子胥主持营建的吴国都城。十三世纪（1229年）的《平江图》，由当时苏州（古称平江）郡守李寿朋主持雕刻于石碑上的城市平面图，与史书记载的吴国都城基本一致。至今城市格局、道路、水系和主要名胜与城市遗存与《平江图》记载大体相同，这在中外城市史上是罕见的。

2）园林遍布、水系纵横的东方园林水城

苏州是道法自然、人水相依的范例。其作为园林之城，现有园林108座，还有30多处园林遗址遗迹。苏州园林是中国古代文人士大夫的精神家园，凝聚了对自然、社会、人生的思考和谛悟，透过“大隐小隐”“入世出世”“多许少许”文化表象，看到的是对理想品质生活的追求。

3）名副其实的世界遗产城市

苏州城市遗产类型的丰富性和数量堪称典范，是同时拥有“世界文化遗产”“世界非物质文化遗产”和“世界记忆遗产”的城市。

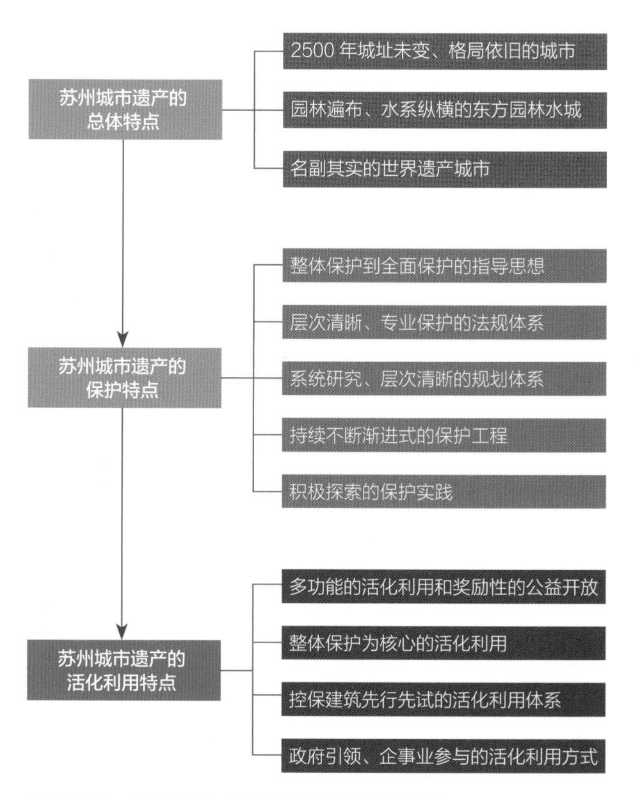

SZ-C02 苏州市城市遗产保护开放利用框图

1997年苏州园林（拙政园、留园、网师园、环秀山庄）被列入世界文化遗产。2001年，沧浪亭、狮子林、艺圃、耦园和退思园等五座园林增补列入世界文化遗产。2006年，苏州古城（平江历史文化街区、山塘历史文化街区、盘门）被列入《中国世界文化遗产预备清单》。2012年，江南水乡古镇被列入《中国世界文化遗产预备清单》，作为典型例证的10个古镇，苏州占有6席。2014年，中国大运河列入世界文化遗产。大运河苏州段则是其重要组成部分。以大运河申遗为契机，苏州古城的山塘河、上塘河、胥江、平江河、护城河五条运河故道和山塘历史文化街区（含虎丘云岩寺塔）、平江历史文化街区（含全晋会馆）、盘门、宝带桥、古纤道7个相关点段被纳入中国大运河世界文化遗产目录。苏州是大运河沿线唯一以“古城”概念申遗的城市，是大运河城市景观遗产的典型例证。

2017年，苏州加入“世界遗产城市组织”，成为中国目前唯一正式会员城市。

SZ-C03　苏州平江府

二、苏州城市遗产保护特点

1）由整体保护到全面保护的指导思想

遗产城市保护是一个重大课题，也是一个复杂的系统工程。苏州城市遗产保护工作必须以古城为核心，优化古城人口结构，保持正常的社会细胞；提高居民收入，缩小古城与新城的差距；提升专业化保护水平，同时还要勇于探索创新。苏州历史名城整体保护目标强调可实施、可持续，全面保护历史文化资源，系统传承优秀传统文化，科学统筹保护与发展，健全完善名城保障机制。历史遗存保护指标侧重历史文化资源的全面保护；文化特色指标强调专业化、精细化保护；经济发展指标关注古城产业优化方向与目标；人民生活、公共服务、环境质量和社会组织指标则重点关注居民，在提升生活品质和宜居环境，引导人口结构优化等方面体现人本性保护。同时，在古城保护与发展指标体系的基础上制定了差别化考核机制。

2）层次清晰、专业保护的法规体系

专业化保护，即构建分层次、分年代、分系列的“三分”保护体系；发展性保护强调名城保护与发展统筹协调，实现城市有机更新。苏州的地方法规涉及历史

苏州政策文件一览表　　表 SZ-C01

数量	名称	公布单位	发布时间
1	《苏州园林保护和管理条例》	江苏省人民代表大会常务委员会	2016
2	《苏州古树名木保护管理条例》	江苏省人民代表大会常务委员会	2001
3	《苏州古建筑保护条例》	江苏省人民代表大会常务委员会	2002
4	《苏州历史文化名城名镇保护办法》	苏州市人民政府	2003
5	《苏州市古建筑抢修保护实施细则》	苏州市人民政府	2003
6	《苏州西部山区春秋古城址群保护意见》	苏州市人民政府	2003
7	《苏州市城市紫线管理办法（试行）》	苏州市人民政府	2003
8	《苏州市区古建筑抢修贷款贴息和奖励办法》	苏州市人民政府	2004
9	《苏州市河道管理条例》	江苏省人民代表大会常务委员会	2004
10	《苏州市市区依靠社会力量抢修保护直管公房古民居实施意见》	苏州市人民政府	2004
11	《苏州市文物保护单位和控制保护建筑完好率测评办法（试行）》	苏州市人民政府	2005
12	《苏州市文物古建筑维修工程准则》	苏州市文物局	2005
13	《苏州市地下文物保护办法》	苏州市人民政府	2006
14	《苏州市城乡规划条例》	江苏省人民代表大会常务委员会	2010
15	《苏州市非物质文化遗产保护条例》	江苏省人民代表大会常务委员会	2013
16	《苏州市城乡规划若干强制性内容的规定》	苏州市人民政府	2003
17	《苏州古村落保护管理条例》	江苏省人民代表大会常务委员会	2013
18	《关于保护传承香山帮传统建筑营造技艺实施意见》		
19	《苏州市历史文化保护区保护性修复整治消防管理办法》	苏州市人民政府	2018
20	《苏州国家历史文化名城保护条例》	江苏省人民代表大会常务委员会	2017
21	《苏州市古城墙保护条例》	江苏省人民代表大会常务委员会	2017

文化保护的方方面面，是国家上位法的有效补充。这些法规文件中一个重要的文件就是《苏州市城乡规划若干强制性内容的规定》，这个文件最早颁布于2003年，2013年做了修改完善。它是苏州古城保护操作性较强的政府规章。

3）从规划层面做系统研究和设计，建构层次清晰的规划体系

首先是研究编制苏州城市总体规划（2017—2035年）。总体规划是城市发展的纲领性文件，在总体规划中明确了“保护古城，发展新区”的城市发展战略。同时确定了控制古城人口规模，调整古城业态，实现“退二进三”战略，即工业企业向东园西区转移，培育发展特色服务业，为古城保护和城市发展指明方向。其次是研究编制苏州历史文化名城保护专项规划（2017—2035），这是古城保护的专项规划。最后，研究编制苏州历史文化街区保护规划和苏州历史文化街区城市设计。

4）持续不断、渐进式的保护工程

从20世纪50年代开始，先后对苏州的园林名胜、寺庙道观、官署会馆、名人故居、古建老宅进行了重

SZ-C04　留园——泛舟吹笛表演

点抢救保护。共修缮文物230余处，投入资金8.6亿元。从20世纪90年代开始先后对古城区的10个街坊进行整治改造，完善基础设施，提升居民生活质量。近期又对古城区54个街坊进行了城市设计，致力整体提升古城保护水平，提高宜居舒适度，激发古城活力。平江历史文化街区和山塘历史文化街区是苏州古城最具代表性，也是规模最大的两个历史文化街区。从20世纪90年代开始，对这两个历史街区进行了全面的保护修复，修复后的两个历史街区均被评为“中国历史文化名街”。21世纪初，为迎接第28届世界遗产大会在苏州召开（2004年），市政府启动了护城河环境整治工程，全长15.5km，整修驳岸桥梁，配置绿化景观，使护城河环境质量得到明显改善提升。2007年苏州启动背街小巷整治工程。20多年前苏州古城的水质较差，通过持续不断的清淤，保洁和自流活水改造，苏州古城的水质得到明显提升。建立非物质文化遗产代表性项目名录，编制非物质文化遗产保护规划，确定非物质文化遗产代表性项目的保护单位和代表性传承人。

中国的文物预防性保护首先从可移动文物开始，之后逐步向不可移动文物拓展，这是积极借鉴吸收国际遗产保护理念的一个新尝试，改变了“小病不管，大病大治”的传统做法，变被动为主动。苏州对世界文化遗产两个项目（即苏州古典园林和大运河苏州段）进行了文物预防性保护试点工作。

三、苏州城市遗产活化利用的特点

1）多功能的活化利用和公益性开放奖励政策

开设博物馆、纪念馆、美术馆等公共文化场所需要有一定的条件，如建筑规模、所处环境、自身的资源禀赋、藏品展品的质量、数量等。符合条件作为公共文化场所开放的，政府每年安排1000万元给予鼓励扶持。从免费开放、陈列展览、学术活动、租金补贴等多个方面进行奖励扶持。如利用潘世恩故居设立的苏州状元博物馆和利用许宅开设的苏州工艺美术博物馆等每年都能获得近100万元的资金支持。

一般文物建筑允许开展经营性活动，尊重业主和市场主体的选择。但同时对文物建筑开展经营活动也有限制要求。除工商、消防部门的要求外，文物方面有三个基本原则：①装修使用不得伤害文物本体；②不得做有潜在安全风险的项目，如易燃、易爆、有腐蚀性等的项目；③应当用适当的方式介绍传统文物建筑的历史信息和价值。

如吴大徵故居是苏州市控制保护建筑，私人产权，1996年业主申请开设饭店。

经过讨论磋商，文物部门同意了业主的申请，并按上述三点原则要求进行具体细化：①不得伤害文物本体，装修方案报文物部门备案认可；②厨房用砖混结构另外建造，与文物建筑分开，配备消防器材，确保文物安全；③吴大徵是清代金石学家、湖南巡抚，要用适当的方式介绍宣传该建筑的历史价值和人文内涵，最好做成博物馆餐厅或名人故居餐厅。业主接受文物部门意见。该饭店开设至今已有20多年，生意一直很好，客人在用餐的同时，也是一次沉浸式、体验式的参观、游览活动。

2）以古城整体保护为核心思路下的活化利用

20世纪初，文物部门会同规划部门从城市空间布局、社区需求、文物建筑的资源特点等多个方面进行综合研究，联合组织编制了苏州市文物建筑保护利用规划，强调“保护利用并重”，重视文物利用的合理性和有效性，并提出了分类利用的具体指导意见。优先布局公共文化设施，积极支持有品质有特色的商业活动，努力把文物建筑用好、用活，充分发挥文物资源应有的价值和魅力。

苏纶纱厂始建于 1895 年，是苏州现存最早的近现代工业遗产，现存建筑 8 万 m^2，占地面积 11 万 m^2。对这样一个大体量的工业遗产，文物与规划部门在“保护利用并重”原则指导下，联合研究制定了苏纶纱厂保护利用的专项方案。

保护方面：把苏纶纱厂从原来的控制保护建筑，公布为文物保护单位，划定保护范围和建设控制地带，核定 11 个单体为文物本体，建立记录档案，编制保护规划。苏纶纱厂从建厂之初的清末，到民国，直至中华人民共和国成立之后，不同时期都有建造，为了保护建筑时代序列的完整性，建造于 1983 年的织造车间也被列为文物本体加以保护。

利用方面：重点解决保护方式、技术手段和利用主题等问题。采用原样维修、整体平移保护、落架大修、改造利用等四种方式进行保护利用。

苏纶纱厂的利用主题确定为文化综合体，成为集书城、阅读、旅馆、购物、美食、休闲于一体的大型文化空间，其中，原三纺车间为书城，织造车间和职工宿舍为阅读旅馆，工人俱乐部和医院为养生会馆，一车间为文创中心，电厂、空压机房为酒店、咖啡吧，老洋房为商务中心。

SZ-C05　苏州沧浪亭

3）控保建筑先行先试的活化利用体系

文物的利用目前还存在一定的政策障碍和安全风险，谨慎行事，避免失误是应该秉持的态度。苏州的文物利用从保护级别上区别对待，先以控制保护建筑为试点，再逐步扩展到市保单位、省保单位以及全国重点文物保护单位。在产权性质上，先从非国有文物试点，再扩展到国有文物。这样做的目的是为了在实践中及时总结，有问题及时纠正，避免文物遭受损失。从苏州 20 多年实践看，文物利用总体情况是良好、可控的。

在利用中，还积极引入了城市遗产保护的历史景观方法（HUL）。2015 年 4 月，苏州市吴江区双湾地方政府与西交利物浦大学城市化研究所签署了合作协议，采用 HUL 方法，研究地方可持续发展的形式。专家小组致力于确定一个逐步转变鱼塘的方案（至 2019 年），以保持历史水景的特性。发展计划使公共空间

SZ-C06　苏州沧浪亭内景

得到了改善，该村的主要南北连接道路确定为“绿色道路”，目的是引入合适的人行道和绿地，以实现慢行交通。纺织企业家门则开展新的种植方案，以便于与未来的乡村旅游活动的相协调，同时，制定了关于如何重塑整个村庄（玫瑰花园、玫瑰茶馆、绿地、客人）的方案，以保护当地农村历史景观，促进地方可持续发展和遗产保护。

丽则女校位于吴江区同里镇，原为江苏省文物保护单位，2013年与退思园合并，升级为全国重点文物保护单位。丽则女校位于退思园围墙外东北部，建筑面积617m^2，地理位置比较偏僻，参观的客人相对较少。2016年，花间堂在丽则女校西侧开设了酒店，并向同里镇政府租用了丽则女校作为花间堂的文化空间，设置图书阅览室、讲堂教室、影视厅、健身房、咖吧茶座等。除对住店客人服务外，还免费接待普通游客参观游览。

4）政府引领，企事业单位参与的活化利用方式

为进一步提升苏州文物资源资产保护利用水平组建国有公司，加大文物保护利用力度。2010年，苏州市委市政府决定组建“苏州市文化旅游集团有限公司”，主要负责苏州古建老宅的保护利用工作，明确要求在尊重历史和保护古城的前提下，坚持“古建老宅保护与改善民生相结合，古建老宅保护与彰显特色文化相结合，古建老宅保护与有效利用科学运作相结合的”的原则，积极探索由“死保”变“活保”的最优方法和有效途径。苏州文旅集团先行启动了12处古建老宅的动迁维修和保护利用试点工作，继而又收储了42处古建老宅，为苏州文物保护利用发挥积极的示范作用。目前，苏州文旅集团在修复保护的文物建筑中，开设了苏州状元博物馆等两座博物馆，引进了花间堂酒店等一批特色品牌企业，培育孵化了“状态”等一批众筹创客文创机构。

博习医院旧址为苏州市控制保护建筑，是一幢三层中西合璧的近代建筑，面积约2600m^2。苏州文旅集团协议动迁了原有的单位和住户，结合天赐庄历史文化片区整治提升，引进培育战略合作伙伴，联袂把博习医院旧址打造成集文化创意、项目孵化、游学休闲于一体的创客联盟，为天赐庄历史文化片区增添文化元素和经济活力。

以国家保护为主，国家保护与社会保护利用相结合是苏州文物利用的有盖探索。苏州文物建筑的保护利用通常有三种模式：①政府出资保护利用；②政府和社会力量合作保护利用；③产权转让保护利用。第一种模式是主要模式，初步统计由政府出资保护利用的文物资产占总数的80%左右。第二种模式占15%左右，大致有以下几种情况；一是政府负责原住户、原使用单位的动迁安置，社会力量负责维修、租赁使用。二是社会力量负责维修，政府允许免费使用若干年，或是政府维修，个人租赁使用。第三种模式占5%左右，为产权转让保护利用，主要是尚未列入文物保护单位的一般不可移动文物，即控制保护建筑。

苏州鼓励社会力量参与古建筑的保护利用。2004年出台了《苏州市区古建筑抢修贷款贴息和奖励办法》，规定社会组织、个人维修古建筑申请银行贷款，政府补贴利息50%；自筹资金维修古建筑，政府奖励20%（按工程决算审计数为准）。到目前为止，已有40多个项目获得了政府3200万元的奖励。同时对一部分保护利用好的文物建筑，提升保护级别。比如任道镕故居（万氏花园）原为苏州市控制保护建筑，社会力量出资维修后，保护水平和环境质量有了较大提升，2009年被公布为苏州市文物保护单位。2018年又被推荐申报为第七批江苏省文物保护单位。

方宅是苏州市控制保护建筑，位于钮家巷33号，东临平江河，占地面积2100m^2，建筑面积2400m^2，四路四进，是较为典型的清代苏式传统民居建筑。方宅内原有21户居民和一个旅游鞋帽厂，公房、私房、厂房混杂，年久失修，破损较为严重。2003年平江区政府引入社会资金（港资）对方宅进行全面整修，被辟为民宿——平江客栈。经过几年的精心维护使用，现已成为苏州著名的品牌民宿。2008年被《商务旅游》杂志评为“中国最不能错过的十大客栈”，深受海内外公务、商务旅行者和背包客的喜爱。顾客感言：这里不仅是一个客栈，还是苏式生活的一个体验场所，更是鲜活的苏州传统文化的一个样本。

方宅是苏州第一个引入港资保护利用古民居的案例，也是苏州第一个开办民宿的案例，还是苏州古建筑第一个安装自动喷淋灭火系统的案例，为古建筑设计、安装、使用喷淋系统，有效防范火灾发生，确保文物安全做了有益的探索和实践。

5）多种形式的文化宣传教育，培育文化情感

文化遗产的突出普遍价值、对经济社会发展的积极影响，以及给民众带来的切身利益应当通过适当的方式向社会和公众宣传、普及，培育公众对文化遗产的情感，认识它的价值，感知它的脆弱，从而自觉承担保护传承的责任。

为了唤醒和培育公众的文化遗产情感，政府把每年的6月28日定为“苏州文化遗产日”，让更多公众接触文化遗产，了解文化遗产。苏州园林被列入世界文化遗产名录之后，苏州市政府免费给市民发放园林参观券，让更多的市民走进文化遗产，感知文化遗产的魅力。中国运河申遗成功之后，推出集“生态景观，遗产展示，健身步道”三位一体的文化综合体，让广大市民在健身运动的同时，亲近运河遗产，了解遗产知识。

联合国教科文组织亚太地区世界遗产培训与研究中心在苏州设立分中心，致力于亚太地区古建筑修复技术的培训与研究以及开展针对青少年的世界遗产教育，十多年来，先后举办了数十次国际培训活动，培养数百名亚太区和本土优秀传统砖木结构技师名匠。

苏州古城的保护始终受到国家的高度重视和关怀，从20世纪80年代中央财政每年安排特别资金支持古城保护，到2012年批准设立国家唯一一个国家历史文化名城保护区，再到“世界遗产城市组织”的中国会员城市，苏州在城市遗产整体保护方面开展了大量工作，牢记使命，担当责任，文物保护利用工作任重道远。

SZ-C07　苏州沧浪亭内景

GZ-C01　广州卧云庐

广州

根据广州市文物局提供的相关图文资料整理

广州是国务院公布的首批24座历史文化名城之一、国家重要中心城市、国际商贸中心和综合性交通枢纽，拥有四五千年的人类活动历史和2200多年的建城历史，长期以来都是岭南地区的政治、经济和文化中心，是中国唯一持续2000多年从未间断的对外贸易港口城市，是海上丝绸之路的重要发祥地。

广州历史底蕴深厚，文化遗产资源丰富。全市现有全国重点文物保护单位29处、省级文物保护单位48处、市级文物保护单位347处、区县级文物保护单位325处，尚未核定公布为文物保护单位的不可移动文物3090处。

广州市委、市政府高度重视文化遗产保护和传承工作，通过完善法规制度、加强文物保护机构和队伍建设，大力推进城市考古和考古遗产保护，切实加强文物的保护和利用，促进广州文物保护事业迈上新台阶。

一、以法制建设为根本，规范引导文物保护与利用

广州文化遗产保护机制健全，建立了涵盖文物保护、历史文化名城保护、博物馆管理等各方面的规章制度。

一直以来，广州各方面形成了共识，深刻地认识到法律法规和规章制度对文化遗产保护事业的重要保障作用。

自20世纪90年代，广州积极推进文化遗产保护立法工作，1994年和1999年，先后制定公布了《广州市文物保护管理规定》《广州历史文化名城保护条例》，是全国最早的一批文物和历史文化名城保护地方立法的城市，立法工作有力地促进了广州文化遗产保护与传承事业的发展。

GZ-C02 广州代表性法规文件

广州市人民代表大会常务委员会公告版

广州市博物馆规定

广州市历史建筑和历史风貌区保护办法

广州市规划局 印

广州市人民代表大会常务委员会公报版

广州市历史文化名城保护条例

广州市人民代表大会常务委员会公报版

广州市文物保护规定

广州市海上丝绸之路史迹保护规定

党的十八大以来，党中央、国务院高度重视文化遗产的保护和传承发展，习近平总书记就保护文化遗产问题多次作出重要指示。广州市委、市政府积极响应，认真贯彻，通过及时开展文化遗产保护立法，用法制建设保证和促进文化遗产的保护与传承。在地方立法方面，2013 年 5 月 1 日，《广州市文物保护规定》（以下简称《保护规定》）施行；2016 年 5 月 1 日，《广州市历史文化名城保护条例》施行；2017 年 12 月 1 日，《广州市博物馆规定》施行。在政府规章方面，2014 年 2 月 1 日，《广州市历史建筑和历史风貌区保护办法》正式实施；2016 年 2 月 1 日，《广州市海上丝绸之路史迹保护规定》公布实施。在规范性文件方面，先后制定公布了《广州市文物保护专项资金管理办法》《广州市国有建设用地供应前考古调查勘探程序暂行规定》《广州市文物保护监督员管理办法》《广州市历史建筑修缮维护利用规划指引》《广州市地下文物原址保护补偿暂行办法》《广州市博物馆扶持资金管理办法》《广州市博物馆藏品征集管理暂行办法》《关于中小学、幼儿园利用博物馆资源开展教学和社会实践的指导意见》等配套制度。

其中一些重要的突破性制度安排，经过 5 年的实践，对全市的文化遗产保护事业起到了重大的促进作用，掀开了广州文物保护事业新的篇章。

广州代表性法规文件统计　　表 GZ-C01

	代表性法规文件
地方立法	2013 年 5 月《广州市文物保护规定》
	2016 年 5 月《广州市历史文化名城保护条例》
	2017 年 12 月《广州市博物馆规定》
	2014 年 2 月《广州市历史建筑和历史风貌区保护办法》
	2016 年 2 月《广州市海上丝绸之路史迹保护规定》
规范性文件	《广州市文物保护专项资金管理办法》
	《广州市国有建设用地供应前考古调查勘探程序暂行规定》
	《广州市文物保护监督员管理办法》
	《广州市历史建筑修缮维护利用规划指引》
	《广州市地下文物原址保护补偿暂行办法》
	《广州市博物馆扶持资金管理办法》
	《广州市博物馆藏品征集管理暂行办法》
	《关于中小学、幼儿园利用博物馆资源开展教学和社会实践的指导意见》

GZ-C03　广州专项资金制度图解

二、政府引导，探索多元的活化利用模式

1）政府托管 + 企业资金模式

通过政策引导、资金资助、简化手续、租金减免等方式，实行政府监管、企业运作的社会化托管模式。如万木草堂，委托广州市越秀区文德文化商会对其进行管理，将其作为康梁文化研究、展示、交流平台以及孔子学堂，文化影响力日益提升。

2）政府统筹 + 专题博物馆模式

对于产权比较清晰的文物场所，推动专题博物馆、陈列馆建设。如将中国共产党广东区委会旧址建设成中共广东区委旧址纪念馆、中共广东监委旧址纪念馆，并建成为党史教育基地、党员教育基地、反腐倡廉教育基地。将广东省农民协会旧址建成区廉洁文化教育陈列馆。

3）政府支持 + 社会力量模式

结合国家级文化产业示范区创建工作，引入社会力量，积极探索陈列展示、文创产业、旅游景区、教育基地等有效可行的文物建筑合理利用模式。如广州市铂林文化发展有限公司对逵园的活化利用，在延续文物建筑原有功能的基础上赋予文物适宜的当代功能的利用方式。

GZ-C04　广东省农民协会旧址

三、建立文物保护利用专项资金，健全文物保护利用专项资金制度

1）以平衡权利义务为出发点，加大政府投入

广州市在《保护规定》中明确，市、区人民政府应当设立文物保护专项资金，用于对非国有不可移动文物修缮、保养的补助；对国有不可移动文物抢修的资助；文物考古调查、勘探、发掘；聘请文物保护监督员；文物保护的科学技术研究以及对文物保护作出重大贡献的单位或个人的奖励等六个方面。

在广州市文物保护管理委员会会议中，明确由市政府每年安排6000万元作为广州市文物保护专项资金，各区政府相应设立每年不少于500万元的文物保护专项资金。

2）建立了对非国有不可移动文物修缮保护的常态化补助机制

自2014年以来，广州市级财政已安排落实2.6亿元的文物保护专项资金。番禺、黄埔等区也已安排落实相应的文物保护专项资金。在很大程度上促进了广州文物保护工作的快速发展。

（1）积极探索专项资金和项目管理模式。一是配套设立区一级文物保护专项资金。2014年，番禺区开始设立文物保护专项资金，并制定《番禺区文物保护专项资金管理办法》，救急救重，保证专项资金合理安排使用。

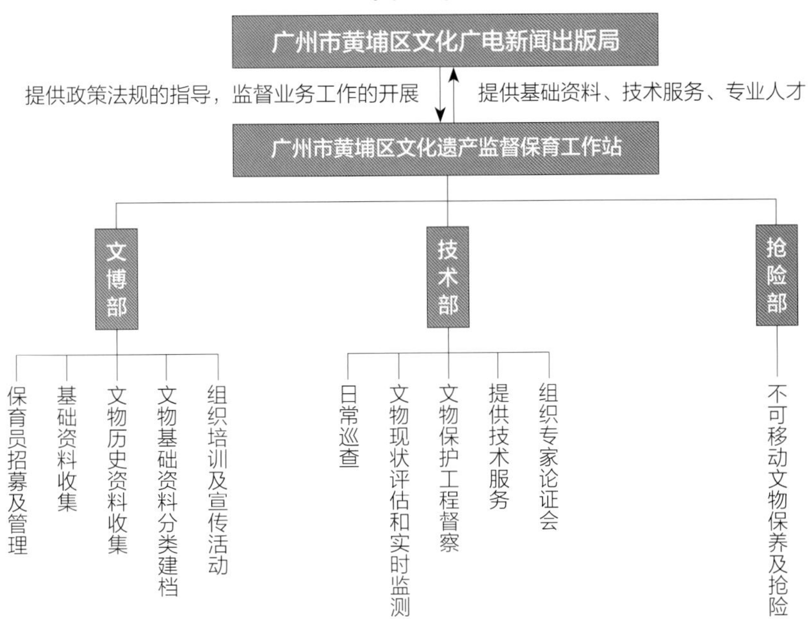

GZ-C05　广州市黄埔区文化遗产监督保育工作站架构

（2）区文物办设立文物修缮工程部。抽调、聘请工作人员专职负责文物修缮工作，各个环节既明确分工又相互协作，并聘请古建筑专家作为顾问，严把工程质量关。

（3）严格财务制度。由主管财会人员与上级财务主管部门进行沟通，严把支付关，做到不符合财经制度要求、材料不齐全、审核不到位的项目决不支付。

四、建立保护利用监督员队伍，构建公众沟通良性机制

广州市文物保护专项经费每年安排800~1000万元，用于聘请文物保护监督员。文物保护监督员队伍由广州市文化行政执法总队统筹管理，各区文物部门具体负责聘请和日常管理。

目前，全市共招募文物保护监督员共1000余名，建立起覆盖全市、专兼结合、以兼为主的文物保护监督员队伍。对不可移动文物开展日常巡查，建立和完善了文物保护的社会化网络，将工作重点从事后处罚转移到事前防范上，在很大程度上降低了文物保护违法案件的发生，改善了不可移动文物的安全环境。

构建与公众协调沟通的良性机制，开展专业培训。文物部门连续四年组织15场培训课程，邀请文物专家开设5场讲座，现场培训10次，提高保育员综合素质和责任感。充分发挥工作站人员的专业素养和保育员面向基层的优势，通过实地巡查、落户访谈、劝导教育、专业评估、详细讲解文物保护法律法规和惠民政策等，大力宣传文化遗产的价值和文化遗产保护的方针政策。

同时，以落实广州市春节期习俗民间资源项目调查、黄埔区文化遗产公众号资料收集等深入社区一线的工作为契机，联合文化遗产保育热心人士、宗亲协会负责人、宗族长老等多方力量，拓宽文物线索和文物安全信息收集渠道。

五、多措并举促进城市考古与城市建设相协同

1）明确大型基本建设的概念

在《保护规定》中规定，明确越秀等中心五区占地面积1万m^2以上的建设工程项目、花都等其他6个区占地面积3万m^2以上的建设工程项目以及道路、桥梁、高速路、地铁、管网等重大线形工程为大型基本建设工程。

2）考古调查、勘探、发掘工作前置

明确了属于出让国有建设用地使用权的，应该在出让该地块前，进行考古调查、勘探；属于划拨国有建设用地使用权的，应当在工程项目建议书或者可行性研究阶段进行考古调查、勘探。

3）政府承担考古工作经费

在《保护规定》中，明确对属于出让国有建设用地使用权的，以及考古调查、勘探和发掘发现文物，需要实施原址保护的，考古工作经费由政府财政承担。

4）引入社会力量共同推进田野考古

随着城市的快速发展，广州的考古业务剧增，为及时完成各项考古工作，避免带来新的矛盾，广州市文物考古研究院公开招募了2~3家有一定经验的公司协助开展考古调查、勘探工作，不仅解决了考古专业人员不足的困难，也将专业人员从繁重的临聘人员和后勤管理中解放出来，全心地投入到考古资料整理和研究中。

5）着力解决文物考古与招投标的矛盾

广州市文物部门积极修订《广州市国有建设用地供应前考古调查勘探程序规定》，明确建设单位可直接委托广州市文物考古研究院开展考古调查、勘探和发掘工作，保证了项目前期考古工作的及时性与专业性。

六、积极探索多元治理平台和公众参与文物保护利用的机制与路径

由于各区文物资源分布、文物保护历史状况以及经济条件的差异，按统一的模式开展全市文物保护工作难以实现，政府鼓励各区结合本地区的实际情况，积极探索，寻找适合本区文物保护的道路：

1）越秀区：因地制宜，强化监管，丰富活化利用方式

越秀区是广州老城区的政府核心区，是重要不可移动文物分布最为密集的区域，超过全市 4/5 的全国重点文物保护单位、1/3 的省级文物保护单位都集中于越秀区。为做好这些重要文物的保护和利用，越秀区文物部门因地制宜，采取措施，加强日常监管，积极探索活化利用的途径。

2）番禺区：逐个击破专项资金执行障碍，提高使用效率

番禺区是广州文物数量最多的区之一，现有各级不可移动文物共 768 处。2014~2017 年，广州市文物保护专项资金共安排 3444.29 万元，补助区内文物保护修缮项目，为推动全区的文物保护修缮工程，区文物部门进行了不懈努力。

3）黄埔区：引入社会力量，探索文化遗产管理新路径

在与萝岗区合并后，黄埔区成为广州市经济总量最高的区。该区以专业技术单位为依托，设立“文化遗产监督保育员工作站”，承接了部分专业技术咨询服务工作，在专业人才支持和文物保护工程实施方面取得了一定成效，在社会机构参与文物保护方面做出了有益的探索，工作站荣获第十届“薪火相传——文化遗产筑梦者杰出团队”称号。

GZ-C06 万木草堂

GZ-C07 陈氏宗祠仪门

GLY-01　鼓浪屿全景

厦门——鼓浪屿

GLY-02　鼓浪屿俯瞰

鼓浪屿岛位于厦门半岛西南隅，与厦门岛隔海相望，只隔一条宽 600m 的鹭江（实为深海）。随着 1843 年厦门开放为通商口岸，1903 年鼓浪屿成立了国际区，这个岛屿成为了中外交流的窗口。鼓浪屿的遗产反映了现代聚落的复合性，由 931 座历史建筑、各种当地和国际风格的建筑、自然景观、历史道路网络和历史园林组成。在当地华人、归国侨胞和外国侨胞的共同努力下，鼓浪屿成为了一个文化多样性和现代生活质量优异的国际聚居地。它也成为了活跃在东亚和东南亚的华侨和精英们的理想居住地，也是 19 至 20 世纪中叶现代生活观念的体现。鼓浪屿是一个文化融合的特殊实例，这种融合是从这些文化交流当中产生的，而且在几十年来形成的有机城市结构中仍然清晰可辨，并不断融合更多不同背景的文化。各种风格相互影响融合的最杰出见证是一个新建筑风格——厦门装饰风格，从岛上出现。

（文字来源　根据世界遗产中心网站内容翻译）

突出的普遍价值

鼓浪屿是文化间交流的一个特例，见证了亚洲全球化早期各种价值观念的交汇、碰撞和融合。数十年间，更多的多元文化不断融入原有的文化，这种文化交融在城市肌理中仍然清晰可辨。从鼓浪屿兴起的厦门装饰风格新建筑运动，是文化影响融合最突出的证明。

根据世界遗产委员会咨询机构发布的评估文件，认为鼓浪屿符合世界遗产的标准（二）、（四）。

标准（二）：鼓浪屿以其建筑特色和风格，展示了在岛上定居的外国居民或归国华侨所产生的中国、东南亚和欧洲建筑和文化价值观和传统的交流。建立的聚居聚落不仅反映了定居者从他们的原籍地或以前的居住地带来的各种影响，而且还合成了一种新的混合风格——所谓的厦门装饰风格。它在鼓浪屿发展，并对东南亚沿海地区及更远的地区产生了影响。在这方面，鼓浪屿反映了在亚洲全球化早期阶段不同价值观的相遇、互动和融合。

标准（四）：鼓浪屿是厦门装饰风格的起源和最佳代表。厦门的闽南方言名叫“厦门装饰”，是指最早出现在鼓浪屿的一种建筑风格和类型，它融合了当地的建筑传统、早期的西方建筑风格，特别是现代主义影响以及闽南移民文化的灵感。在此基础上，厦门装饰风格呈现出传统建筑类型向新形式的转变，后来在东南亚被引用，并在更广泛的地区流行起来。

（文字来源　根据世界遗产中心网站内容翻译）

独特的价值特征

历史上作为国际社区的鼓浪屿，代表了一种独特的社会形态。在参考中国上海公共租界治理模式的基础上，在鼓浪屿这个更为独立的地理单元，由清政府许可建立起一个在保留主权的前提下、由多国公民参与、共同治理的管理体系。这是当时清政府希望借此制衡觊觎闽厦的多国势力、维护厦门港主权的尝试。显然这是一种临危之举，但它恰恰造就了全球化早期阶段世界格局剧变中的独特实例——鼓浪屿。近期发现的鼓浪屿公共地界时期由十三国国旗组成的警徽，从一个侧面见证了这一特殊的社会形态。多国侨民参与共同管理和民间土地租赁转让的模式，产生了不同于一般单一国家的殖民地或中国其他租界地的文化空间分布形态。各国机构和侨民之间、华洋之间都没有独立集中的区域范围和分隔边界，来自世界各地的外国人、华侨和本土居民相互穿插在一起，直接是机构、组织、家庭之间的邻里关系。

正是源于特殊社会形态下的政治空间关系，为聚居在这里的多国居民提供了利于沟通交流的社会环境，促成了文化之间广泛和深入的对话和影响。作为共享遗产，鼓浪屿与南美巴西、墨西哥等近代历史城市，以及亚太地区的澳门马六甲等相似历史城区不同，其在文化交流的时期、参与交流的对象、交流的过程以及交流的结果都具有突出的独特性和典型的代表性。

鼓浪屿特殊的管理模式、多元文化的影响和价值观的交流，最为鲜明地发生在对理想生活追求的方方面面。可以说，鼓浪屿整体住区街块和建筑、景观风貌的营造是其在管理模式和文化状态上独特性的杰出见证和物质表达。

（文字来源　吕宁，魏青，钱毅，孙燕．鼓浪屿价值体系研究 [J]. 中国文化遗产．2017（07））

专家点评

被称为“掌握鼓浪屿文化遗产现状第一人”的魏青说：我们要寻找文化遗产中与社区需求相契合的部分，真正把文化遗产使用起来。应更加广泛地利用鼓浪屿的社区功能，如会审公堂旧址，一部分作为展示，另一部分就用于街道公共议事会场所。这样，居民能发现遗产更多的价值，更积极地参与到文化遗产保护中来。

还应加强与符合鼓浪屿文化调性的机构合作。魏青举例说道，故宫鼓浪屿外国文物馆入住救世医院旧址，亚细亚火油公司旧址成为外图书店，这都是强强联合的代表。这样的合作能进一步改变鼓浪屿的业态发展，提升鼓浪屿的旅游品质，让游客逛得更舒心。

游客点评

鼓浪屿的琴音，老房子散发出的旧光阴味道，都是懒散的，迷人的。待在这里，走在老巷子中，闻着海水散发出的咸湿气息——原来，好光阴全是用来浪费的呀。

建筑是凝固的音乐，多数时候，也是散文，是诗篇，是动人心韵的格调——我真喜欢老建筑，哪怕颓败了，也别有一种动人的味道。

建筑很有特色，古希腊三大柱式、哥特式尖顶和门窗、罗马教堂的十字廊、英式落地门窗、西班牙尖叶窗、闽南建筑等。

职员点评

冯森（研究员，厦门人）：在这样的日子，我们免费参观故宫鼓浪屿外国文物馆，看到文化遗产的保护成效，感觉非常棒！希望以后有越来越多的文化遗产能向公众开放展示，人们才会更加热爱生活的这片土地。

王立波(讲解员,厦门人)：接待过很多游客，都会因为参观了展示馆而更加喜欢鼓浪屿。所以，我很支持岛上文化遗产以保护为主，活化利用成为博物馆、展览馆。

白嘉雨（科研人员，现居广州）：我从小生长在鼓浪屿，后来到广州生活，这次因为回来，发现鼓浪屿面貌改善很多。我看到大北电报公司旧址修缮为博物馆，为公众免费开放，这样很好。参观再多的博物馆都不嫌多，这对增长人的见识有很好的效用。

蔡荣凯（鼓浪屿轻音乐团团长，厦门人）：音乐也是鼓浪屿的文化遗产，在我看来音乐从来就没有离开过鼓浪屿。我们的乐团成员各个年龄段的人都有，尤其有许多学习音乐的学生，相信他们能肩负起鼓浪屿音乐文化的传承与发展。

GLY-03 鼓浪屿保护区划影像图

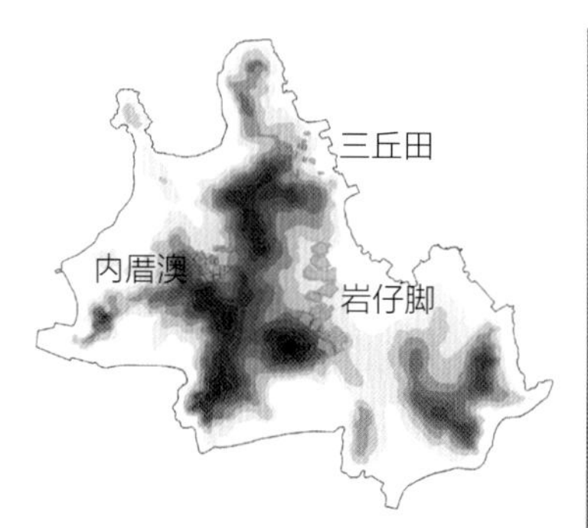

GLY-04　1840 年以前鼓浪屿聚落形态

宋
—
1840

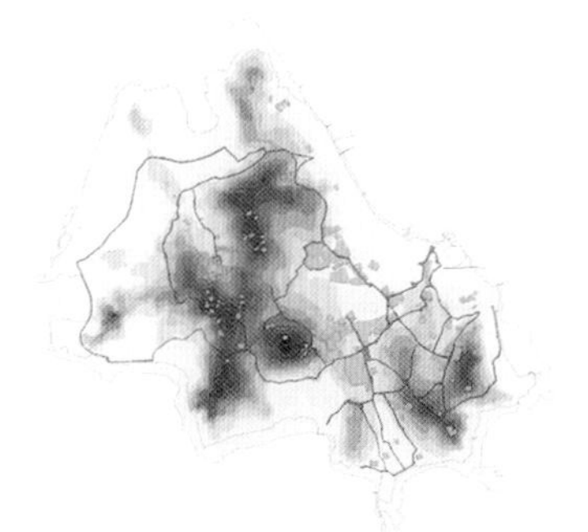
GLY-05　1901 年鼓浪屿聚落形态

1841
—
1901

GLY-06　1941 年鼓浪屿聚落形态

1902
—
1941

GLY-07　1868 年鼓浪屿历史照片（跨页上图）
GLY-08　19 世纪后期鼓浪屿历史照片（跨页中图）
GLY-09　1923 年鼓浪屿历史照片（跨页下图）

1985年编制的《1985—2000年厦门经济社会发展战略》，其附件《鼓浪屿的社会文化价值及其旅游开发利用》中指出：“考虑到我国城市和风景区的建设中，能够把自然景观和人文景观十分和谐地结合在一起者为数并不多，因此很有必要视鼓浪屿为国家的一个瑰宝，并在这个高度上统一规划其建设和保护。”从此开启了科学保护鼓浪屿的新篇章。

国之瑰宝。这座小岛，被提升到一个前所未有的高度。在编制首部鼓浪屿——万石山风景名胜区总体规划的过程中，习近平同志反复强调在经济特区发展经济的同时要保护好“海上花园”风貌，通过自然环境（特别是海景）的保护、风貌建筑的修复、特色文化精粹的弘扬并与时俱进、公众服务设施的建设，打造城景交融和自然人文有机统一的独特“鼓浪屿品牌”①。

2006年，鼓浪屿岛上的历史风貌建筑被改造为酒吧、咖啡厅、书店等功能。相关部门也把产权已明晰的部分历史风貌建筑推出进行招商利用。

2007年，厦门市鼓浪屿风景名胜区经国家旅游局正式批准为国家5A级旅游景区，鼓浪屿被国家地理杂志评选为“中国最美五大城区之首”。

2007年，鼓浪屿拥有10处13座全国重点文物保护单位。《鼓浪屿近现代建筑群保护规划》共列出19处28幢建筑，建议作为增补考虑对象。后在第七批国保单位名单中与现有国保单位合并的项目有47处。这意味着鼓浪屿上又有17幢近代建筑成为“全国重点文物保护单位”，有力地推进了鼓浪屿申遗工作的开展。

2017年，在联合国教科文组织世界遗产委员会第41届会议上，“鼓浪屿：历史国际社区”列入《世界遗产名录》。

从2008年到2017年，鼓浪屿申遗历经了9年的时间。九年的历程，申遗助推鼓浪屿的保护成为了各界共同的目标。在以政府为主导的强力推动下，定位在“文化社区+文化景区”的目标，按照世界文化遗产保护的理念与要求，政府、居民、学界、商家、企业等群策群力，井然有序、紧锣密鼓地推进鼓浪屿的申遗之路，为保护鼓浪屿凝聚了最大的共识，为保护鼓浪屿贡献了各自的力量。

---

① 习近平总书记珍视的那个瑰宝 如今愈加熠熠生辉！ - 新华网 http：//www.xinhuanet.com/politics/2017-08/21/c_1121518382.htm

1979—2002

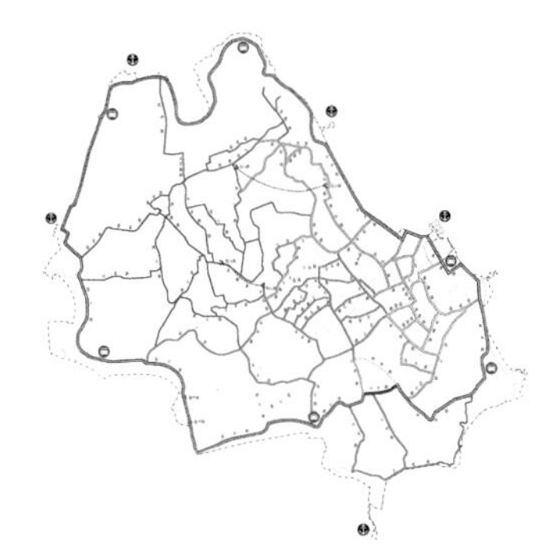

GLY-10 道路交通系统分析图

2003—2007

2003年4月26日，厦门市鼓浪屿区撤销行政区后，以其行政区域设立鼓浪屿街道办事处。

2005年1月31日，厦门市政府出台了《厦门市鼓浪屿风景名胜区管理办法》。

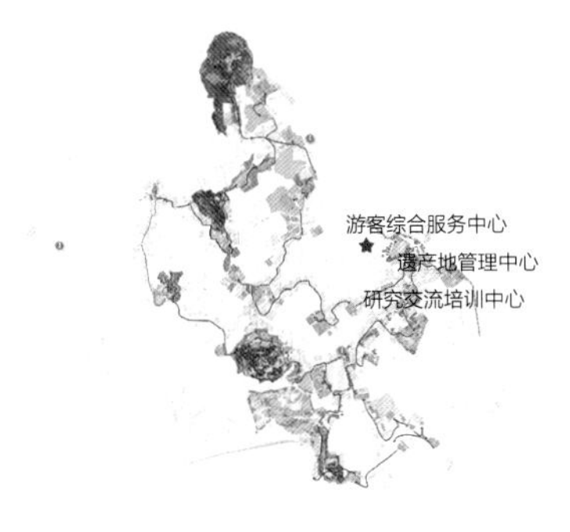

GLY-11 世界遗产核心要素分布图

2008—2017

2017年是中国成功申遗30周年。自中国加入《世界遗产公约》以来，依托现有法定保护地体制构建了较完备的世界遗产申报、保护与管理支撑体系，有效履行了《世界遗产公约》，在保护和保存世界遗产地的真实性和完整性方面取得了令人瞩目的成绩。中国世界遗产事业不断发展壮大,成为名副其实的“世遗”大国。与此同时，中国的世界遗产大大丰富了世界遗产内涵、推动了全球世界遗产核心价值理念的传播、促进了文明交流互鉴，为国际世界遗产事业做出了重要贡献。

一、实行全岛开放，道路交通、标志标识、展示服务实现一体化。居民、游客、商家分类管理，协调公众需求和权益

鼓浪屿实行全岛开放，全岛从道路交通系统、标志标识系统、公共服务设施等方面均实现一体化。同时对居民、游客、商家等采取分类服务管理手段，协调不同人群的需求和权益。

作为登岛的唯一方式，鼓浪屿轮渡航线针对厦门市民和外地游客进行分流。从乘船码头位置、票价、运营时间等方面均进行了分类设置，船票全部采取实名制，并严格执行。

鼓浪屿自始就保持着无机动车的历史，全岛步行是居民、游客、管理者、经营者等大家共同遵从的交通模式。一直以来，岛上居民都以步行为主，即使运输大型物品也是使用平板推车。岛上观光电瓶车一直控制在 20 辆车的运营流量，以减轻岛上的交通压力。观光车环岛而行，不进入居民区，也不直接开进景点。白天实行单向通行，夜间时段可双向通行。岛上所有电瓶车都将鸣笛声音改为播放《鼓浪屿之波》音乐，声音大小也做了控制，避免扰民。

针对游览活动鼓浪屿依据资源的价值特征设计了名人、宗教、音乐、建筑等文化主题的精品游览路线，以及串联 53 处世遗核心要素的展示路线。

GLY-12　鼓浪屿道路交通系统图

GLY-13　鼓浪屿文化主题线路图

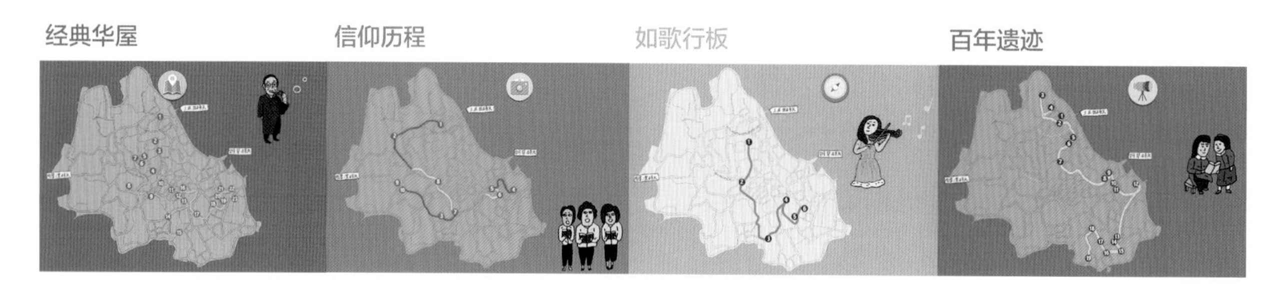

全岛内由鼓浪屿管委会统一设置了世界遗产、文物保护单位、历史建筑等各系统的标志标识系统，以及带有价值特色的导向标识，主题明确的标志标识系统有助于文化遗产的价值理解。

标志标识系统包括世界遗产体系的分区说明牌、世界遗产核心要素说明牌等；文物保护单位体系的各级文物保护单位标志碑、说明标识牌等；历史风貌建筑体系的标志牌；古树名木说明牌；语音导览提示牌等标识设施。形成了系统化和分类型的全岛标志标识体系。

全岛各类导向标识设施也进行了整体设置。岛上的道路交通系统较为复杂，导向标识的设置非常全面，同时导向标识的设计也融入了价值特色元素。如岛内通往音乐厅的道路地面设置了以各种音符元素为代表的标识铺装。这些标识不仅引导人们通行，还将“音乐之岛”的文化特性传递给公众。

GLY-14　国保单位和历史风貌建筑标志标识（右图上）
GLY-15　古树名木标识、道路导向标识（右图中左）
GLY-16　世界遗产核心要素标志标识（右图中右）
GLY-17　国保单位和世界遗产核心要素标志标识（右图下）
GLY-18　通往音乐厅地面导向标识（左图）

二、依托法律、规范和规划文件，精细化配套管理程序，创新安全和监测预警

鼓浪屿保护与利用相关规范性文件一览表　　表 GLY-C01

类型	规范性文件名称
法律	中华人民共和国文物保护法
	中华人民共和国城乡规划法
	中华人民共和国归侨侨眷权益保护法
行政法规	文物保护工程管理办法
部门规章	世界文化遗产保护管理办法
规范性文件	中国世界文化遗产监测巡视管理办法
	国家文物局突发事件应急工作管理办法
地方规定	福建省文物保护管理条例
	厦门经济特区鼓浪屿文化遗产保护条例
	厦门经济特区鼓浪屿历史风貌建筑保护条例
	厦门经济特区鼓浪屿历史风貌建筑保护条例实施细则
	厦门市鼓浪屿历史风貌建筑保护专项资金管理暂行办法
	厦门市风景名胜资源保护管理条例
	厦门市鼓浪屿风景名胜区管理办法
	厦门市鼓浪屿建设活动管理办法
	厦门市鼓浪屿家庭旅馆管理办法
	鼓浪屿生活垃圾分类管理办法
法定规划	鼓浪屿—万石山风景名胜区总体规划
	鼓浪屿历史风貌建筑保护规划
	鼓浪屿近代建筑群保护规划
	鼓浪屿文化遗产地保护管理规划

鼓浪屿颁布了相关的法律法规、部门规章、规范标准、地方规定、各类规划等管理文件。以及详细的配套管理手册，精细化管理程序。消防安全和监测预警方面也不断创新管理手段。

在产权复杂、利益交错的文化遗产地鼓浪屿，规划先行是解决矛盾是最佳手段，同时规划的落实实施则还取决于配套政策的完善程度及各方利益的平衡机制。厦门拥有独立立法权，在法律法规政策保障方面发挥了很大作用。鼓浪屿具有从法律到地方规定，法定规划、管理手册等一系列管理文件，具有全面的管理保障体系。

配套管理文件的效益发挥依赖于自身的明确性。政策在保护好文化遗产的前提下，更加注重了相关人群的发展需求和权利诉求。法规制定在不违背相关法律原则前提下，越细致越利于实施。鼓浪屿编制了面对不同人群和问题的管理办法和程序手册，明确了各方主体的权益和义务，以及解决问题的方式和程序。精细化和便利化的管理模式特别有利于及时高效的协调和解决矛盾问题，在鼓浪屿的管理实践中也得到了各方的高度认可和好评。

文物建筑的消防改造既要保证文物真实性，同时还要满足开放使用的标准，这一直是业界难题。鼓浪屿一直在进行积极探索，如通过限制瞬时参观人数、设置微型消防站、采取第三方评估消防要点等方式，以保证开放利用和消防安全同达标。

鼓浪屿在监测预警方面有以下方面的先进经验：

监测联动：遗产地监测系统具有自然灾害、游客管理（包含瞬时流量和积累流量等）等全面的监测系统、完备的应急预案，且与中国世界文遗产预警平台实现实时联动。鼓浪屿是全国三个具有联动的遗产地监测系统单位之一。

全面监测：监测不仅针对遗产安全，同时也针对旅游游客、保护工程、建设控制、自然环境、社会环境、遗产单体、本体病害、日常巡查、综合监测等各个方面。

监测管理：既有完善的监测管理制度和预警业务流程，后续还有完备的应急保障体系和各项应急预案。

鼓浪屿管理网站的建设非常全面和细致，并印发有四本管理手册，分别针对文化遗产、管理者、商家、居民，每本手册里对重要事项都有办理流程图，便于使用主体操作。

GLY-19　鼓浪屿微型消防站（右图上）
GLY-20　鼓浪屿监测预警中心（右中图上）
GLY-21　鼓浪屿监测预警系统（右中图下）
GLY-22　鼓浪屿保护管理手册（右图下）

三、以公众参与为基础，采取全岛多元化管理模式，构建共建共享共治的社会治理体系，平衡全岛人的和谐关系

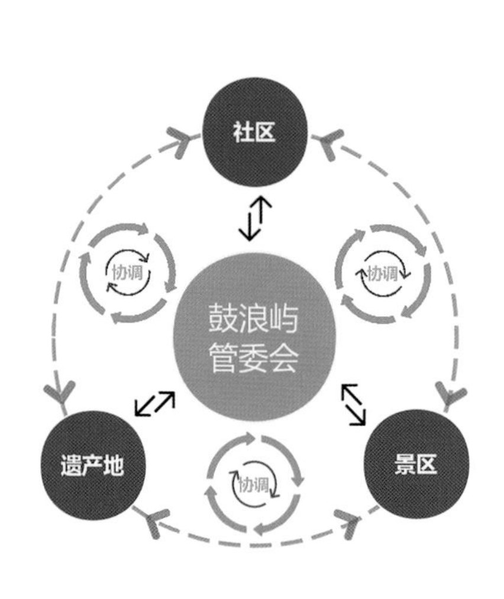

GLY-23　鼓浪屿管委会管理构架图

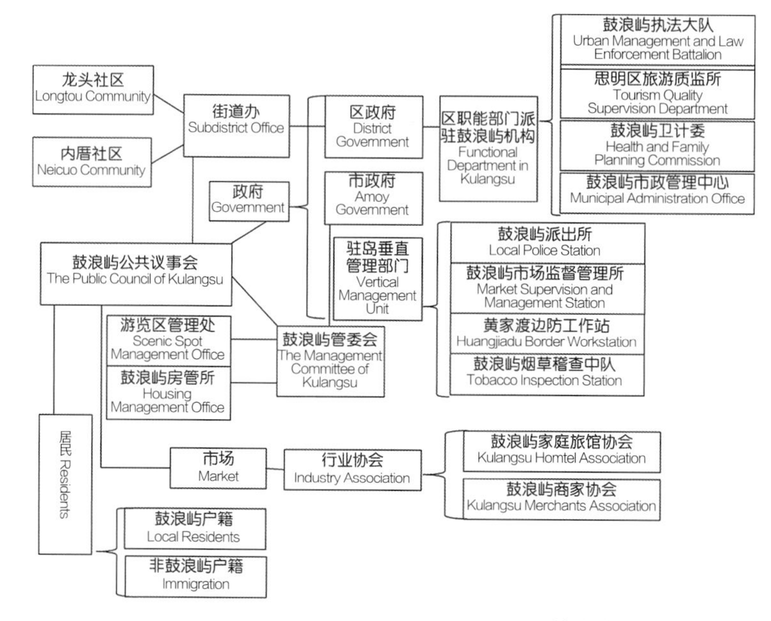

GLY-24　鼓浪屿治理组织结构图

鼓浪屿管委会积极探索多元化的管理模式，切实将公众参与纳入到社区、遗产地、景区三者关系的协调中，构建了共建共享共治的社会治理模式，以平衡全岛的人际和谐关系。

全岛品质提升的管理工作以物质空间为着力点，同时兼顾资源、产权、机制、经营和活动等多个管理层面，从物质空间的优化，到行为模式的引导，以及管理方式的多元，最终形成共同参与管理的社会治理模式，实现了全岛整体提升的综合型目标。同时，多个层面的并驾齐驱，对鼓浪屿各项管理工作也产生了彼此促进和相互协调的作用。

鼓浪屿管委会是文化遗产保护的管理主体，作为政府派出机构也担负着遗产地与景区、社区协调的管理职能。同时鼓浪屿还设立了商家协会、家庭旅馆商家协会、社区公共议事平台和志愿者协会，采取共治和自治的管理机制。

文化遗产保护管理工作的前提是保护，在通过建筑修缮、环境整治、提升和利用等措施促进建筑、设施、环境等物质层面的保护的同时，还需更多地关注到居民生活与社会发展的诉求，仓岛采取了鼓励人口的政策，在产业和功能等方面采取引导措施，通过文化产业，吸引人才，提高居民文化层次，保护居民的利益和诉求。

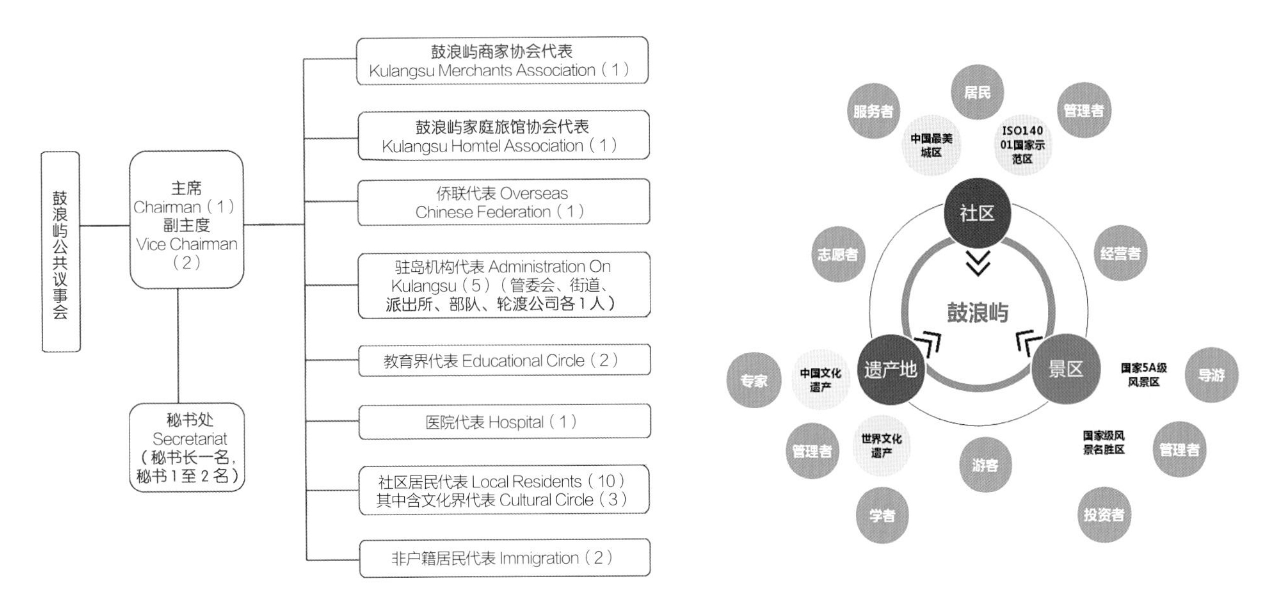

GLY-25　鼓浪屿公共议事会组织结构图

GLY-26　鼓浪屿社区 · 遗产地 · 景区结构图

鼓浪屿公共议事会是倾听民声、汇聚民意以及公众参与的平台，吸纳全岛各方的意见，尤其是民声，是民主协商议事的平台。公共议事会要求议事员提出议题时要从大局和实际出发，秉持公心，充分考虑可行性。在协商过程中，需要多沟通，充分理解，尊重每个成员的诉求和意见，坚持求同存异和包容并蓄。公共议事会更是促进问题解决的平台。不能议而不决，决而不行，促进议题的解决才是议事会最重要的功能，议事会通过集思广益，对议题做出科学决策，并协调管理部门与被管理者之间的沟通，做好上情下达，下情上传，以有效解决问题。

申遗工作推动了全岛价值的认同，提升了全岛居住、游览、管理的品质，使社区、遗产地、景区三者关系的持续协调发展。

鼓浪屿涉及的利益群体众多，在开展保护与利用工作过程中，政府更多的是发挥引导、协调和监督的作用，而不是包办一切。在保障必需的人员配备和必要的公共资金投入基础上，提倡“政府主导、专家把关、居民参与、民间介入、社团帮扶”的“共同缔造”模式，发挥社会各界的力量，倡导自觉型、可持续的整治提升模式。推动文化遗产保护、景区环境提升、社区功能修复同步推进。

四、政府引导业态调整，以音乐等多文化核心价值为支撑，提供大量的公益文化活动

GLY-27　亚细亚火油公司旧址立面图（右图上）
GLY-28　菽庄花园立面图（右图中）
GLY-29　黄荣远堂总平面图（右图下）

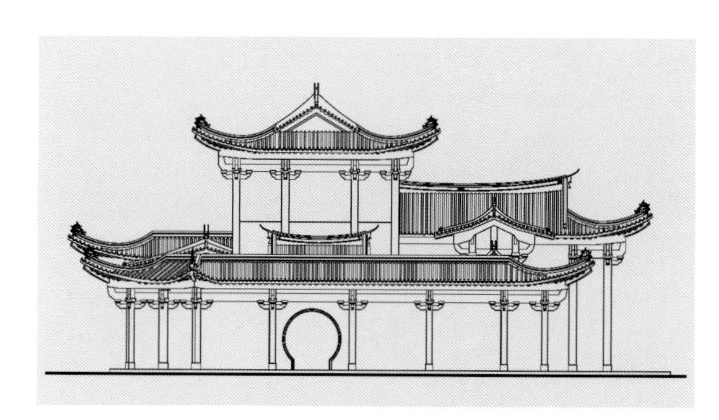

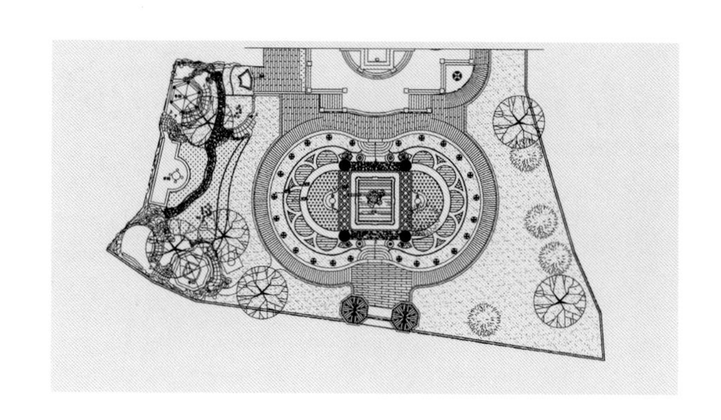

鼓浪屿·外图书店前身为英商亚细亚火油公司。外图书店围绕鼓浪屿的历史文化精选中外文图书，不仅提供免费阅览，还专门为儿童开辟了一个绘本区，精心挑选儿童绘本，孩子们可以在里面进行绘画。书店还常年为当地居民开办开卷有声朗诵会、母亲节朗诵会、绘本悦读会等系列公益文化活动。书店利用三层空间开辟出文化沙龙活动区，举办了一系列关于鼓浪屿文化艺术的公益活动。外图书店现已成为岛上知名的文化艺术活动场所及重要的文化地标。

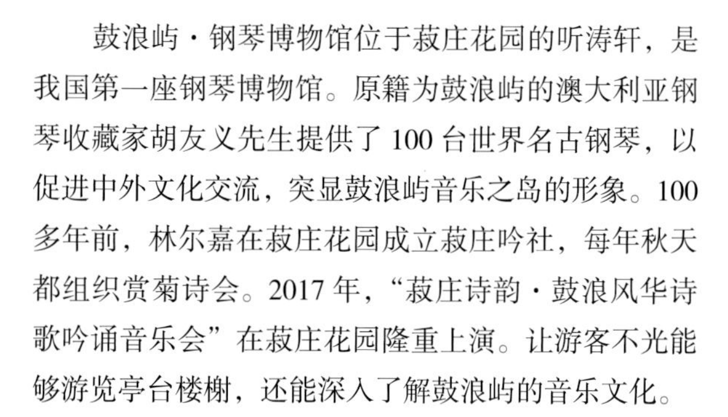

鼓浪屿·钢琴博物馆位于菽庄花园的听涛轩，是我国第一座钢琴博物馆。原籍为鼓浪屿的澳大利亚钢琴收藏家胡友义先生提供了100台世界名古钢琴，以促进中外文化交流，突显鼓浪屿音乐之岛的形象。100多年前，林尔嘉在菽庄花园成立菽庄吟社，每年秋天都组织赏菊诗会。2017年，“菽庄诗韵·鼓浪风华诗歌吟诵音乐会”在菽庄花园隆重上演。让游客不光能够游览亭台楼榭，还能深入了解鼓浪屿的音乐文化。

黄荣远堂被誉为鼓浪屿十大别墅之一。20世纪曾作为幼儿园、办公大楼等功能使用。建筑每层都是一个独立的产权单位，且产权继承人较多，最终通过积极地协商共同将该建筑出租，作为中国唱片博物馆使用。“中国唱片博物馆”是我国第一个国家级综合性唱片主题博物馆，常年举办唱片主题文化展览。馆内设有不同的功能区，包括展览展示厅、唱片音乐休闲区、多功能体验区、唱片录制体验区和经典奏唱演绎区等。

GLY-30　母亲节朗诵会（左图上）
GLY-31　郎朗在钢琴博物馆演奏（左图中）
GLY-32　唱片博物馆唱片聆听体验厅（左图下）

GLY-33　外图书店内景（右图上）
GLY-34　钢琴博物馆展览（右图中）
GLY-35　唱片博物馆一层展厅（右图下）

案例解读——文物建筑

AH-01　西递村

西递村

地　　址：安徽省黄山市黟县西递镇

年　　代：明至清

初建功能：村落

现状功能：村落和景区

保护级别：全国重点文物保护单位

西递村古建筑群，位于黟县东南部西递村境内，村落四面环山，两条溪流从村北、村东经过，在村南会源桥汇聚。因在村西 1.5km 处是古代的驿站，又称“铺递所”，西递之名由此而来，面积近 13000m^2。现保存较为完整的古建筑 139 处。2000 年西递村被联合国教科文组织以“皖南古村落”为名公布为世界文化遗产，2001 年被国务院公布为第五批全国重点文物保护单位。

西递旧称西川，因水得名，又因为村外三华里是古代递送邮件的驿站，故又称“西递铺”，西递之名由此得来。古村落始建于公元 1047 年，至今已有近一千年历史。 据《上川明经胡氏宗谱》记载，北宋皇佑年间（公元 1049 年），胡氏五世祖士良公以公务往金陵，道经西递铺，立即被这里的山形水势所吸引，赞誉这里有“天马涌泉之胜,犀牛望月之奇,风滢水聚,土厚泉甘”。遂举家从婺源迁至于此，由此生息繁衍。

西递村素有中国古代和现代历史的衔接点、明清古民居博物馆、桃花源里人家、古民居建筑的艺术宝库等美誉。村内所有街巷均以黟县青石铺地，古建筑为木结构、砖墙围护，木雕、石雕、砖雕丰富多彩，巷道、溪流、建筑布局相宜。村落空间变化韵味有致，建筑色调朴素淡雅，体现了皖南古村落人居环境营造方面的杰出才能和成就，具有很高的历史、艺术、科学价值。

西递村由正街、横街、前边溪、后边溪和其余小街组成。村落的整体布局、环境、建筑风格、建筑用材、装饰、砖雕、木雕、石雕艺术、室内陈列摆设、施工技术等方面完好地保存了明清时期徽州居民的真实风貌。古村落诸多的保护元素如水系、街巷、桥、村口、水口、祠堂中心、建筑等，是通过风水理论而有机建设的整体，规律的传统空间结构形态，是古村落价值特征的关键。

游客点评

第二次来，西递和宏村被评为世界文化遗产自然有它的特别之处，它们是徽州几千古村的代表，徽州文化的典型，想了解徽州文化必来此地。西递相比宏村少了些商业化，多了份宁静，有种不一样的美，需要慢慢体会，清晨或傍晚走在村中的青石板路上，粉墙黛瓦马头墙，犹如穿越一般。这时候的西递是最美的，也最适合拍照的，所以来西递最好住一晚。

西递村很大，巷子很多，而且有三条小溪，感觉都差不多，第一次来容易迷路。村南面可以看看田园风光，南面的山坡上有一观景台，适合看村子全景和拍照。不多说，放松心情调整心态去游玩，到哪都能发现不一样的美，获得不一样的感受。

AH-02　西递村地形图

AH-03　笃敬堂

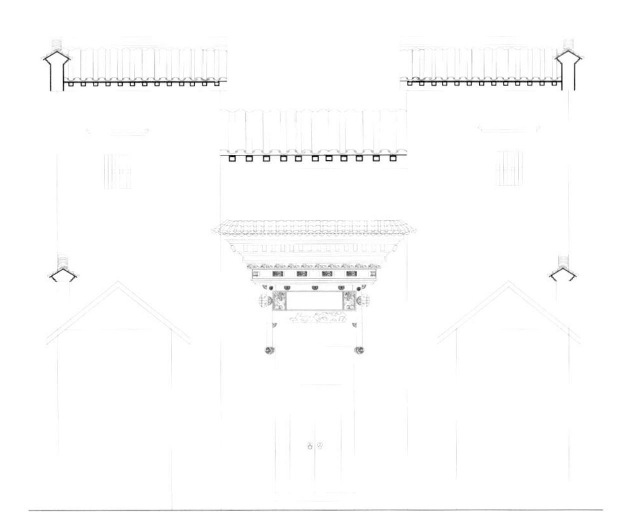

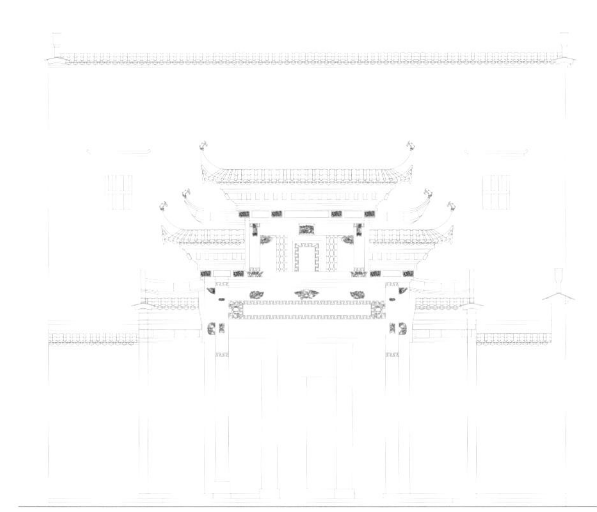

西递村保护与利用相关性文件一览表　　表 AH-01

规范性文件名称	颁布部门
黄山市徽州古建筑保护条例	黄山市市人大常委会
黟县西递、宏村世界文化遗产保护管理办法及实施细则	黟县人民政府
黄山市古村落保护利用暂行办法	黄山市人民政府
黄山市古民居抢修保护利用暂行办法	黄山市人民政府
黄山市古民居认领保护利用暂行办法	黄山市人民政府
黄山市古民居迁移保护利用暂行办法	黄山市人民政府
黄山市古民居原地保护利用土地转让、调整办理程序暂行规定	黄山市人民政府
黄山市集体土地房屋登记办法	黄山市文化和旅游局
黄山市“百村千幢”保护利用工程资金补助暂行办法	黄山市人民政府

AH-04　笃敬堂立面图（上图左）
AH-05　膺福堂立面图（上图右）
AH-06　南屏叙轶堂（下图右）

亮点一：开放条件——通过政策引导，社会力量介入保护修缮与开放计划

基于“百村千幢”工程，探索在保护管理方式、保护技术手段、保护实施控制等方面的创新。同时以政策法规为管理保障，推进文化遗产的保护管理，为利用开放创造条件。

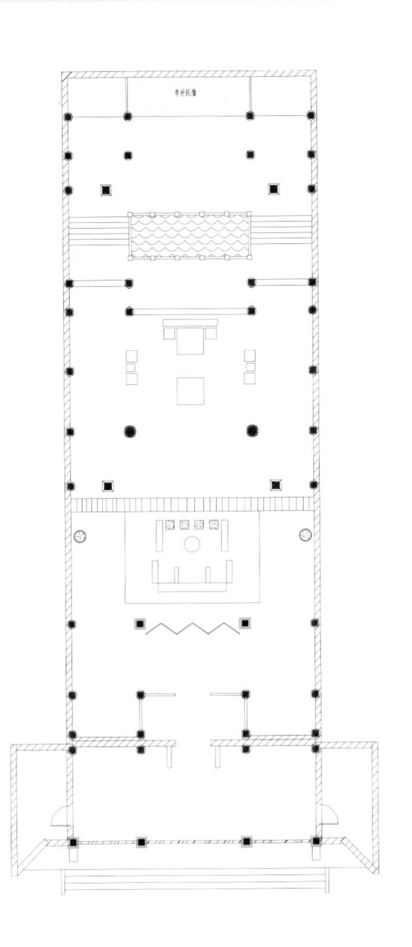

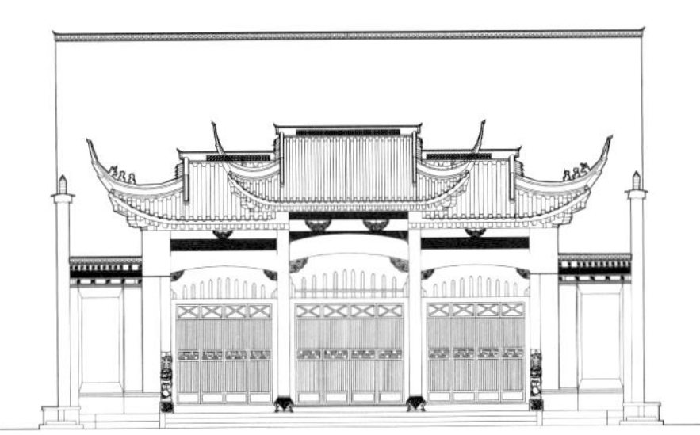

AH-07　追慕堂平面图（左图上）
AH-08　追慕堂立面图（左图下）

为了实施“百村千幢”古民居保护利用工程，黄山市相关部门起草了多个相关配套规范性文件。“百村千幢”工程也是惠民工程，它促进了地方经济社会的发展，也给农民带来了实际福利。近年来古村落室内环境得以整治，古建筑也得以维修，又吸引了多种业态，原来较为单一的观光旅游模式正在逐步得到改善、丰富，促进了文化旅游产业的发展。

完善的保护方式，既要发挥政府主导作用又要发挥市场在资源配置中的作用，多渠道筹集破解资金难题。在保护修缮中以原貌保护为主，引入新的科技保护手段，提升了对古建筑的修缮水平，与有较高相关专业水准的高校合作，组织实施一批国家科技支撑项目和安徽省地方项目，就修缮难题进行专题科技攻关，并在修缮工程中引入二维码、3D 测绘等新技术，创新了文化遗产保护手段。

同时建立了一支有较高工艺、技术水平的徽匠队伍，为徽州古村古民居保护奠定了可持续的施工条件。徽派建筑有其特殊的工艺技术要求，需要一定的徽文化知识储备。政府组织“徽匠大赛”从整体上提高了徽匠水平，一批在外打工的有专长的徽匠返回家乡，一批年轻人自愿拜师学艺，壮大了徽匠队伍。

亮点二：运营管理——多方合作管理运营模式

地方政府根据西递、村的自身特色，以发展乡村旅游景区的模式对文物资源进行开放利用，在管理体制、制度建设、安全防范、经费筹集、活化利用等诸方面采取了多种保护利用措施。

AH-09　消防安全培训（上图）
AH-10　消防安全检查（中图）
AH-11　消防安全宣传（下图）

西递镇政府成立了文物执法机构和专职消防队，切实加强遗产地的消防管理，制定严格的管理制度，多方筹措资金，完善消防设施。完善“十户联防”自主应急体系，坚持实行夜间打更制度等，通过严格管理措施保障文化遗产的安全。

经费筹集方面，除了积极争取国家、省文化遗产及文物保护专项资金支持以外，县政府设立了世界文化遗产保护资金，除了每年财政预算安排一定资金外，还从景区门票收入中提取20%作为文物保护资金。同时积极整合美好乡村建设及“传统村落”、“百村千幢”、改徽建徽、白蚁防治、徽州古建筑保护利用等工程项目。

宣传教育方面，地方政府通过印发文化遗产保护法律法规宣传手册，运用二维码、电视、广播、报纸、网络等媒体，加大对村民和游客保护文化遗产的宣传力度。同时，文化遗产保护主管部门与遗产地古民居所有人或使用人签订了文物保护责任书，明确保护职责，将保护情况与各项福利挂钩。西递村还通过制订村规民约，举办中国遗产日等节庆活动进行宣传，增

AH-12　黟县国际乡村摄影节——在宏村拍徽州新娘（上图、中图）
AH-13　元旦写春联活动（下图）

强了村民参与保护管理世界遗产责任感和积极性，最大限度地动员全社会力量参与遗产保护。

保护管理方面，黟县建立了县级世界文化遗产管理委员会，设置县世界文化遗产管理办公室，并由该室和各相关职能部门，西递村、镇党委、政府、村和旅游公司、民间自律组织建成四级保护管理网络。明确了“属地管理”及相应单位的职责任务。还先后制定通过了西递、宏村世界文化遗产保护管理办法、古建筑修缮管理办法、写生管理办法、遗产保护基金征收办法、消防应急管理办法等制度，实施了文化遗产保护管理信息系统及其数据库和监控体系项目建设。

镇、村两级制定完善了《村规民约》，明确了村民对古村落保护的各项职责和义务，对古建筑群划片划区实行“网格化”管理，对古建筑实行“身份证”亮证管理，对损坏古建筑和乱搭乱建等违法行为进行严厉打击，以保护遗产地历史风貌。民间自律组织负责组织、宣传和发动群众自发地进行遗产保护，把遗产保护变为群众的自觉行动。

BJ-01　正乙祠戏楼

正乙祠戏楼

地　　址：北京市西城区前门西河沿 220 号

年　　代：清

初建功能：戏楼

现状功能：戏楼

保护级别：北京市文物保护单位

在明代，这里曾是一座寺院，清康熙二十七年（1688 年）由浙江在北京的银号商人集资，在寺院旧址建立祠堂馆舍，康熙五十一年（1712 年）浙商对正乙祠进行扩建并加盖了戏楼，成为北京京剧最知名的戏楼之一。京剧的创始人程长庚、谭鑫培、梅兰芳等相继在此登台演出，正乙祠戏楼成为京剧形成与发展的历史见证，现为北京市文物保护单位。

正乙祠戏楼正中罩棚即池座，南面为戏台，台前看池可容纳观众 200 余人；戏台北、东、西三面设楼座，侧面有架空木梯相通；双层舞台，之间开有孔道，用于制造演出特效。

BJ-02 戏楼舞台

游客点评

感觉非常非常特别，是一种很美好的体验。今后我会在课堂上把这种感受讲给学生们，希望他们也能到这里感受传统文化在现代社会焕发出的独特魅力。

非常值得一看的演出，正乙祠历史不必说，深入其中，方才真正感受到何为古色古香……《霸王别姬》感染力十足，邻座女孩儿都看哭了……

感谢这座历经百年岁月却不老的戏楼，让我穿越，让我梦想成真。

300 多年的戏楼有历史的沉淀，在这里上演的作品绝对有着剧场上演的作品无法比拟的震撼感。

亮点一：功能适宜——延续原功能实现当代使用

正乙祠延续了原有功能，并在充分保护文物建筑的前提下，巧妙利用戏楼空间增强观演体验。

2010年，新华雅集国际文化传播（北京）有限公司与北京市传统文化保护发展基金会合作，活化运营正乙祠戏楼。在使用功能上，选择延续原有功能，力求把正乙祠打造成为“为年轻人讲中国故事”的体验式小剧场。

其戏楼在保护文物建筑的前提下，充分利用原有空间，巧妙地融入现代舞美手法，提升观众的体验感。如2017年8月新推出的《霸王别姬》，利用戏台二层架设战鼓，并在剧情发展到“十面埋伏”阶段，在戏台北、东、西三面楼座空间环绕设置琵琶演奏和扮演士兵的演员，三维空间所形成的立体表演格局使剧目情节更加引人入胜。同时，在戏台前增设一个T形台，一直延伸到后排观众席，黑色地毯铺装加上传统样式的围栏与原有建筑协调统一。演出过程中，演员们会来到T台上表演，甚至从观众身边走上或走下T台，为观众提供了与众不同的“沉浸式”的零距离观演体验，增强了互动感与参与感，观众反响非常热烈。

BJ-03　演员在舞台上表演《霸王别姬》剧照

BJ-04　演员在T台上表演越剧《红楼梦》

BJ-05　《梅兰芳华》剧照

亮点二：业态选择——业态选择契合价值核心主题

只选择与正乙祠气质相匹配的高雅、精品剧目，演出定位于展现东方美学，自身形象定位非常鲜明、突出。戏楼与剧目、剧情相辅相成、相得益彰。

为了保护正乙祠的气质神韵、控制恰当的观演人数，在剧目选择上，区别于一般小剧场杂糅的演出类型，策划方只选择与正乙祠气质相匹配的高雅、精品剧目，将演出定位于展现东方美学，自身形象定位非常鲜明、突出。戏楼与剧目、剧情相辅相成、相得益彰，除了《梅兰芳华》《霸王别姬》《白蛇传奇》等京剧剧目，还设置有《怡心琴韵》古琴雅集、舞蹈剧《幻茶谜经》、全男班昆曲《牡丹亭》、上海越剧院《红楼梦》、周家班的《中国元气·周家班》等制作精良的演出。

运营者韩夏先生观察到，正乙祠的观众群体中以25岁到45岁的中青年为主，其中很大比例为职业女性，因此在剧目上也选择了年轻群体喜爱的内容和形式，在古雅中融入时尚，在传承中不断创新，市场反响非常好。

BJ-06 《幻茶谜经》剧照（左图）
BJ-07 演员在戏台二层表演越剧《红楼梦》（中图）
BJ-08 《中国元气·周家班》剧照（右图）

亮点三：价值阐释——与非遗内容高度契合深入阐释价值

结合戏楼自身历史，量身打造驻场演出的京剧剧目。

根据正乙祠自身的历史文化和场地特点，以及戏楼与梅氏家族的深厚渊源，量身打造了《梅兰芳华》的驻场演出，既让观众了解和欣赏最具代表性的梅派艺术，也充分契合正乙祠戏楼的历史文化内涵，很好地传达了文物价值。

正乙祠工作人员点评

有很多年轻人来看京剧，这让我们感到很欣慰。只要他们愿意来，通常都会被古戏楼独具特色的演出环境和演员们的精彩表演所折服，成为我们的义务宣传员。

我们希望来看戏的观众能够把在正乙祠看戏当成一次与众不同的、高档的体验。正乙祠的高端体现在历史价值和文化价值。正乙祠作为京剧的发祥地之一，见证了戏曲的兴衰。

BJ-09　演员在T台上表演《梅兰芳华》（左图）
BJ-10、BJ-11　梅派京剧是正乙祠戏楼的主要剧目（中图、右图）

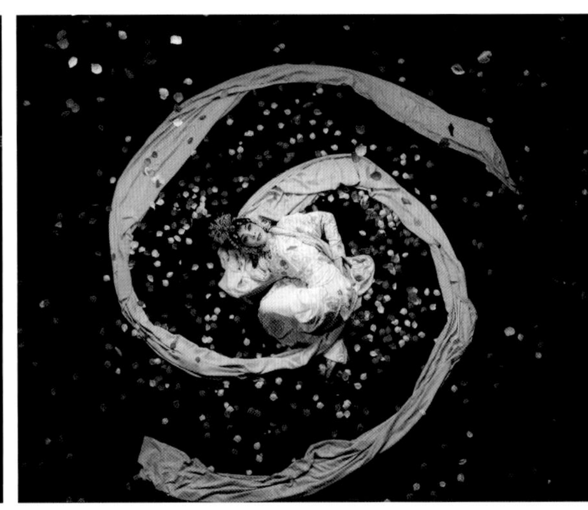

BJ-12　智珠寺庭院夜景

智珠寺

地　　址：北京市景山后街嵩祝院 23 号

年　　代：明至清

初建功能：寺庙

现状功能：画廊、文化中心

保护级别：北京市文物保护单位

BJ-13 都纲殿内

智珠寺获联合国教科文组织“亚太地区文化遗产保护奖”的获奖评语写道：

智珠寺，这座公元 17 世纪晚期北京的宏伟寺庙建筑群，经全面修缮，愈发显示出其丰富的历史积淀，令世人传颂景仰。修缮前，院内古建破败不堪，淹没在与其格格不入的新建筑中。尤其值得注意的是，这项由私人部门发起的浩大工程始终坚持尊重古建本身各方面的历史价值与建筑成就。参与其中的工匠和画师以其专业技能高质量地完成了 180 块木制彩绘天花板的修复工作。如今，修缮后的寺庙建筑群以全新面貌回归公众视野，并有了一项新功能，就是举办各类文化盛事和活动。

智珠寺位于北京市景山后街嵩祝院 23 号，建于乾隆年间，为藏传佛寺。此处原本由法渊寺、嵩祝寺和智珠寺三座大寺并置，自东向西共同构成一组古建筑群，共同作为蒙古活佛章嘉呼图克图在京的宗教活动场所。寺院群规模宏伟，建筑轩昂，曾与雍和宫齐名。20 世纪 50 年代，三寺分别被不同的企事业单位使用，其后法渊寺被拆，嵩祝寺正殿前的建筑被拆除，智珠寺格局虽完整留存但其庭院也被加建的厂房和临时居住建筑填充，年久失修，损毁严重。1984 年，智珠寺与其东侧的嵩祝寺共同公布为北京市第三批文物保护单位。

2007 年，产权单位将智珠寺山门至大殿南墙之间的寺院前段出租给东景缘团队，其前提条件是确保出资对文物建筑进行修缮。

BJ-14 维修前的智珠寺

亮点一：工程技术——修缮中对历史工艺技术的深度研究与挖掘，并予以表达

修缮工程没有试图让智珠寺“面貌一新”，而是以最大可能保留有历史信息为原则，如实地向观众展现了一个恢复了相对健康状态的百年古刹，保留了古代寺庙与近代工业的双重历史。

BJ-15~BJ-19　藻井彩画修复前后

2008 年开始，东景缘团队在其主要投资人兼创始人——比利时人温守诺（Juan von Wassenhove）的带领下，历时四年对智珠寺文物建筑进行了修缮。

拆除了部分车间和库房，基本恢复了智珠寺的庭院空间。维修中尽量保留和利用原有的砖瓦构件，只替换了 20 世纪 60 年代失火被烧成黑炭的都纲殿的檩、椽等损毁严重的木构件，替换构件采取做旧处理方式，尽量贴近原有构件质感。修缮中于都纲殿吊顶内发现的 300 多幅梵字真言彩绘天花，经传统中国画的揭取、清洗工艺处理后逐一回裱，重置原位，并以木板补充了空缺的天花位置。

整个修缮工程并没有试图让智珠寺“面貌一新”，而是本着“不改变文物原状”的原则，让“高龄老者恢复康健”，力求最大限度保存历史信息。一方面保留了古建筑表面的岁月痕迹，如褪色的油漆，木材上的裂纹和虫洞，地面开裂的灰砖等；另一方面也选择性地保留了一部分工厂时期的建筑和标语这些近现代的生命轨迹，如牡丹电视机厂厂房、20 世纪 70 年代的电线杆、都纲殿中 20 世纪 60 年代的标语等内容，如实地向观众展现了一个经历了百年风雨、处于相对健康状态的智珠寺，保留了古代的寺庙与近代工业的双重历史，充分体现了真实性、完整性和最小干预原则。

智珠寺修缮工程由文物主管部门全程监督，每一步都按程序报审，整个过程认真记录，留下了大量的图文、影像等研究资料。于 2012 年获得了联合国教科文组织颁发的亚太地区文物保护工程年度范例奖。

亮点二：功能适宜——新功能契合原有空间实现当代使用

在不影响文物安全的基础上，智珠寺巧妙利用空间，实现当代使用，并以高品位艺术作品点缀室内外空间，使新艺术与古建筑相得益彰。

西餐厅主要由保留厂房改造，除利用天王殿作为入口处的候餐区以外，其他所有就餐区、厨房均位于保留下来的工厂厂房建筑中，文保范围内无明火烹饪，文物建筑内无就餐活动。

都纲殿被利用作多功能厅，为满足展厅的日常使用需求所搭建的入口玄关、嵌套的保温门窗以及为满足演出效果布置的灯光等设施均未对原有结构造成不可逆的影响，且选材、用色上与古建筑协调，空调等现代设备，均采取一定的方式做隐蔽处理。

都纲殿前的厂房，拆除了占压庭院空间的一部分，保留了影响较小的另一部分作为办公建用，因该建筑基础的整体性，拆除部分的基址被巧妙地改造为水池，而保留建筑的侧墙亦被利用为投影墙，作为举办活动的背景墙使用。

在文物安全的前提下，以庭院雕塑、灯饰、布展、家具等高品位、高格调的艺术家作品点缀室内外空间，使新艺术与古建筑有机融合、相得益彰。

BJ-20　保留的厂房（左图上）
BJ-21　保留厂房的侧墙被利用为投影墙（左图中）
BJ-22　都纲殿被利用为多功能厅（下图左）
BJ-23　西餐厅用餐区与天王殿候餐区（下图中）
BJ-24　入口处的艺术装饰与修缮工程纪录片（下图右）

亮点三：业态选择——业态选择能够增强地方文化氛围

修缮后的智珠寺业态多元，包括文化艺术交流活动、小型聚会、会议、艺术画廊、餐饮等等，是文物活化利用提升地方文化氛围的优秀案例。

智珠寺业态多元、开放度高。除举办特殊活动时段，及院内一些办公区域谢绝参观之外，庭院、都纲殿及艺术画廊均免费向游客开放。都纲殿内经常举办小型音乐会和舞蹈演出，任何人都可以购票进入；画廊则常年举办免费的艺术展，观众可以在展期内自由参观；西餐厅面向所有顾客开放，提供不同价位的餐点和就餐形式以供消费者选择。

BJ-25　2018 年中国古迹遗址保护协会、中国世界文化遗产中心联合主办的“遗产故事会：国际古迹遗址日主题沙龙”在北京智珠寺举办（右图上）
BJ-26　智珠寺院内陈列的王书刚雕塑作品（右图中）
BJ-27　森所服装品牌快闪店（右下图）
BJ-28　利用旧厂房举办的时装秀（下图）

BJ-29　万松老人塔本体

万松老人塔

地　　址：北京市西城区西四南大街 43 号

年　　代：元、清

初建功能：葬骨塔

现状功能：特色公共阅读空间

保护级别：全国重点文物保护单位

游客点评

有趣的地方，历史古迹与本地文化结合，再结合书店的实用功能，小院下雨天喝点茶更有意境。

正阳书局是隐藏在闹市中的一抹幽静。不大的四合院里还有一座老人塔，夕阳的一抹余晖为这里悠久的古塔披上了金衣，门外是晚高峰的川流不息的人群，门内却是闹市中独静一处的书屋，一墙之隔，仿若隔断了尘世的繁杂，一片岁月静好之意。

万松老人塔始建于元代，为金元时代高僧万松老人的葬骨塔，经明、清、民国数次重修、修缮后，现为九级密檐式砖塔，通高约 15.90m，其塔身内部包裹元塔的情况在北京地区较为罕见，是研究北京地区密檐式塔发展的重要实物，2013 年公布为全国重点文物保护单位。万松老人塔所在的砖塔胡同，名称从元代沿用至今，是北京历史最悠久的胡同之一，这里曾居住过鲁迅、张恨水等名人大家，有着深厚的文化底蕴。

2008 年，西城区政府将万松老人塔住户腾退，作为单位办公场所使用，并未对外开放。2013 年年底，为了更好地发挥其文化传播价值，西城区文委通过竞标方式，征集出版、发行、阅读推广等各领域相关人士集思广益，探讨万松老人塔的保护利用方案。最终，民营机构正阳书局提出的运营方案脱颖而出，成为万松老人塔开放利用的运营方。

BJ-30　正阳书局入口

亮点一：功能适宜——新功能契合原有空间实现当代使用

既是文物活化使用的展览馆，又是兼具图书馆和实体书店功能的公共阅读空间，最大限度地发挥了文物建筑的文化传播价值。

2014年，万松老人塔以书店、小型图书馆、阅览室、展陈室等多功能复合型公共文化空间——“北京砖读空间”面向社会免费开放，成为一处既展示文物建筑魅力，又通过古籍图书继承、发扬、传播老北京文化的特色空间。

文物的利用形式以阅读空间为主，目前有图书近万册，所陈列书籍的主题围绕北京文化展开，包括北京党政、农工商史料、历代北京地方志、北京民俗专著、京派文学等图书、文献。公众可以免费阅读，也可以借阅图书、选购书籍。

“北京砖读空间”结合文物建筑环境及历史背景开辟了展陈室，展示万松老人塔和砖塔胡同的历史沿革和人文故事，并常设旧京实物文献展，向公众展示北京历史文化魅力。

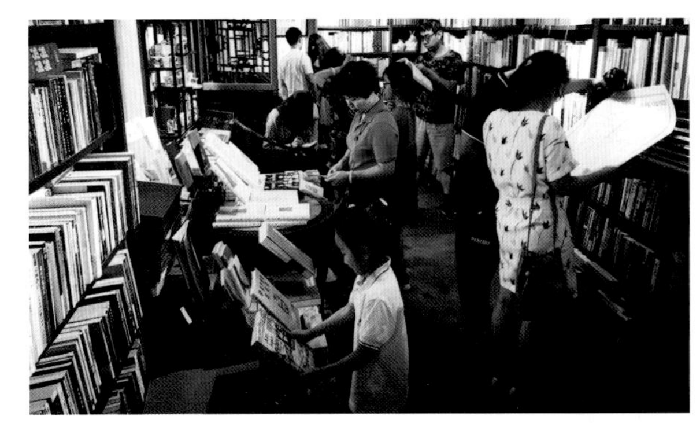

BJ-31 “北京砖读空间”图书馆（上图）
BJ-32 万松老人塔历史展（中图）
BJ-33 “北京砖读空间”阅览室（下图）

亮点二：开放条件——通过政策引导，社会力量介入保护修缮与开放计划

“北京砖读空间”采取公办民营的方式，由西城区文委与民营书店联合打造公共阅读空间，是探索文物建筑创新开放利用的示范案例。

为了更好地对文物建筑进行保护利用，西城区特别成立了由西城区文化委员会、北京出版集团、西城区文物管理科处、西城区第一第二图书馆、长安街街道、义达里社区、正阳书局共同组成的“北京‘砖读’运营管理委员会”，正阳书局团队受管委会委托，运营管理“北京砖读空间”，而非承租经营。政府则负责文物建筑的维护与修缮，并通过提出标准并严格考核来把握正确的保护与利用方向。

这种公办民营、“管办分离”的方式，是全国首例由政府免去房租、由社会力量提供专业公共文化服务的文物开放案例，是文物保护单位引入社会力量运营的有益探索，也是文物建筑创新利用的示范案例。

BJ-34　古建筑主题文化活动

BJ-35　周边学校自发组织的院内写生

亮点三：社会服务——举办各类公益活动宣传地方传统文化

“北京砖读空间”积极举办专题座谈、沙龙、读书会、公益讲座等丰富多样的文化交流活动，很好地发挥了文物建筑的公众文化属性及社会价值。

“北京砖读空间”创办至今，积极举办了多场专题座谈、沙龙、读书会、公益讲座等文化交流活动，深度参与公共文化服务体系建设，丰富了北京文博场馆的展览内容，既让公众多渠道、多角度地了解文物建筑和北京历史文化，也为从事文物保护、传统文化研究的工作者和文史爱好者搭建了交流、学习的平台。

此外，正阳书局还与报纸、广播、电视等媒体合作，广泛宣传北京历史文化和“砖读空间”，开展了北京历史文化的挖掘整理和再版、出版等工作。

通过一系列社会和公众服务，满足了公众文化需求，弘扬了传统文化，体现了文化自信，很好地发挥了文物建筑的公共文化属性及社会价值。

-36 文化交流活动

BJ-37 学术座谈

BJ-38 专题讲座活动

BJ-39　美国使馆旧址鸟瞰

美国使馆旧址

地　　址：北京市东城区前门东大街 23 号

年　　代：清

初建功能：外国使馆

现状功能：办公、餐饮

保护级别：北京市文物保护单位

游客点评

景色宜人，旅行收获很多，挺推荐的，感受历史的变化和沧桑。

如果你夜晚来，便会有不同的体验。北京好多的地方，就会让你说不出来的感觉好。

建筑物和绿茵还是挺漂亮的，定位也不错，这个地界儿和它的历史背景非常符合。

美国使馆旧址，由建筑师 Sid H.Nealy 于 1903 年代表美国政府组织兴建。主体建筑为新古典主义风格，是东交民巷一带的地标性建筑。现存 5 栋文物建筑，是清代外国使馆区建筑唯一保留完整的一处。

中华人民共和国成立后曾作为政府办公地点，周恩来总理曾在此办公，1971 年还在这里会见了时任美国国务卿基辛格。此次会晤打破了两国多年冷战局面，为中美建交奠定了基础。

至 20 世纪 80 年代，这里被重新修复成为钓鱼台前门宾馆。宾馆对原有格局进行了局部调整，中心花园草坪也增设了小径、花坛等设施。

2005 年以后，管理使用单位对整个院落进行了整治修缮，并将院落定名为“前门 23 号”，作经营之用。

BJ-40 使馆入口影壁

亮点一：业态选择——能够根据需要进行业态优化调整

根据保护需求和客源情况，将业态调整为以办公为主，保证文物建筑利用的可持续性，同时将餐饮和演艺剧场功能布置在非文物建筑内。

最初，这里被定位为“京城精品生活消费场所”。除引入餐饮品牌外，还引进了百达翡丽等品牌精品店。之后根据文物保护需求和客源情况，将文物建筑楼调整为办公用房。并制定了较为严格的准入制度，选择进驻单位，并对其提出装修使用要求、审核设计方案，进行定期检查。

目前院落内有两家中式餐厅，设在新建的玻璃幕墙结构建筑内，中心花园的地下空间部分作为爵士乐演艺厅使用。

BJ-41　使馆建筑群主楼

BJ-42　使馆建筑副楼

BJ-43　时尚精品店内饰

BJ-44　院内演艺厅门外

亮点二：工程技术——尊重历史景观环境的保护与维护

整个院落进行统一规划，依据历史资料进行景观环境整治，恢复历史格局，突出文物建筑的主体地位。

BJ-45　使馆改造模型

BJ-46、BJ-47　院内环境（左下图、右下图）

BJ-48　旧明信片上的使馆环境（上图）
BJ-49　使馆老照片（中图）
BJ-50　使馆改造后的草坪（下图）

通过对历史资料的分析研究，有依据地恢复了使馆建筑历史环境风貌，净化整合周边资源，突出文物建筑的主体地位。整治中，拆除部分加建建筑，使大院重新恢复了“一院五楼”的历史格局。同时整修北围墙，使之符合东交民巷历史保护区整体风貌的要求。另外在严格保护古树名木的前提下，对大院景观进行重新规划、改造，恢复原来西洋庭院方正、开敞的几何形态。

BJ-51　东方饭店全景

北京东方饭店初期建筑

地　　址： 北京市西城区万明路 11 号

年　　代： 民国

初建功能： 酒店

现状功能： 酒店

保护级别： 西城区文物保护单位

北京东方饭店初期建筑现座落在两广大街万明路，元朝的万明寺旧址、民国初期京城最繁华的“香厂新市区”中心广场。1918 年落成开业，是目前国内开业最早、档次最高的现代意义上的民办资本自营饭店，为北京市西城区文物保护单位。

饭店留下了陈独秀、李大钊、蔡元培、鲁迅、胡适、钱玄同、刘半农等众多近代史上各界名人的足迹，见证了“五四”新文化运动和北伐战争等重大历史事件的发生，曾经辉煌一时、闻名遐迩。中华人民共和国成立作为北京市政府招待所内部使用，后几经变迁，至 1986 年恢复对外营业。初期建筑现仅存 1918 年建的西楼及 1953 年翻建的东南楼，建筑结构、木制楼梯以及阳台扶手均为原址原物，仍作为酒店继续使用，由北京首都旅游集团管理有限公司管理。

BJ-52　酒店咖啡厅名人墙

BJ-53　西楼入口

亮点一：业态选择——业态选择契合价值核心主题

依托文物建筑，紧扣“民国文化主题”，围绕文物建筑历史经营酒店品牌，成为国内首家民国文化主题酒店。

酒店在经历过民营独资、军阀统治、政府征用及与企业“合资”几个阶段后，疏于维护、设备陈旧等种种弊端凸显，逐步被市场边缘化，连年亏损。作为文物建筑的西楼，当时已经破旧不堪，客房几乎不再营收，仅为旅游团导游提供免费或廉价住宿。2004年，为了拯救这个濒临绝境的老字号酒店，北京市政府将东方饭店划归首旅集团，推动现代化管理。

集团依托东方饭店特有的历史积淀，选择了主题文化酒店作为饭店未来的发展方向，对东方饭店进行全面停业整修，后于2006年重新开业。重装回归的东方饭店，依托文物建筑，紧扣“民国文化主题”，以原址原物、图文展陈、特色菜品体验等形式，向游客展示民国时期东方饭店内发生的历史事件、名人轶事、风物风情，成为国内首家民国文化主题酒店。

BJ-54　酒店民国文化展廊

BJ-55　陈列展示的老物件

宾客点评

到这里就感到历史的沧桑。

老楼重修后很有年代感，沧桑而复古。

饭店装修风格突出了东方古典的怀旧情调，还有一些著名历史人物的画像和大事件的简介，不但享受舒适生活还可以了解历史。

因为它的历史故事，所以想来逛逛。

古香古色的，像穿越到了民国的时候，真是让人很有年代感。

BJ-56　房间内饰品（左上二图）
BJ-57　大堂主题绘画（左图中）
BJ-58　酒店旋转楼梯（左图下）
BJ-59　孙中山主题套房（右图下）

BJ-60、BJ-61 鲁迅主题套房陈设

酒店深入挖掘自身的历史文化内涵，多方位收集资料、旧物件，在大堂通往客房的过渡空间设置了民国文化展廊，陈列展示饭店当年开业时用的银盘、老式电话机、用餐时摇的铃铛，中国早期的华生电扇等。1918 年的老楼客房改造为 29 间名人客房，以陈独秀、李大钊、鲁迅、梅兰芳等曾经下榻过酒店的名人命名，客房内的布置陈设都采用民国时期的风格，并与对应的名人相关联，既体现了饭店在历史上的重要地位，也讲述出名人与饭店间的不解渊源。“老房子 1918 咖啡屋”恢复为原初的样式与风味，工作人员的工服也重新进行了设计，从而形成了整体的怀旧氛围。重开民国宴，研发推出民国时期的传统菜和民国主题的创意菜品；推出一些民国舞会、音乐会、民国老电影等主题活动，使入住客人充分体验民国生活方式。

所选主题与文物年代及文化内涵相契合，一方面有利于价值阐释，另一方面也在酒店市场产品同质化、消费者需求个性化及旅游过程体验化方面提供了全新的视角和思路。自主题化经营之后，酒店入住率大幅提升，还有一些客人专为民国主题而来，实现了酒店的营业额的大幅增长。

BJ-62　首钢园区内星巴克咖啡厅

龙烟铁矿股份有限公司旧址（首钢园区）

地　　址：北京市石景山区石景山路 68 号

年　　代：民国

初建功能：铁矿炼厂

现状功能：高端产业综合服务区

保护级别：普查登记不可移动文物

“龙烟铁矿股份有限公司旧址”位于首钢园区，在北京长安街沿线最西端，永定河东岸，面积 8.63km^2，厂区内有筒仓、料仓、焦炉、天车、通廊等丰富、有价值的工业建筑遗存。为2013年公布的未定级不可移动文物。

该厂区始建于 1919 年，为官商合办龙烟铁矿股份有限公司的炼厂，1923 年停建，只完成设计工程的 80%，直至“七七事变”尚未投产。日本侵华期间和国民党时期，炼厂投产出铁，先后更名为石景山制铁所和石景山炼厂。1949 年更名为石景山钢铁厂恢复生产。1958 年改组为石景山钢铁公司，之后逐步发展成为首钢集团。

后因北京市对环境保护要求提高，首钢从 2005 年开始逐步搬迁至唐山市曹妃甸，并于 2010 年实现全部停产。搬迁后的首钢丁区腾退出巨大空间，在北京市“十二五”规划中，被定位为北京西部转型发展的核心区，并命名为“新首钢高端产业综合服务区”。

为服务 2022 年北京冬季奥运会，将部分首钢工业遗存改造利用为冬奥组委办公场所、滑雪大跳台比赛场馆和国家体育总局冬季训练中心。目前，冬奥组委办公场所和冬季训练中心已投入使用。

BJ-63　首钢园区北部区域鸟瞰

亮点一：功能适宜——新功能契合原有空间实现当代使用

办公、展览、空中步道等新功能与工业空间相匹配，为工业片区注入可持续的新生命。

BJ-64　北京 2022 年冬奥会和冬残奥会组织委员会办公区（上图）
BJ-65　三号高炉（下图）

首钢园区对区域内筒仓、料仓、转运站、主控室及联合泵站等工业遗存进行改造建设，满足冬奥组委办公、会议及其配套服务等功能需求。

在增加安全防护的基础上，将三号高炉一层的黑空间用于展览，西侧晾水池作为园区难得的自然水体景观，与三号高炉共同形成冬奥广场，分别为室内外文化活动提供空间载体。

同时，利用部分现状遗存的上路坡道、传送带、管道支架等设施，改建成为空中游览步道，提供高点俯瞰的观览角度。

亮点二：业态选择——业态能够增强地方文化氛围

新业态为首钢园区注入新的活力，展现了园区独特的文化韵味。

首钢园区将精煤车间等大跨度工业遗存改造为速滑、花滑、冰壶、冰球训练馆，并配套公寓，兼具商业化运营；将冷却塔改造为极限运动体验和特色酒店等，使冬奥广场两湖区域成为以冰雪项目为主要特色的功能齐备的文体休闲、体验和消费区，营造差异化的宜居宜业环境。通过业态调整赋予工业遗存新的生命力，展现首钢园区特有的文化韵味。

BJ-66　首钢工舍特色酒店（右图）
BJ-67　冬奥广场（下图）

BJ-68　奥组委办公区（上图）
BJ-69　首钢园区内星巴克夜景（下图）

国际奥委会主席巴赫点评：

北京将曾经的一个钢铁厂改建成为冬奥会训练场馆，非常不可思议。他们在那里将旧厂房改造成办公室、休闲区、训练场，也成为北京冬奥会组委会的办公地点。我希望如果大家有时间，一定要去北京看看。

北京市市委书记蔡奇点评：

首钢是我国冶金工业发展的缩影，是改革开放的一面旗帜，为北京成功举办 2008 年奥运会做出了历史性贡献。首钢当年是首都工业的标杆，今天仍然是北京西部地区发展的带动力量。

CQ-01　湖广会馆全景

重庆湖广会馆

地　　址：重庆市渝中区长江滨江路芭蕉园 1 号

年　　代：清

初建功能：会馆

现状功能：博物馆

保护级别：全国重点文物保护单位

重庆湖广会馆始建于清康熙年间，会馆核心区包括禹王宫、广东公所和齐安公所三大部分。会馆建筑群浮雕、镂雕十分精湛、栩栩如生，其题材主要为西游记、西厢记、封神榜和二十四孝等人物故事的图案，还有龙凤、动物及各种奇花异草等图案。整个古建筑群是我国明清时期南方建筑艺术的代表，也是我国城市中现存规模最大的清代会馆建筑群之一。20 世纪 80 年代中期，重庆市第二次文物普查时，发现了湮没于下洪学巷东水门危房群中的湖广会馆。此时，湖广会馆已经成了居民住宅和单位仓库，不仅年久失修，满目疮痍，大量精美木雕、石雕、殿堂、楼阁损毁严重，而且当地群众生活环境也十分恶劣，面临着火灾、白蚁、危房倒塌等安全隐患。

在旧城改造的热潮中，重庆市和渝中区两级政府决定投资 1 亿多元对湖广会馆核心区建筑群进行保护修复，该工程从 2003 年 12 月 28 日动工，到 2005 年 9 月完工，修复了禹王宫、广东公所和齐安公所。2016 年重庆湖广会馆古建筑群又开展了维护及展陈提升工程，开辟为移民文化专题陈列馆、湖广会馆建筑构件展、重庆老城图片展等专题展览，提升了湖广会馆展览的吸引力，增强了参观游览的参与性、直观性、趣味性。

CQ-02　戏台（左图）
CQ-03　湖广会馆夜景（右图）

亮点一：工程技术——保护修缮与展示利用工程统筹计划完成

2016 年的维护及展陈提升工程计划增设湖广会馆建筑构件展，修缮中将替换下来的建筑构件保留下来对其进行展示再利用。

重庆湖广会馆在维护及展陈提升工程中，增加湖广会馆建筑构件展，这些建筑构件一部分为维修前保留下来无法继续使用的，另一部分是征集到的清代构件。每一个展柜都配有一张建筑构件分布位置图，清晰点明该实物构件的具体位置，该展示将高高在上的建筑构件——坐斗、撑弓、驼峰、挂落等一一悉心陈列使参观者可以近距离欣赏构件上的刻画线条和人物造型，同时也是对湖广会馆原有建筑构件的一种再利用。

CQ-04　湖广会馆建筑构件展厅（左图）
CQ-05　建筑构件分布位置说明（右图）

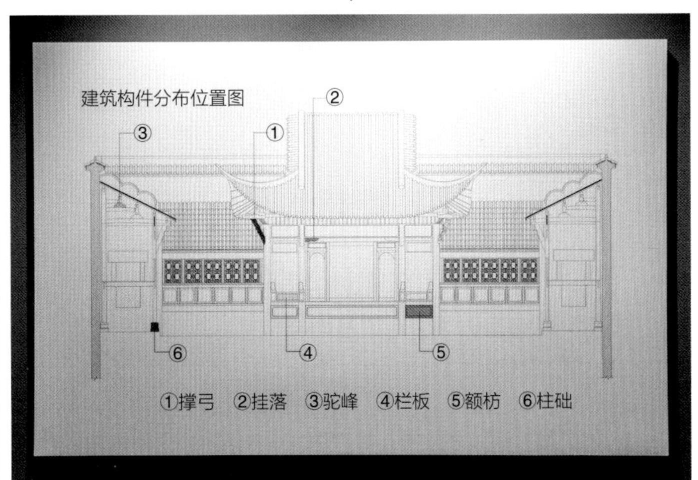

亮点二：社会服务——举办各类公益活动宣传地方传统文化

以“塑造城市精神文化生活殿堂”为目标，以湖广会馆为载体，结合文化主题活动，弘扬传统文化。

CQ-06　禹王祭祀活动（上图）
CQ-07　戏台戏曲表演（下图）

湖广会馆对外开放以来，成为“我们的节日”示范活动基地，每年会以“我们的节日”系列传统节日为节点，举办春节“禹王庙会”、清明“禹王祭祀”、五一“听江民谣歌会”、国庆“移民文化节”、端午“大型诗歌朗诵”等活动；另一类活动会结合非遗、国学等传统文化举办各类活动，如暑假“金榜题名季”“文明渝中·魅力母城”为主题的非遗文化展演等；2018年湖广会馆挂牌成为重庆中华传统文化研究基地，未来重庆会馆要继续提升社会文化服务水平成为重庆最具特色的中华优秀传统文化的展示窗口、体验培训基地和研究交流中心。

亮点三：价值阐释——丰富的阐释手段提升价值表达

2016 年展陈提升工程围绕“湖广填四川”主题，采用多种展示手段增强展示趣味、增加活动体验，生动阐释主题。

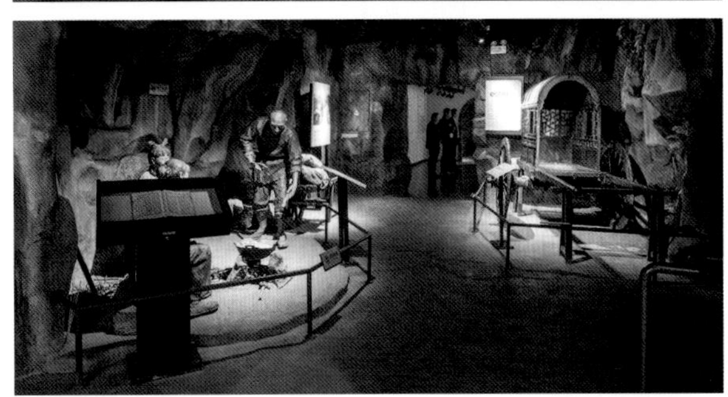

CQ-08 多媒体展示入川线路（上图）
CQ-09 场景展示入川艰苦（中图）
CQ-10 体验移民手续办理（下图）

游客点评

荡漾的浪花，摇晃的船身，还有现场有带入感的声音，那一刻仿佛自己真的站在一条入川的船上。

湖广会馆内开设的湖广填四川移民博物馆是我国首个移民专题博物馆，展陈以“湖广填四川”为背景，从不同角度展示了移民入蜀的政治背景、经济因素以及入蜀线路等，充分反映“湖广填四川”这一段历史。以前的移民博物馆展陈以实物静态为主，展品破损严重，缺乏创新。2016 年展陈提升工程以后，采用了现代多媒体技术，体现赤野千里、昭民徙蜀、水路进川、陆路进川、报亩定籍的大场景，通过 180° 大屏幕，四川乡试场所、票号、药铺等实景还原，再加上声光电的科技组合和一系列的互动体验活动，游客可身临其境重走移民路，体会移民入川的艰苦以及移民兴川的辛劳。

CQ-11　国民政府警察局旧址入口

国民政府警察局旧址

地　　址：重庆市渝中区中山四路曾家岩 19 号

年　　代：民国

初建功能：书院学校

现状功能：图书馆

保护级别：普查登记不可移动文物

CQ-12　入口庭院

专家点评

重庆市相关领导在参观完曾家岩书院后指出（曾家岩）书院就是应该多多关注城市的文化和历史。

国民政府警察局旧址在清朝末年是一个私塾性书院，后由附近天主教加尔默罗女修院改建为新式学堂，抗战期间民国政府征购这里，使其成为国民政府警察局。该建筑与曾家岩 50 号周公馆一墙之隔，当时楼上辟有专门监视周恩来同志行动的阁楼窗户。1949 年后这里曾经为曾家岩派出所。在修缮之前，这里已成为一座挤住着十几户居民的大杂院。2017 年渝中区政府出资对其进行了保护修缮，修缮后由重庆靶点影视文化传媒有限公司管理运营，2018 年 4 月，国民政府警察局旧址以民国主题文化图书馆 + 影视文化创意园区 + 咖啡吧的身份正式对外开放，名为“曾家岩书院”，是全国首家以民国文化为主题的图书馆，市民可以在这里免费阅览图书，感受这栋百年建筑的历史。

游客点评

工作日的早上没什么人，去的时候只有几位老人家坐在桌边，专心致志一边查书一边笔记，瞬间就觉得有了宁静致远的感觉。

CQ-13 社区居民读书

亮点一：功能适宜——原功能与新功能混合实现品牌效应

延续原有功能是对历史的传承，新增功能是为满足现代的需求，历史与文化在这里相结合，即符合入驻公司发展需求也为社会提供了文化服务

CQ-14　二层露台（本页图）
CQ-15　一层图书馆（跨页图）

重庆靶点影视文化传媒有限公司是以拍摄纪录片为主业的影视公司，拍摄内容围绕重庆筑城史、重庆平凡人物、重庆历史文化等展开，他们甚至把国民政府警察局旧址整个建筑修缮的过程也拍摄下来做成纪录片，希望通过此类纪录片让世人了解当代重庆的文化、生活。国民政府警察局旧址契合公司对文化的需求，借助现代纪录片、影像推广，历史与文化的结合。国民政府警察局旧址现在的有功能包括三部分：一楼和二楼的空间延续了初建书院，功能并配有咖啡吧，二楼空间开辟为放映厅和展厅，做文化类的推广项目，三楼全部作为公司的办公场所，包括纪录片的剪辑都是在这里完成。

亮点二：社会服务——利用中为社会提供公益活动场所

曾家岩书院通过各类方式使人留下来、坐下来，和建筑一起共呼吸，同感受，成为区域重要的文化活动空间。

CQ-16　文化活动

曾家岩书院现有图书6000余册，主要来自重庆市图书馆、渝中区图书馆、红岩联线，以及民生公司卢作孚研究会等机构的赠予、书院自购和部分友人的捐赠，图书存量还在不断丰富。现有图书分成六大板块，包括民国、重庆本埠、红色经典等。因为与重庆市图书馆、渝中区图书馆合作，市民可以通借通还，周围社区的一些居民几乎天天来书院读书、学习，曾家岩书院也十分欢迎这些居民，为他们提供免费的开水和阅读场所。

二楼的展览厅和演播厅则一直配合开展文化类的活动。在开办展览期间，演播厅一天播放两场，遇到五一国际劳动节、十一国庆节旅游旺季会加播到四至五场，内容全部为公司自己拍摄的与展览相关的纪录片，全部免费观看。每周在演播厅还有文化大讲堂活动，邀请国内外或者重庆本地文化领域专家来做文化分享活动。曾家岩书院自开馆到现在一直无休息，比预想的要火爆很多，最多一天有4000余人参观，足以说明民众确实需要这样的文化活动空间，它也正好弥补了这方面的空缺。

FJ-01 三坊七巷俯瞰

三坊七巷古建筑群

地　　址： 福州中心城区（老城区）

年　　代： 明、清

初建功能： 居住、商业、宗祠等

现状功能： 博物馆、商业、景区

保护级别： 全国重点文物保护单位

国家级历史文化街区

FJ-02　三坊七巷屋顶与曲线山墙

三坊七巷古建筑群以民居建筑为主，融合有明、清、民国多个时期的建筑特点，具有鲜明的地方传统建筑特色，建筑多数为白墙灰瓦、曲线山墙、内部布局严谨、匠艺奇巧，不少还缀以亭、台、楼、阁、花草、假山，融人文、自然景观于一体。坊巷内有各级文物保护单位 28 处，全国重点文物保护单位以沈葆桢故居、林觉民故居、严复故居等为代表共 15 处，省、市、区级文物保护单位 13 处，以及 100 余处保护建筑。三坊七巷在清末民初曾涌现出一批对中国近代史进程有着重要影响的人物，如林则徐、沈葆桢、林旭、严复、林纾、林觉民以及冰心等人，且街区中涉台人物众多，遂被誉为“近代名人聚居地”和“闽台渊源彰显地”。

20 世纪 90 年代，福州老城区开展大面积的旧城改造工程，三坊七巷受到时任领导的特别重视遂得以保留，1991 年市委、市政府文物工作现场办公会议纪要中曾提出一定要把全市的文物保护、发展、利用工作做好，不仅不能受到破坏，而且还要更加增辉生色、传给后代。之后 20 余年，三坊七巷一直遵循这一精神，在 2005~2017 年完成《三坊七巷历史文化街区保护规划》《福州市三坊七巷文化遗产保护规划》等专项规划，并基本完成三坊七巷保护修复工程，28 处文物保护单位已修复 26 处，完成了登记文物点、历史风貌建筑及整治建筑面积约 25 万平方米。

经过 20 余年的保护、管理与运营，三坊七巷街区活态遗产的真实性与完整性得以延续，休闲、旅游、文化、商业等功能日臻完善，成为集城市中心市民生活居住、文化遗产保护、旅游休闲窗口、文化产业发展的综合性大型社区成为福州市的“城市会客厅”。

亮点一：工程技术——详细记录保护修缮全过程，并展示、出版

三坊七巷保护修复工程的实施积累了成熟的经验。坚持以保护规划为统领，在修缮过程中形成立法保障、专家指导、规范工艺、考核工匠的方法，遂专门设置三坊七巷保护修复成果展，向公众介绍三坊七巷保护修复工作的缘起、举措及成效。

FJ-03　修缮过程展示

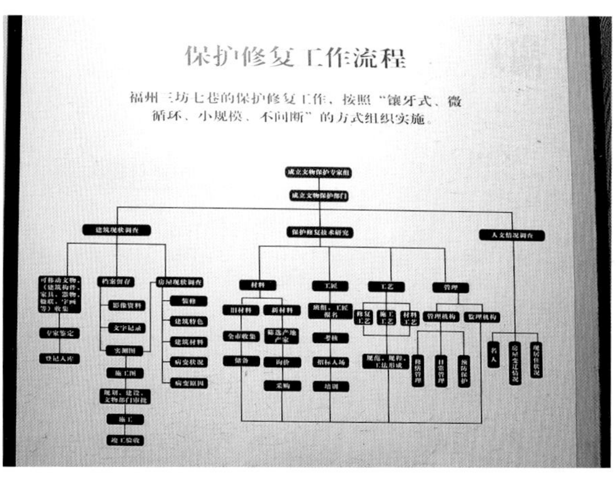

FJ-04　修缮流程展示

①立法保障。为了确保修复工作有章可循、有法可依，先后批准颁布了《福州市三坊七巷、朱紫坊历史文化街区保护管理办法》《三坊七巷保护修复资金管理使用办法》《三坊七巷保护修复工程审核制度》《三坊七巷文物保护管理细则》等一系列管理文件。

②专家指导。为确保修复工程的组织有力、指挥科学，福州市成立了"三坊七巷保护修复与开发利用领导小组"，聘请了全国著名文物保护专家罗哲文教授等 8 位专家为领导小组的专家顾问，对三坊七巷保护修复工作进行指导；同时，推行责任规划师制和责任建筑师制，聘请了国内著名的历史街区保护及古建筑修复专家担任责任规划师和责任建筑师，对三坊七巷保护修复工程规划设计、古建筑修复设计，以及工程质量等进行把关。

③规范工艺。针对三坊七巷内独具特色的营造工艺，专门制定了《三坊七巷文物建筑保护修复技术规范》《三坊七巷古建筑修缮导则》，整理归纳出三坊七巷历史文化街区内古建筑各个时代的营造特色、构件样式、配方工艺、修造做法等，特别总结了操作规范的"四法"：修补法、加固法、局布加固法和更换法，成为保障古建筑修复保持原状的营造依据。

④考核工匠。为了保证古建筑保护修复工艺水平，三坊七巷建立了工匠考核制度，新进场的工匠班组必须通过严格的考核后，方能持证上岗，并建立工匠档案。施工过程中组织不定期抽查，淘汰不合格的工匠，并通过不定期组织涵盖理论学习与实践操作的工匠培训课程，以促进工匠水平的提升和传统建造技艺的传承。

亮点二：运营管理——制定配套的地方法规政策和制度

出台办法精细管理、规范运营，为街区业态进一步去粗存精、优化升级提供了有力依据。

2017 年福州市政府颁布了《福州市历史文化街区国有房产租赁管理办法》及《福州市历史文化街区国有文物保护单位使用管理办法》。两个管理办法明确了历史文化街区准入门槛、退出机制、业态正面清单以及负面清单等内容。其中，国有房产租赁方面，在国有房产出租的程序、承租人与管理者的权责、租金收取、扶持对象与安全责任等方面做出了规范。文物保护单位使用方面，确定了应以文化工艺类展示与体验参观式相结合为主要模式，并根据文物保护单位面积确定具体业态的使用标准，在入驻流程、场馆开放时间、场地管理费收取、安全规范、监管机制以及法律责任等方面作出明确规定。

在确定了业态导向的基础上，三坊七巷通过自己制定优惠政策，吸引能够弘扬地方传统文化的业态，如脱胎漆器、软木画、牛角梳、寿山石刻、油纸伞、裱褙、糖画、书坊、微雕等具有代表意义的传统艺术入驻街区，另如“米家船”裱褙店、“木金肉丸”、“同利肉燕”、“永和鱼丸”等老字号已陆续回归，还原了部分古建筑原有功能。

FJ-05　老字号店铺

FJ-06　非物质文化遗产博览苑非遗文创

FJ-07　创意油纸伞售卖

亮点三：运营管理——多方合作管理运营模式

为更好的利用好三坊七巷内文物保护单位、历史建筑等，不断激发其活力，三坊七巷保护开发有限公司积极在实践中因地制宜的探索多元管理运行模式。

2008年成立福州市三坊七巷保护开发有限公司，为福州文投集团下属国有独资企业，公司主要负责三坊七巷、朱紫坊和上下杭历史文化街区的保护修复与开发利用工作。近年来该公司不断探索了多方合作的管理运营模式。

①自主经营，由三坊七巷保护开发有限公司自主经营，开设林觉民·冰心故居、严复故居、水榭戏台等系列自营馆，展示相应主题的文化遗产。

②与相关政府部门、单位合作，开设合作馆，专题展示特色文化遗产，如与省文化厅合作开辟的福建省非物质文化遗产博览苑，作为展示与弘扬非物质文化遗产的常设基地，常年免费对外开放；与省文物局、文物总店合作开设福建省民俗博物馆，以传承、保护极具地方特色的福建优秀传统民俗文化，特别是福州闽都文化为主旨，展示近千件闽派古典家具、木雕木刻、福建各窑口瓷器、名人字画、工艺精品等民俗文物，并结合福建岁时节庆等民风民俗，定期举办不同类型的文物展览。

③有选择性的引进民间资本，以多元化平台延伸产业链，积极探索文化遗产保护的新模式，2010年11月至今，由民间资本投资相继开放的展馆有南后街宗陶斋名人字画展、林聪彝故居漆艺展、“唯美客”闽台青年文创产业基地、国家级非遗观光体验项目“致道漆器”等,项目投资近3亿元,形成了社会共同参与、共享文化遗产的局面，极大的提高了游客对三坊七巷整体文化的观感度。

FJ-08　林觉民故居播放并展示《与妻书》

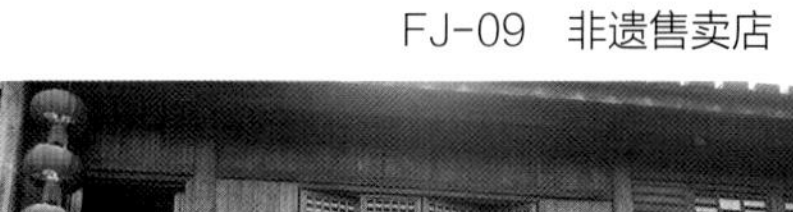

FJ-09　非遗售卖店

亮点四：社会服务——举办各类活动带动社区活力

2010 年底，三坊七巷正式启动社区博物馆建设，全方位展示三坊七巷历史渊源、传统建筑和园林、民间文物、民俗文化、传统手工业及居民生活习性等，更好的集中发挥街区内古建筑功能，让社区活起来。

FJ-10　三坊七巷整体沙盘

作为国家首批社区博物馆示范点之一的三坊七巷社区博物馆，由 1 个中心展馆、37 个专题馆和 24 个展示点组成。目前已初具规模，开放的展馆有三坊七巷美术馆、福建民俗博物馆、福州漆艺博物馆、福建非物质文化遗产博览苑、闽都民俗文化大观园、田黄馆、勤廉馆、消防馆等 24 家，以开放展览的形式展示了三坊七巷文化特色，让历史文化街区活起来。各馆在尽可能延续原有功能的基础上，有条件的还举办各类活动，以还原三坊七巷历史风俗为重点，结合福州的各个民俗节日，举办元宵灯会、七夕乞巧、中秋摆塔、拜月、妈祖巡游等各种特色民俗活动，实现了传统文化活动常态化。其中，天后宫更是作为“茶帮拜妈祖”文化、礼斗祈福、福船开光等非物质遗产保护项目，以及初五迎财神民俗活动的重要传承地，逐步成为三坊七巷乃至福州、福建两岸信俗文化交流中的一个新亮点，为广大市民、游客深度体验闽都文化提供优良载体，有效延续古建筑生命的同时极大的增强了区域活力。

FJ-11　学生临摹水榭戏台（左图上）
FJ-12　非物质文化遗产博览苑 VR 体验（左图中）
FJ-13　三坊七巷 LOGO（左图下）
FJ-14　基于传统文化的文创开发（右图上）
FJ-15　斗茶大赛（右图中）
FJ-16　严复书院书店（右图下）

FJ-17　林森公馆

林森公馆

地　　址： 福建省福州市仓山区程埔头七星巷

年　　代： 民国

初建功能： 私人公馆

现状功能： 仓山区图书馆林森绘本分馆

保护级别： 福建省文物保护单位

FJ-18　林森公馆二层绘本阅读室（上图）
FJ-19　林森公馆一层中厅绘本展陈室（跨页图）

林森公馆是一栋中西合璧的三层砖木结构，带有殖民地柱廊式风格的西洋式建筑。民国十年（1921 年），由闽侯县尚干乡民集资兴建。建筑座北朝南，占地约 380m^2，平面布局呈“T”字形，中间大厅，左右厢房，大门 2m 多宽，两侧是西洋式石柱，室内全部是木质地板。大厅厅堂墙壁下方还保留着原有的壁炉。

民国时期，该公馆是曾任民国政府主席的福建闽侯县人林森回到福州时的主要居所。1943 年林森去世后，公馆仍由林家后人居住。后经辗转，收归国有。1988 年，林森公馆公布为仓山区文物保护单位。2009 年公布为福建省文物保护单位。2015 年，林森公馆被开辟为儿童绘本阅读空间，并作为仓山区图书馆的分馆，免费对外开放。

HAPPY BIRTHDAY
I ♥ YOU
MY LITTLE
PIGGY
BABY

亮点一：社会服务——利用中为社会提供公益活动场所

林森公馆被开辟为福州首家全公益儿童绘本阅读空间，作为仓山区图书馆分馆，免费对外开放。利用文物建筑开展公共文化服务的创新做法，已成为福州市利用和活用文物的典范模式。

FJ-20 绘本音乐创想课——“故事时间”
FJ-21 “寻丝之路，快乐养蚕”活动
FJ-22 亲子阅读讲座
FJ-23 纪念林森 150 诞辰大会
（从上至下）

林森公馆藏书 1.8 万多册，考虑到文物建筑的结构承重问题，定期更换图书，向 1~13 岁小读者提供电子书、实体书、有声读物，每天借阅册次最高时有八九百册；馆内还定期开展讲座、绘画、手工等亲子互动活动。开馆第一年，林森绘本分馆就以美丽的阅读空间和快乐的亲子氛围声名远播，吸引众多家庭到馆借阅；同年被授予“福州市最美阅读空间”的称号。

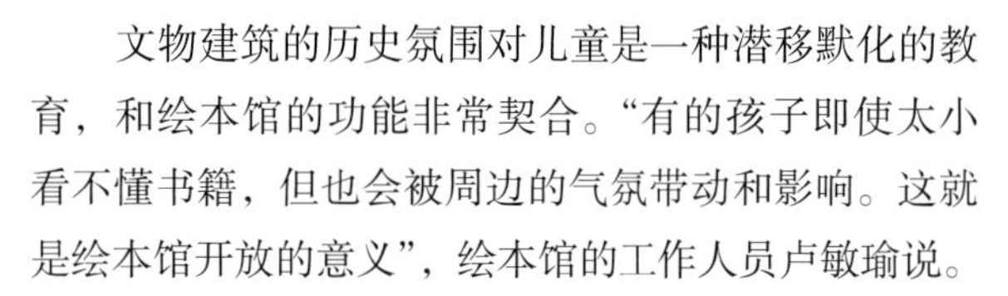

文物建筑的历史氛围对儿童是一种潜移默化的教育，和绘本馆的功能非常契合。“有的孩子即使太小看不懂书籍，但也会被周边的气氛带动和影响。这就是绘本馆开放的意义”，绘本馆的工作人员卢敏瑜说。

福州市仓山区推出了一系列利用文物建筑开展公共文化服务的创新做法，林森公馆是作为图书馆功能的典范案例。“福州市仓山区按照‘应保尽保’的要求，在保护历史文化符号的同时，赋予文保建筑公共服务的功能，真正实现了文化遗产的全民共享。”福州市仓山区文体局的工作人员谢丽说。

亮点二：运营管理——多方合作管理运营模式

由于主体功能为藏书以及主体对象为儿童的特殊性，为解决消防安全这一重要难题，林森公馆采取了与消防队紧密联合，对图书仓储和开放管理等进行消防指导，并定期安排安全消防演练的措施。

FJ-24　一层绘本阅读室（上图）
FJ-25　二层绘本图书室（中图）
FJ-26　安全消防讲解（下图左）
FJ-27　安全消防演练（下图右）

游客点评

“周末可以进去看绘本，美妙的亲子时光！”

“来到图书馆环境优美适合学习的地方，1岁稍微懂事一点的孩子就可以带进去看书了，小盆友看了都舍不得走了。”

林森公馆的修缮工作以政府为主导，同时得到了社区入驻的企业单位等社会力量的支持。由于文物建筑的保护要求、图书馆的使用需求、绘本馆的受众人群主体为儿童等各方面的特殊性，使林森公馆的开放利用面临着如何保证消防安全的巨大难题。管理方和使用方与消防队形成紧密联合，制定相应的管理措施和机制，在修缮和使用过程中消防队也多次现场指导，包括图书仓储安排、消防疏散流线、消防设备配置等。消防队定期进行消防安全知识培训和安全消防演练，并且与儿童的消防教育相结合。

FJ-28　汇丰银行福州分行立面

FJ-29　独立厅立面

汇丰银行福州分行及独立厅

地　　址：福建省福州市仓山区烟台山

年　　代：民国

初建功能：银行、机关办公

现状功能：仓山区文化馆

保护级别：福建省文物保护单位

福州市文物保护单位

FJ-30 汇丰银行福州分行历史照片（左上图）
FJ-31 早期汇丰银行福州分行职员合影（右上图）

官方点评

仓山区文化局：福州市正在全力创建国家公共文化服务体系示范区，开展公共文化服务的新路，不仅让文物建筑“活”了起来，使文物保护单位得到了“活态”利用，而且让文物走进群众的生活，让人们记取了乡愁，创建活动亮点迭出、精彩纷呈。

居民点评

不仅提高了文化修养，丰富了文化生活，而且还是免费的，真是文化惠民。

文化公益活动覆盖面广，我和孩子时常结伴来上不同的培训课。在这充满历史感与文化味的地方，享受免费的文化服务，真是人生一大乐事！

汇丰银行福州分行旧址作为烟台山近代建筑群的一部分，2013年1月公布为福建省文物保护单位。桥南公益社、同盟会福建支会总机关旧址，又名“独立厅”，1992年11月确定为福州市文物保护单位。这两栋文物建筑现均作为仓山区文化馆的组成部分进行使用。

汇丰银行福州分行旧址位于福州市仓山区梅坞路57号，清同治六年（1867年）英资汇丰银行正式在福州设分理处，次年升级为分行。现存的办公楼为典型的殖民地券廊风格建筑，立面白色，两层坡顶，室内七间，一楼外廊立柱带线型条纹。原功能划分一楼为业务大厅，二楼为办公室，地下室为储藏间。2009年建筑全面修缮后由作为文化馆使用。

独立厅实为桥南公益社、同盟会福建支会总机关旧址，是福州辛亥革命的重要见证。民国元年（1912年）4月20日，孙中山先生来闽，由马尾乘船抵福州码头，首先到此接受福建同盟会欢迎，在发表演说后亲笔题写“独立厅”三字，后制成匾额悬于社内。建筑占地约100m^2，为风格朴素的二层砖木结构西式楼房。1992年被确定为市级文物保护单位。现作为展示馆及清风书场使用，内部有辛亥革命的常设展览。

FJ-32　汇丰银行福州分行修缮后

亮点一：社会服务——利用中为社会提供公益活动场所

汇丰银行福州分行旧址和独立厅作为仓山区文化馆使用以来，不仅作为历史文化的展陈场所，同时也作为社区的公益文化体验和廉政文化传播的活动中心。

仓山区文化馆利用汇丰银行福州分行旧址建筑设有办公室、活动室、排练厅、电子阅览室、美术室、书法室、录音室、多功能厅、展览厅等 11 个活动室。供市民免费参观使用，让人们尽览福州传统文化的风采。文化馆主要承担组织开展群众文化艺术活动，辅导公众进行文化艺术创造、文艺精品创作，提供公益性服务，促进民族民间文化艺术发展等职责。同时，作为仓山区非物质文化遗产保护中心，始终致力于开展非物质文化遗产的保护、传承、推广和宣传工作。

自 2015 年以来，为了丰富群众的业余生活，仓山区文化馆利用文物建筑空间开展了一系列文化公益培训班，免费培训项目丰富：针对青少年儿童，开设了音乐、书法、舞蹈、尤克里里、闽剧表演、动漫、国画、油纸伞、扎花灯、茶艺、花艺、沙画、中国结非遗夏令营等公益免费培训。在专业老师的指导下，在动手实践中，亲身体验中国非遗的魅力，让传统文化的种子从小植入孩子的心田。面向成年人，开设了成人古筝培训项目；还为部队军官开设了书法培训进部队的培训项目。免费培训受训人数已达上千余人次，赢得了公众的交口称赞。

FJ-33　成人古筝公益培训课（下图左）
FJ-34　少儿国学公益培训课（下图中）
FJ-35　少儿非洲鼓公益培训课（下图右）

独立厅建筑如今不仅是近代革命史的展示地，还成为了烟山清风书场，也是弘扬福州国家级非遗“评话”的一个场地。评话是以福州方言讲述穿插吟唱的独特说书形式。

烟山清风书场同时也是仓山区开展“廉政文化进社区”活动所设立的首批廉政教育基地之一，是以传统评话艺术的文化传播方式，打造和弘扬“清风为政、一心为民”廉政思想的重要平台。通过清风书场的宣讲，采用群众喜闻乐见的传统方式，传播廉政思想，倡导廉政风气，发挥文物建筑的社会效益。

评话深受当地群众欢迎，到目前为止，仅自发前往观看的就有近千人之多。独立厅原来是桥南公益社地址，公益社目标即是发展社会公益事业，现在公益评话活动的功能定位也是原始功能的延续。

“烟山清风书场设立以来，不仅成为开展公共文化活动的平台，而且成了附近居民日常休闲娱乐的好去处”，仓山区文化馆馆长陈静说。

“评话很好，听之前，还有一段廉政小故事或是根据现实案例改编的小故事，形式很新颖，让廉政宣传不再只是说教式”，正在听评话的胡晓峰说。

FJ-36　独立厅入口（下图左）
FJ-37　独立厅内展览（下图中）
FJ-38　烟山清风书场廉政评话（下图右）

FJ-39　春草堂主入口

春草堂

地　　址：福建省厦门市鼓浪屿

年　　代：民国

初建功能：住宅

现状功能：住宅及陈列馆

保护级别：厦门市文物保护单位、
世界文化遗产核心要素

春草堂建于1933年，位于笔架山西北制高点，是许春草为自己建造的住宅。许春草（1874–1960），生于厦门，从事建筑行业，白手起家创办了厦门最大的建筑公司，并组织创立了“厦门市建筑总工会”。他既是虔诚的基督教徒，又是热忱的爱国志士。1907年加入中国同盟会，追随孙中山先生参加辛亥革命，后又积极投身于抗日救亡活动。1929年他在鼓浪屿成立的中国婢女救拔团，是中国妇女解放运动的突出代表。

春草堂为两层砖石木混合结构，建筑面积约490m^2，平面中轴对称，主体为矩形。正面设三开间柱廊，当中开间为半圆形平面的“出龟”。外廊后中央是厅堂，其他房间环绕其前后左右。正立面“出龟”及建筑转角部分设洗石子装饰仿花岗岩石块立柱，后面衬清水红砖立柱。“出龟”部分立柱为圆形截面，转角部为方形，砖柱截面为圆弧接方形的设计，外廊上方钢筋混凝土过梁上面是红砖叠涩的檐口。其余立面都是仿花岗岩立柱与抹灰墙面。

游客点评

春草堂，位于鼓浪屿17号，厦门著名爱国基督教人士许春草于1933年自行设计建造，也是其居住和从事革命活动的场所。他的儿女们为缅怀父亲，特以其名字命名该建筑。

许春草的家，他是建筑师，也是爱国建筑师，跟随孙中山先生参加同盟会，后来在鼓浪屿建了房子，叫春草堂，很漂亮的别墅，值得去。

观彩楼的对面便是春草堂，那是大名鼎鼎的许春草的家。春草堂是许春草自己设计自己盖的，建造时间长达35年，是在30余年中，闲暇时一块石头一块石头砌上去的。院子打理的极好，墙上的三角梅盛开着，我走到屋外的露台上去看海，阳光明媚。

FJ-40　春草堂主楼（左图）
FJ-41　春草堂附楼（右图）

亮点一：功能适宜——原功能与新功能混合实现品牌效应

春草堂主楼主要延续了居住的功能，同时主楼一层对外开放作为家庭陈列馆，展示春草堂家族历史，成为了鼓浪屿岛上的“城市客厅”。附楼是非文物建筑，作为家庭旅馆使用。

春草堂作为私人产权建筑目前处于居住自用状态。根据《厦门市鼓浪屿历史风貌建筑保护专项资金管理暂行办法》政府可以资助私产建筑的维修与展示，并通过“以奖代补”的方式鼓励业主对建筑进行适当的文化展示。春草堂是在政府的积极政策引导下，在修缮完成后，将部分房间对外开放进行家族文化展示。建筑的一层空间作为为家族史专题展，免责接待访客参观，实现了保护与活化利用双赢的效果，同时也激发了居民保护与展示的意识。这是鼓浪屿探索社区博物馆发展的成功案例之一，只有让居民成为社区博物馆的主人，才能实现文物建筑的自身延续，才能够做到对文化遗产地的保护与传承。

FJ-42　春草堂主楼正立面（左图上）
FJ-43　春草堂侧入口（左图下）

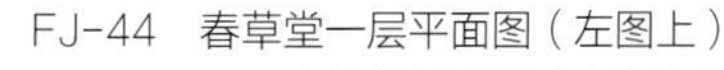

FJ-44　春草堂一层平面图（左图上）
FJ-45　春草堂剖面图（左图中）
FJ-46　春草堂正立面图（左图下）
FJ-47　春草堂侧立面图（右图上）
FJ-48　春草堂背立面图（右图下）

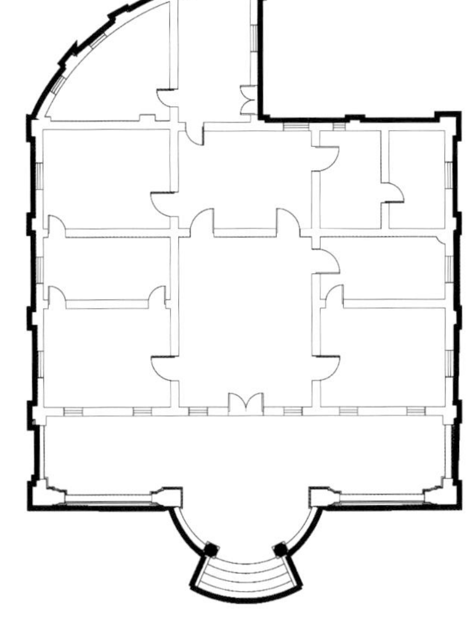

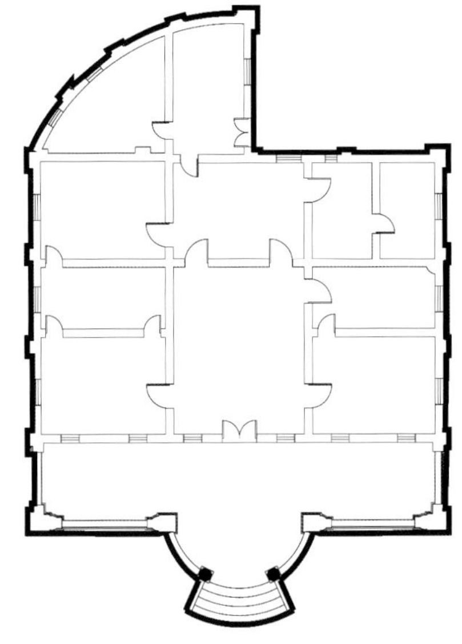

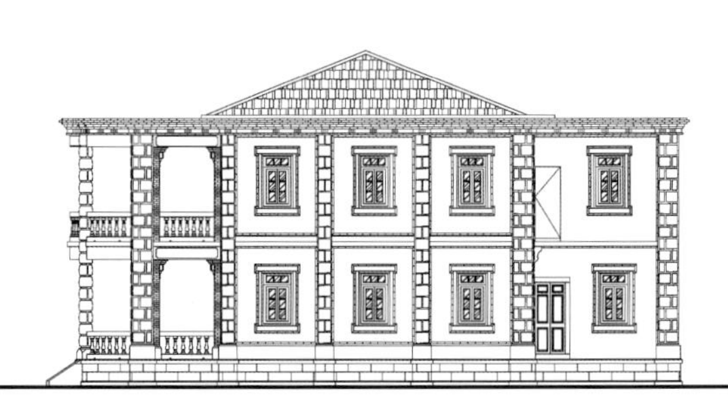

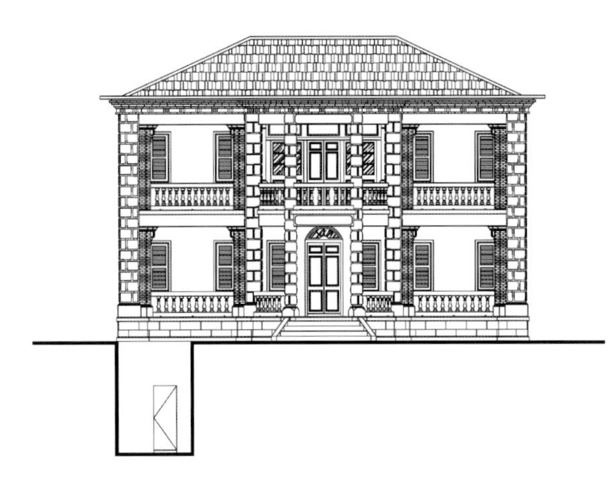

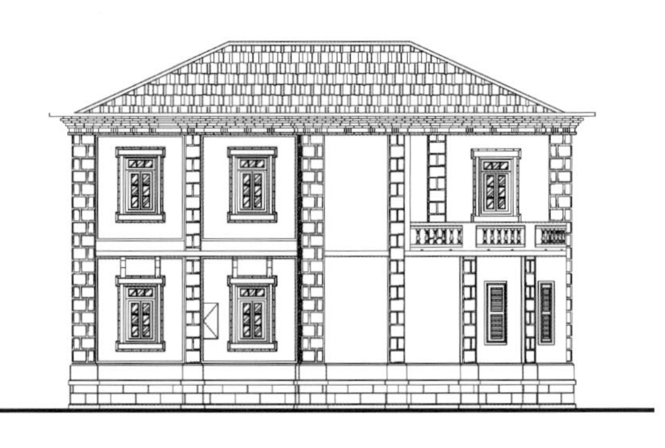

亮点二：工程技术——修缮中对历史工艺技术的深度研究与挖掘、并予以表达

春草堂的修缮工程是在政府为主导的统一规划和专家支持下，由许氏后代负责具体实施的。修缮过程中对建筑材料、构造方式和修缮工艺都进行了深度研究。

FJ-49　春草堂客厅入口（上图）
FJ-50　春草堂入口砖柱（下图左）
FJ-51　春草堂外廊（下图右）

春草堂是一座具有本土化特征的外廊建筑，造型简朴，在“出龟”的外廊部分采用花岗岩圆形截面的石柱，与建筑四面花岗岩装饰的壁柱相配合。在进行建筑修缮时，许氏后代负责了具体内容、形式的实施，而政府则提供了统一的规划与专家团队的支持。春草堂的修缮历时多年，许氏后人和专家团队对“原材料”和“原工艺”进行了深度研究，从结构性构件的加固和装饰构件的补配等都在充分认知原材料和原工艺的基础上，尽可能按照原真性的要求进行修缮，并在恢复传统工艺方面进行了一定探索。

春草堂门口的廊柱由花岗岩筑成，柱身做水平向和竖直向的凹槽勾缝，形成块石层层砌筑之感。修缮过程中对柱身进行了细微的饰面清洁，在保证结构稳定性的情况下，未做更多的干预。外廊栏杆的垂直杆件为采取混凝土浇筑而成,且为许春草亲自设计的“瓶状”造型，但由于部分构件缺失难以补配，许氏后人专门委托工厂依据现存构件进行翻模，尽可能按原有工艺进行制作后进行补装，修缮特别注意保护了建筑材料和构造做法的细节留存。保持了建筑的真实性。

GD-01　永庆坊街景

永庆坊

地　　址：广州市荔湾区恩宁路

年　　代：清至民国

初建功能：民居

现状功能：创客小镇

保护级别：普查登记不可移动文物

永庆坊位于广州荔湾区恩宁路历史文化街区的中段，占地面积 8000m²，东濒上下九—第十甫历史文化街区，北接多宝路、宝华路历史文化街区，西邻昌华大街历史文化街区。恩宁路区域是广州西关的中心，被誉为广州最美老街。有广州保存最完整的骑楼建筑群、中西合璧风格的民国建筑、大量的粤剧名伶故居等，粤剧曲艺、武术医药、手工印章雕刻、剪纸、西关打铜、广彩、广绣等曾在此集聚、发展、壮大。

永庆坊区位优越，生活气息浓厚。区内留存有丰富的历史文化遗存，包括李小龙祖居、民国大宅、銮兴堂文物建筑和相当数量的传统民居，是一处典型的广州老城和西关文化特色的历史街区。

20 世纪末，永庆坊片区面临老城区普遍存在的结构性衰败，危旧房集中等问题。

2015 年 12 月，荔湾区政府将永庆坊地块选作恩宁路项目的更新试点地段，通过体制机制的创新以及更新方法的尝试，制定政策导则，依托社会力量，引入创新产业，恢复老街活力，人文历史得以传承，居住环境得以改善，永庆坊已成为全国关注的特色街区、广州老城新景区、年轻人聚集的活力区，取得了良好的社会效益和经济效益。

GD-02 “云”，办公、接待和会议空间（上图）
GD-03 “塾”，培养业余爱好的教学空间（下图）

亮点一：开放条件——政府与社会力量共同推动保护修缮与开放计划

通过针对性的管理、建设和业态政策引导、企业合作和社区社会力量参与，共同构建 微更新的良性机制，探索多方共赢的平衡点。

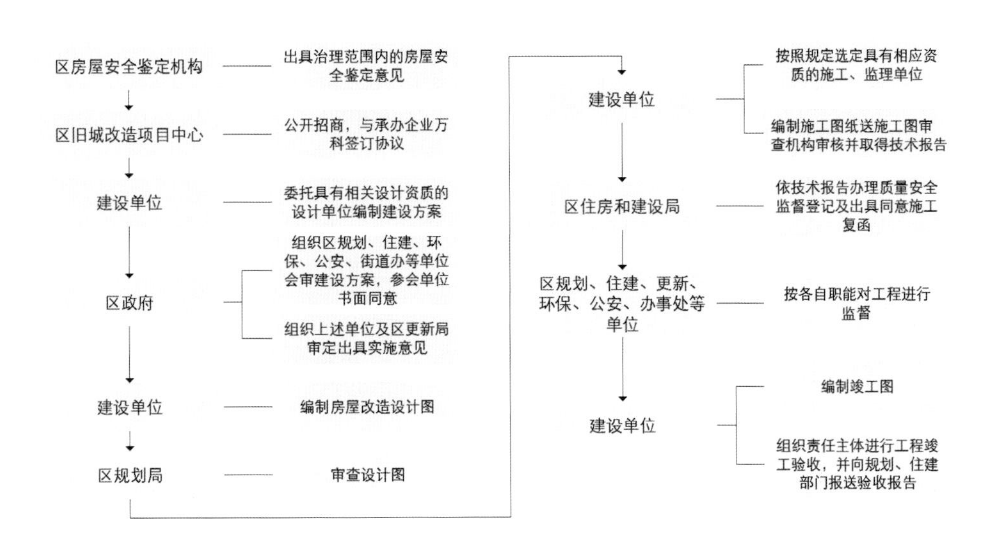

GD-04　永庆坊更新流程图（上图）
GD-05　永庆坊街景（下图）

2015 年广州市成立城市更新局，出台了《广州市城市更新办法》，荔湾区政府以永庆坊作为试点，通过“永庆片区危（旧）房修缮和活化利用项目”推进微更新。荔湾区发布《永庆片区微改造建设导则》《永庆片区微改造社区业态控制导则》等文件，提出永庆社区微改造建设方案编制及报批和验收管理程序，并且对片区内的业态进行规定及引导，同时提出了房屋的消防规范和用途变更的相关程序。

企业和社会力量的紧密合作，探索老城更新和文化遗产保护的新路径。企业作为微更新的实施主体，在环境治理、建筑修缮和改造、配套设施建设、业态创新和运营等方面，发挥市场作用。同时政府和企业尊重居民意愿，通过微改造艺术工作坊、社区规划师等途径，拓宽社会参与渠道。

亮点二：业态选择——业态选择能够增强地方文化氛围

引导复合共生的业态与高品质的人居环境融合，尊重居民意愿，优化人口结构，促进老城区的可持续发展和公共空间的复兴。

永庆坊的在微改造和修缮保护后，积极引入文创、科技研发等新型产业，逐步提升区域业态水平，微改造尊重居民意愿，合理置换居住人群，使人口得到优化，街区活力增加。同时通过腾挪产业空间，造就了创客空间、科技研发、文化创意、民宿、轻餐饮等多种业态复合共生的良好环境，推动了文化的复兴和产业的提升。

GD-06　西关打铜店（右图）
GD-07　开放利用为文创办公的民居（下图）

亮点三：工程技术——尊重历史景观环境的保护与维护

街区更新从大量拆建转变为保护历史文化优先，分类修缮与市政完善结合，重视街道肌理和岭南文化特色的保护，提升了片区整体环境。

GD-08　李小龙祖屋展示（上图）
GD-09　永庆坊内景（下图）

在更新中秉持“保育历史文化、活化利用旧城”的理念，实施减量规划，保护“一横两纵”的街区格局和肌理，实现红线避让紫线，麻石街面重新规整铺砌，建筑适度抽疏，增加街头绿地、广场，使街区整体环境和风貌得到提升。

实施中严格遵循真实性原则，维护修缮文物建筑和保存状况较好、有价值特色的建筑。保持原有建筑外轮廓不变，对建筑立面进行保护和修复，主要采用去污清洗和使用传统材料及工艺方式，保留、重现岭南建筑原有风貌和空间形态。李小龙祖屋经过修缮，开放为李小龙的生活历程展示场所。原有风貌特征不明显、保护等级较低的建筑，结合现代元素的使用，以加固和修补为主，同时完善社区卫生、排水、消防等配套设施。重点营造了“云”“塾”“社”三个特色空间。“云”，即办公、接待和会议空间的主入口；“塾”，是培养业余爱好的教学空间；“社”，即有特色的户外公共活动场地。

亮点四：运营管理——公众参与等多元治理模式

更新中采取了企业为实施主体的 BOT 模式，同时尊重并保障社区参与意愿，鼓励居民自行改造、出租物业等多样化和开放式的更新和利用方式。

广州万科通过公开竞标成为投资、建设、运营方，实施范围包括永庆大街、永庆一巷、永庆二巷，建筑面积 7200m^2，集中获得了片区内 109 户已征收房屋的 15 年经营权，期满后交回给区政府。BOT 模式有利于整合社会资源，挖掘文化价值，统筹安排对片区实施修缮维护，并引入适应时代要求的文创办公、休闲旅游、文化体验、居住等功能，引入新的业态并负责运营。

政策和规划的保障体系下，留住居民可自行改造，参与更新，改造遵循总体规划控制和产业经营要求。同时，居民也可以选择将自己的物业出租给企业运营，或自行出租获得收益。

基于前期积累的实践经验和良好的社会效益，2018 年 8 月，永庆坊二期项目启动，广州旧城更新首个公众参与平台——恩宁路历史文化街区共同缔造委员会正式成立，包括人大代表、政协委员、社区规划师、居民代表、商户代表、媒体代表、专家顾问等，充分体现了老城区更新中的公众参与意识深入民心。

GD-10　永庆坊入口（上图）
GD-11　李小龙祖屋（下图）

华南理工大学教授点评：

中央对历史文化保护的重视，坚定了我们的信心，希望让更多人达成共识，将历史建筑保护和传统文化传承、新鲜活力功能有机结合，留住城市记忆。

GD-12　开放利用为文创办公的民居（左图）
GD-13　活版印刷体验馆（右图上、右图下）

GD-14 陈家祠堂木雕

陈家祠堂（陈氏书院）

地　　址：广州市荔湾区中山七路恩龙里 34 号

年　　代：清

初建功能：宗祠

现状功能：广东民间工艺博物馆

保护级别：全国重点文物保护单位

GD-15 陈家祠堂入口

陈家祠堂（陈氏书院）位于广州市中山七路恩龙里 34 号。陈家祠堂是广东规模最大、装饰华丽、保存完好的传统岭南祠堂式建筑，占地面积 15000m^2，主体建筑面积 6400m^2，为三进三路两庑九厅堂的建筑群。陈家祠堂于 1893 年落成，为清代广东七十二县陈氏宗族合资捐建的合族祠，其建立主要为参与捐资的陈氏宗族子弟赴省城备考科举、候任、交纳赋税、诉讼等事务提供临时居所。

陈氏书院是岭南建筑艺术的代表，它集中了广东民间建筑装饰艺术之大成，每座建筑之间以青云巷相隔，长廊相连，庭院穿插。厅堂轩昂，空间宽敞，廊庑秀美，庭院幽雅。在建筑构件上巧妙地运用木雕、砖雕、石雕、灰塑、陶塑、铜铁铸和彩绘等装饰艺术。其题材广泛、造型生动、色彩丰富、技艺精湛，是一座民间装饰艺术的璀璨殿堂。

书院是中国士人围绕藏书、读书、教书、讲书、修书、著书、刻书等各种活动而进行文化积累、研究、创造与传播的文化教育组织。广东的书院自南宋开始，其设立的目的为敬儒和讲学。陈氏书院的设立选址与广雅书院为邻，以激励有志读书的宗族子弟“与德为邻，沐浴典籍”。

民国期间陈家祠堂曾出租或自办广东公学、广东体育学校、文范中学和聚贤纪念中学。中华人民共和国成立初广州市政府在此设立广州市行政干部学校。1959 年，以陈家祠堂为馆址设立广东民间工艺博物馆，收藏、研究、展出以广东地区为主兼及全国各地的历代民间工艺品。1966 年，广东民间工艺馆闭馆，陈家祠主体建筑被广州新华印刷厂占用并作为印刷车间，广州电影机械厂占用陈家祠东院、后院。1980 年，广州新华印刷厂迁出。1981 年，陈家祠进行全面维修，1983 年重新对外开放。1986 年由国务院颁布为全国重点文物保护单位。21 世纪以来，陈家祠堂以“古祠流芳”之名两度入选新世纪羊城八景，被誉为广州文化名片，成为岭南地区最具文化艺术特色的博物馆和著名的旅游景点。

亮点一：功能适宜——新功能契合原有空间实现当代使用

陈家祠堂现为广东民间工艺博物馆，发挥着博物馆的教育和服务公众的功能，成为汇聚广东民间工艺集萃以及优秀传统文化研究与交流的平台。

GD-16　葫芦雕刻作品展（上图）
GD-17　广绣绣品及工艺展示（右图上）
GD-18　扇子上的东方与西方展览（右图中）
GD-19　情景复原展示（右图下）

除长设“岭南民间百艺”“百年陈氏书院”“广州旧家居”等展览外，陈家祠堂还不定期展出馆藏具有浓郁民俗风情和地方特色的广东民间工艺品，如古朴浑厚的石湾艺术陶、金碧辉煌的广州织金彩瓷、精雕细刻的潮州金漆木雕、中国四大名绣之一的“广绣”、高贵典雅的套色蚀花玻璃等。

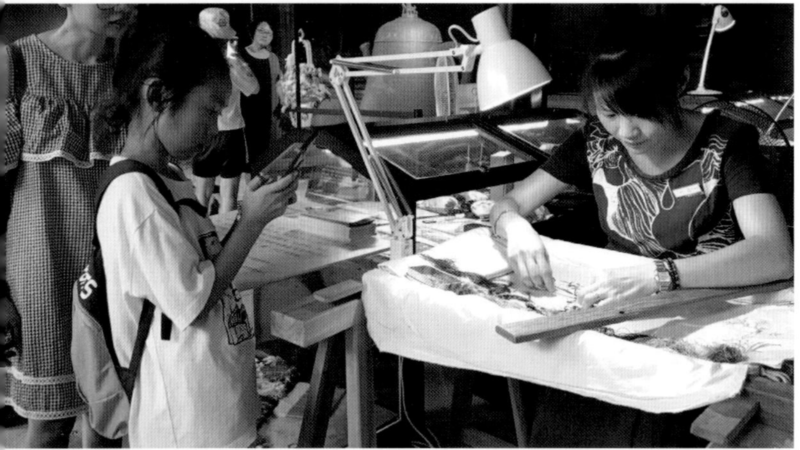

网络点评

在感受广州充满现代化气息的繁荣景象之余，如果还有一份对老广州淡淡的怀旧情怀，不妨择一闲暇时光，来到广东民间工艺博物馆，从雕塑家万兆泉的陶塑作品中探寻广州的百年风情。

GD-20　剪纸活动（上图）
GD-21　刺绣展览（中图）
GD-22　书院讲座（下图）

亮点二：社会服务——举办各类公益活动宣传地方传统文化

延续书院文化的敬儒和讲学的社会教育功能，开展文化互动体验式教育；并且坚持文化公益性导向，吸纳社会公益力量践行文化服务社会。

博物馆与高校和中小学深度合作，通过举办“陈氏书院论坛”，建设研究和教学基地，开设书院讲座，引导媒体和公众了解和认识陈家祠堂的文物价值和文化内涵。博物馆主导，各方参与，共同承担保护、管理和利用陈家祠的任务。专门开辟了民间工艺小作坊作为爱国主义教育基地的专题活动场所，内设丰富多彩的活动项目，如剪纸、拼图、编绳、十字绣等，受到广大学生的欢迎和喜爱。通过文化讲座传播艺术语言、建筑装饰知识满足青少年的文化需求。

博物馆与广州高校开展志愿者工作活动，提供社会实践机会。自 1999 年开展志愿者工作以来，得到广州大学、暨南大学、广州外语外贸大学、华南师范大学、华南农业大学等各大高校大学生的热烈响应和踊跃参与，志愿者经过严格培训和专业考核后正式上岗，利用节假日为游客们提供免费讲解服务，取得了良好的社会效益。志愿者出色的讲解服务，更大限度地满足了游客的认知需求，得到了广泛认可与赞赏。同时，博物馆也为学生们提供了社会实践的宝贵机会，通过定期组织志愿者外出参观学习，向志愿者提供书籍借阅和赠送相关的学习资料，举办年度优秀志愿者表彰活动、征文、演讲比赛等，进一步提高志愿者思想文化素质以及他们工作的热情和积极性。

GD-23　高校学生社会实践活动

亮点三：价值阐释——深入的价值发掘支撑展示与阐释

发挥建造艺人经验和技术能力探索科学保护的方法，使文物独特的艺术魅力及价值得以重现。

1958年开始维修工程后，通过调查、走访陈姓后人、建造艺人后代，寻找有祖传技艺的灰塑、砖雕、木雕等方面的艺人，邀请文物、古建筑、美术、园林等各类艺人参与维修工作。1981年在对主体建筑维修中，成立了老工人技术顾问小组，负责修缮复原的技术指导和质量验收。保护中同时体现了对历史环境的尊重。合理改造周边旧厂房，文物保护与配套功能空间需求统筹兼顾。通过科学规划和设计，将原新华印刷厂旧厂房上部拆除，保留为一层建筑，并对外观进行了改造，使之与文物建筑相协调，作为办公的场所和库房。办公空间与祠堂进行分离，设立一个小型的接待空间。学术研究的内容涉及书院历史、民间手工艺、建筑装饰文化、陶瓷艺术等多方面的题材，并积极开展与首博等博物馆的交流学习与互动。

专家点评

郭沫若以考古学家和文物鉴赏家的慧眼，写诗称赞：天工人可代，人工天不如；果然造世界，胜读十年书。

广州陈家祠建筑贯彻了实用与艺术相结合、结构与审美相结合的原则，充分运用了各种艺术门类的特点和手法，创造了雕琢精致、华丽和谐的装饰装修形象。可以说，陈家祠建筑是集中了岭南民间传统建筑装饰装修之大成，是岭南民间建筑宝库中具有明显历史、文化和艺术价值的优秀范例。

GD-24　建筑灰塑和陶塑（上左图）
GD-25　建筑砖雕（上右图）
GD-26　建筑灰塑细部（下图）

GD-27　卧云庐正立面

卧云庐

地　　址：广州市白云区金沙洲彩滨中路

年　　代：清

初建功能：藏修精舍（道教建筑）

现状功能：金沙社区艺术馆

保护级别：广州市文物保护单位

卧云庐建于清末民初，原为一座道教建筑。当时省港道教界人士选中金沙洲这处宝地，联合募捐兴建起“藏修精舍”，逐渐形成一个中西风格相融的园林式建筑群。建筑于浮云绿树之间若隐若现，因此获得意境文雅的名称“卧云庐”,形成了著名的“云庐赏月”胜景。

历史上占地数千平方米的园林已被毁，保存下来的只有一座两层楼房和楼前的池塘，池上原有对称拱桥，现孤存一座。

20 世纪 60~90 年代，卧云庐曾陆续作为疗养院、村办企业磨粉厂、外资藤厂厂房、藤家具厂仓库等用途。

2010 年，广州文广新局组织修缮后，交由金沙街管理，引入社会资源参与活化利用，百年卧云庐开放成为金沙社区文化艺术馆。

各方点评

合理利用是最好的保护，文物活化并充分发挥价值是目的。不损伤文物本体，利用文物空间，举办高品位艺术展览，是对文物历史价值的一种挖掘与利用，也是对当地百姓的文化熏陶。

——白云区文遗办负责人

卧云庐如何使用？古建筑很珍贵，我们也是在探索，希望能在利用上注重公益性结合，等模式成熟后推广到金沙洲其他的一些文物建筑上。

——金沙洲街道办负责人

GD-28　卧云庐入口

亮点一：开放条件——通过政策引导，社会力量介入保护修缮与开放计划

管理下沉，社区主导与社会力量合作共建共管，探索白云区文物建筑活化利用的新样本。

GD-29　家风家训展览（上图）
GD-30　金沙文体广场　家风家训主题文化传承（下图）

2010 年底，为了挖掘卧云庐的文化历史，广州市文广新局对其进行了修缮，金沙街道希望由社区来管理，经主动申请后，白云区做出管理权下沉的决策将卧云庐交属地金沙街道管理使用。街道研究并选择与广州市凯月文化传播有限公司联手，合作共建社区文化艺术馆。街道在艺术馆必要的硬件建设上投入资金，并负责安全保卫等，文化公司负责日常管理和策展、组织开展艺术交流等活动，建立管理、安全、展览品和物品制度，积极探索社区文物保护利用的新方式。

文物管理权下放后，有效的推动了市、区和街道三级的工作协同，金沙街道积极参与了文物环境景观的提升和综合利用工作。以卧云庐为文化资源核心吸引点，金沙洲滨江公园逐步形成环境优美、内容丰富的社区文体活动中心，同时延展了如“家风家训”等更多的传统主题展览，促进优秀社区文化传承。

亮点二：社会服务——举办各类活动带动社区活力

践行“高雅艺术进社区”公益性开放利用，推动常态化的文化传播、教育服务于社区公众文化需求。

GD-31　书法艺术展示（上图）
GD-32　参观家风家训展览的社区居民（下图）

金沙街道决定将卧云庐作为公共文化场所对外开放的筹备阶段，即研究确定了让高雅的文化艺术走进社区居民的生活之中的目标，并在文物建筑公益性开放利用的过程中积极进行实践。

2012年1月18日，修葺一新的市文物保护单位卧云庐作为金沙社区艺术馆对外开放，积极服务于社区层面的公众文化实际需求。自成立以来，定期举办文化艺术展览和活动，包括中国当代艺术十家展、乔平书法艺术展、陈凯书艺甲午展、黑马大叔开年展、七彩云南油画展等系列名家书画作品展览、工艺品展览。艺术展览均为公益性质，社区居民可以免费参观，借此向公众提供常态化的文化艺术鉴赏内容。同时，发挥企业拓展社会文化资源优势，汇聚艺术界人士，开展乔平书法艺术展、卧云庐读书会等艺术讲堂和教育交流活动，引导社区居民参与金沙摄影展等艺术活动中，居民在此获得了文化体验分享的机会。此外，艺术馆还广泛开展与国际友人的文化交流活动，积极推动中国艺术传播，提升国际影响力。

GD-33　万木草堂陈列馆正立面

万木草堂

地　　址：广州市越秀区中山四路长兴里 3 号

年　　代：清

初建功能：邱式书室（讲学堂）

现状功能：陈列馆、文化讲堂

保护级别：广东省文物保护单位

GD-34　庭院景观陈设

游客点评

万木草堂地方不算大，但资料齐全，内容丰富，很有历史意义，是一个不错的历史遗迹。

一个非常有历史有禅意的地方。走进这里，心顿时静了下来。这里还经常会有公益活动的讲座。

清幽静雅，是康有为梁启超曾经谋求变革的故居，现在是推广广府文化的一个好场所。

万木草堂前身为邱氏书室，由广府丘（邱）氏族人在嘉庆十三年（公元1808年）集资创办，一为子弟应试会考学习起居，二为祭祖。建筑坐西向东，为三间三进、两天井、硬山顶建筑，是河南洛阳西部地区建筑与岭南建筑的结合体，面积约为663m^2。

为宣传维新变法思想和培养变法人才，康有为于1891年（光绪十七年）租借邱氏书室作为讲学堂，创办了万木草堂，宣传改良主义思想，成为戊戌变法策源地。

万木草堂曾一度成为锁厂和杂院，2004年，广州市政府迁出住户并对万木草堂进行全面修缮。2010年起，广州市越秀区文物博物管理中心（广州市越秀区博物馆）与广州市越秀区文德文化商会共同管理、活化利用为万木草堂陈列馆，常设展示康梁文化和事迹，开展公益讲座、国学雅集等活动，以弘扬康梁文化为主旨，传播传承中国传统文化、岭南文化、广府文化。

亮点一：功能适宜——原功能与新功能混合实现品牌效应

调动有基础的民间力量振兴文化遗产，引导文物保护利用走向系统化和专业化，书院分区承载适宜的文化展陈与多项活动功能。

GD-35 万木草堂讲堂内景（左图）

GD-36 万木草堂庭院内景（右图）

广州市越秀区政府通过招标的方式，委托文德文化商会管理，成立广州万木草堂文化发展有限公司。文化发展公司发挥自身力量，不断研究、充实优化建筑空间功能，持续提升院落景观环境。拓展了较单调的静态图文参观方式，转变为全民参观游览、学习体验的开放形式，既有常设的康梁文化展陈，又利用原有学堂空间开辟文化讲堂。开展一系列公益讲座、琴棋书画诗香花茶系列雅集、国学普及与推广、国乐会等丰富多彩的活动。同时，万木草堂积极融入北京路文物旅游路线，并成为第一站。

亮点二：社会服务——持续创新开展各类教育活动

多方合作推广文化品牌，重视对青少年群体的文化教育，契合时代要求举办各类教育主题活动。

GD-37　洞箫文化讲座（左图）
GD-38　“我的世界你不懂”少儿画展（右图）

万木草堂与广州市儿童活动中心、羊城晚报、广府文化研究中心、广州艺博院、多所学校合作，开展青少年文化教育活动，包括中西方绘画艺术讲座、羊城小主人论坛、“我的世界你不懂”少儿画展、洞箫文化讲座、中外学生同游万木草堂、康有为梁启超书法巡展等文化教育活动。

每年定期举行的开笔礼活动，长期开放少儿（亲子）书法空间。聘请了当代五弦琵琶代表人物为礼乐大使。除此之外，作为爱国主义教育基地，针对青少年开设了粤语讲古，以及各项“非遗”活动和亲子项目，通过“最美”系列讲座、广府文化讲座、“声音博物馆”艺术项目等，让更多青少年走进万木草堂，认知中国的经典文化。

亮点三：管理运营——文化产品创新运营模式

多角度的诠释与创新文化体验内容，不断思考与探索万木草堂开放利用可持续发展的途径。

GD-39 “相约国际博物馆日，相约星空下的书院”主题活动（左图上、左图下）
GD-40 手拉手一起走，中外学生同游万木草堂（右图）

创新设置声音博物馆，2018年配合广州市博物馆之夜，开展“相约国际博物馆日，相约星空下的书院”主题活动，尝试夜间开放游览。

举办3D全息投影文创课程，建立长期发展计划和年度月度计划，包括展览、公教和系列活动。万木草堂委托编写并出版《万木草堂集》，分为学规教材、回忆录、传记、记叙和论文五部分内容全面整理和阐释万木草堂历史文化研究成果。未来计划衍生出一系列的文创产品以及编写一批教育读本。

HB-01　武汉大学图书馆

武汉大学早期建筑群

地　　址：武汉市武昌区八一路 299 号

年　　代：民国

初建功能：校园建筑

现状功能：校园建筑

保护级别：全国重点文物保护单位

武汉大学的前身是自强学堂和方言学堂，1928 年，南京国民政府正式筹建国立武汉大学，著名地理学家李四光和农学家叶雅各与美国建筑师凯尔斯（Francis Henry Kales）共同考察了东湖珞珈山后选定了最理想的建校基址。

武汉大学早期建筑工程于 1930 年 3 月开工建设，1937 年 7 月大部分工程竣工，主要有文、法、理、工四个学院大楼和图书馆、体育馆、华中水工实验所、学生宿舍、饭厅、俱乐部、珞珈山教授别墅（十八栋）以及国立武汉大学牌坊等 15 处 26 栋建筑，建筑面积 7 万多 m^2，占地面积 200 多 hm^2。建筑群整体上借鉴了西方古典主义规划手法，以宏伟、坚固、适用为原则，遵循中轴对称，庄重有序的中国传统建筑思想，融汇中西建筑风格，发挥了教学、科研、育人以及服务社会等多方面的功能。

武汉大学早期建筑是中国近代唯一完整规划和统筹设计并在较短时间内完成的大学校园建筑，是全国最大、最美的一组近代高校建筑群，堪称我国近代大学校园建筑的佳作和典范。现仍由学校管理使用，延续功能、维护得当。

网络点评

今天的武大不仅仅是一座学府，更是弘扬中华文化的地方。

建筑群古朴典雅、巍峨壮观，堪称近现代中国大学校园建筑的佳作与典范，新老建筑交相辉映、相得益彰。

武大气势恢宏、布局精巧、中西合璧、美轮美奂的建筑交相辉映。

HB-02　1932 年理学院、文学院和男生宿舍和学生俱乐部落成

HB-03　武汉大学理学院（从上至下）

理学院建筑群位于武汉大学狮子山东端，是校园南北主轴线北节点，顺应山势建设，共有 5 栋建筑通过回廊连接。中央主楼为八角面平面的古典风格穹顶建筑，直径 20m，高 14.4m，花岗岩色大穹顶为观测天象用，反映了现代科学高等教育的需求，中间布置阶梯教室和演讲厅。附楼为单檐歇山、绿色琉璃、云纹雕塑的中国传统建筑风格。

中央殿堂、四隅崇楼，符合中国传统建筑布局理念。武汉大学理学院大楼融合了东方与西方、传统与现代的建造艺术与技术，是中国近代校园建筑的杰出代表。

亮点一：工程技术——精细化控制，新技术运用贯穿全过程

理学院建筑群修缮工程充分体现了多方合作、新技术研究运用中对工程过程的精细化控制和科学保护。

HB-04　理学院内部走廊（左图）
HB-05　理学院修缮前后对比（中图、右图）

现学院建筑的保护修缮工程体现了业主、高校科学研究团队、文物保护修缮设计单位、专业施工技术队伍及工程监理单位的精诚合作。

历史档案始终作为修缮的根本依据，各项研究贯穿于项目始终。引入专业化的实验室和现场实验、试验、检验；采用 BIM 技术系统对工程实施过程进行精细化控制管理。项目进度控制打破常规惯例，工期服务于质量。

结合研究和修缮工程，申报非承重混凝土加固、石质文物锚固等多项发明专利和新型实用专利，实现了建筑遗产科学的保护和维修。

HB-06 理学院内部空间利用（上图）
HB-07 理学院教室内部露明敷设的设备管线（中图）
HB-08 理学院设计立面图（下图）

更值得提倡的是修缮后的理学院大楼延续了原有的教育教学功能，新植入的强弱电、给排水、暖通等设备通过精心设计与安排，既能够满足现代使用需求，也未对文物本体带来任何不利影响。

该项目体现和引领了国内近现代文物建筑修缮方面，科学、严谨、务实的一种良好趋势，同时也是文物活化保护利用的优秀实例。

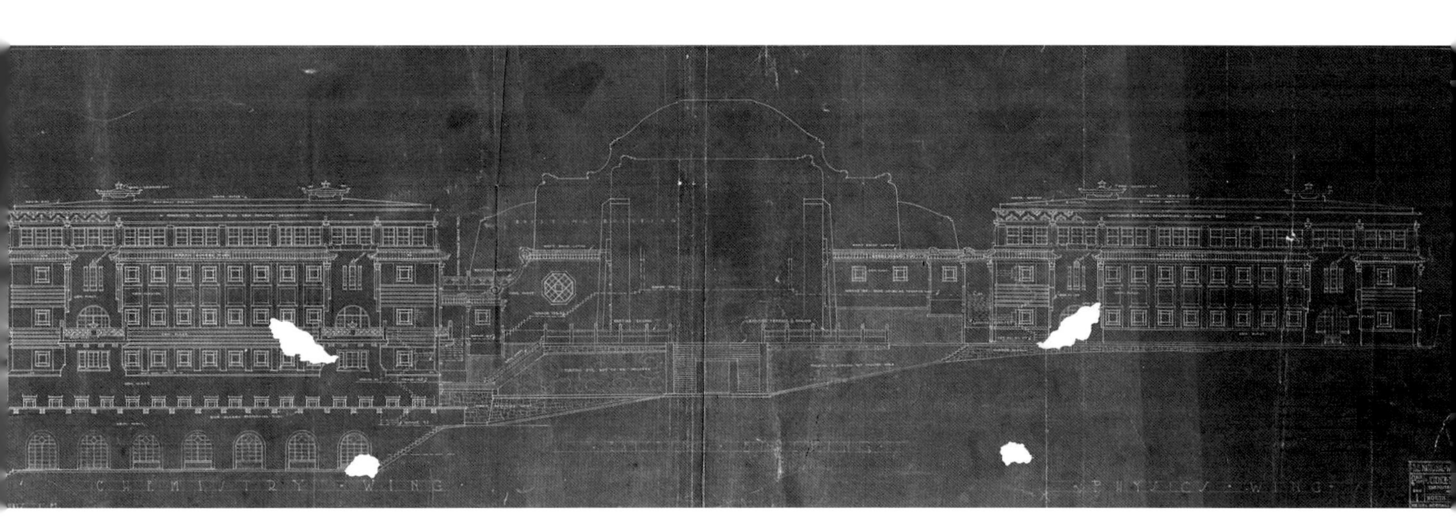

亮点二：功能适宜——延续原功能实现当代使用

秉持可持续发展保护策略，以评估为基础延续使用功能，运用新技术和新方法，建设三大系统展示文物建筑。

HB-09　缪恩钊、高翰故居现为国学院（左图上）
HB-10　十栋现为闻一多纪念馆（左图中）
HB-11　十八栋专题展（左图下）
HB-12　室外景观（右图）

武汉大学对现存建筑遗产进行了针对性的价值评估和遗产分级，对于17处文物保护单位，选择了不损害文物本体及其环境并能充分展示其价值的利用方式。

在使用功能上以延续原有功能或辟为展示、研究场所为主，突出科学利用的可持续性，实现最大程度保护建筑的历史信息。比如学生宿舍仍延续住宿功能，图书馆开辟为校史馆，承担展览功能，2013年，珞珈山教授别墅（18栋）整体被辟为历史文化教育基地和爱国主义教育基地对外开放，设置了周恩来故居、郭沫若故居、闻一多纪念馆等重要纪念场馆，发挥爱国育人作用。

HB-13　图书馆立面图（上图）
HB-14　校史馆（中图）
HB-15　校史馆展陈（下图）

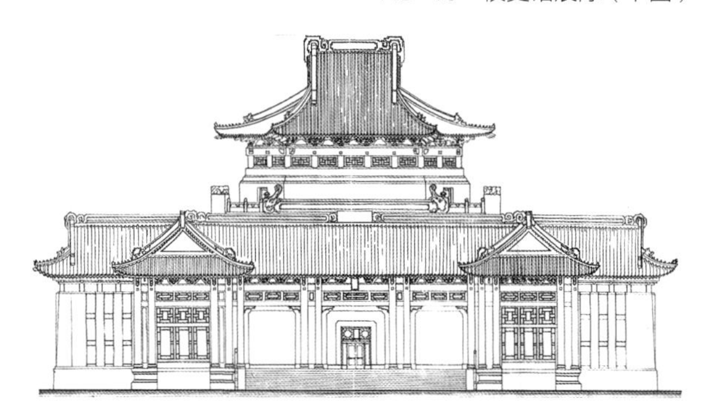

武汉大学早期建筑群从时空信息化角度，设计了文物信息化整体解决方案，从技术层、用户层和决策层这三个层面构建起框架，通过“一图”（基于 GIS 系统进行各种基础图层的分类）、“一库”（主要指数据库）和“一中心”（就是数据中心）来帮助展示文物。从应用角度来讲，就是文物的专家系统、一般观众的 VR 和增强现实（AR）的系统。展现文物价值、管理采集数据、深入了解文物建筑。让人们进入武大经典场景中漫游，体验建筑的细节之美。

HB-16　汉口横滨正金银行大楼（中信银行滨江支行）

汉口横滨正金银行大楼（中信银行滨江支行）

地　　址：武汉市江岸区南京路 2 号

年　　代：清至民国

初建功能：银行办公

现状功能：银行办公

保护级别：全国重点文物保护单位

HB-17　汉口横滨正金银行大楼修缮后

汉口横滨正金银行大楼（中信银行滨江支行）位于武汉市江岸区南京路 2 号，沿江大道与南京路交汇处，现存大楼为 1921 年重建，由景明洋行的翰明思设计，汉协盛营造厂施工，为一座西洋式四层楼房，占地 1189m^2，建筑面积 4756m^2。2006 年公布为全国重点文物保护单位。

汉口横滨正金银行 1894 年开业，为横滨正金银行在汉口设立办事处和分行，1945 年抗战胜利被中国政府接收，2006~2011 年湖北省国际信托投资公司使用。2012 年中信银行股份有限公司武汉分行接管，对大楼进行修缮后现用于中信银行滨江支行的业务办公。

汉口横滨正金银行大楼跨越百年，见证了武汉近现代金融、工商业和中国革命运动的发展历史。端庄优雅的古典主义建筑风格和形式，钢筋混凝土结构，立面爱奥尼双排柱廊设计，独特的屋顶拱形钢框架结构和防水技术，反映了近代西方建筑思想的传播和与中国建筑文化的融合发展过程，体现了中国本土建筑企业精良的施工建造工艺，具有极高的历史、建筑科学和艺术价值，是中国近现代银行建筑的突出代表。

修缮设计单位点评

城市建设需要立足本土、吸取本地建筑文化特色，保护和利用历史建筑，延续生命力并适应时代进步的使用要求，同时也需要加深社会公众对城市历史文化的理解和记忆。

汉口横滨正金银行大楼是武汉历史的实物例证，希望大家更多关注和保护历史建筑，为传承城市的历史文化而努力。

亮点一：工程技术——保护修缮与展示利用工程统筹计划完成

修缮之初即确定金融业务、银行办公使用功能，修缮与利用的动态协调贯穿于工程管理的始终。

HB-18 一层大堂精细分区

HB-19 建筑原空间的考据恢复和原构件的保存（左下图）

HB-20 修缮中适当抬高屋面解决排水问题（右图）

建筑在修缮之初即确定了延续金融、办公的使用功能，项目业主多方征询文物行政部门，规划建设、消防、公安部门意见，为开放后空间实现办公服务和展示等功能，以及基础设施设备的安装做好准备。一层设中信银行滨江支行；二层主要为办公区、贵宾接待室；三层为办公区、会议室；天台作为户外活动场所；底部架空层设立汉口滨江金融博物馆。

修缮现场工作受到重视，始终保持工程参与各方在修缮设计、施工和管理中的密切交流和沟通协调，通过专业化分析不断优化技术环节，创造性的解决了钢梁结构加固、墙地面和建筑装饰等历史信息保护问题。

亮点二：工程技术——修缮中对历史工艺技术的深度研究与挖掘，并予以表达

尊重历史，通过建筑考古和多渠道研究最大限度的保护历史信息，新技术运用，保证建筑价值特征和空间的质量。

设计工作前期通过委托国际友人查询英国博物馆馆藏资料；寻访多年前在大楼内工作人员；赴上海收集和比对同时期建筑结构和构件；考证文物建筑历史信息和建筑空间结构情况；对严重缺失的建筑部分进行有依据的维修，最大程度的恢复建筑的历史原貌。

修缮工作保持了原形制、原材料、原工艺，旧材料尽可能保护延用，补配材料与原材料质地、规格和色泽相似，修缮的纹样装饰图案尊重原有风格、手法，保持历史风貌。同时，注意修缮的可识别性，不人为改变文物建筑真实的历史面貌和科学艺术信息。

新增部分和新技术运用保证了建筑价值特征和空间的质量。修缮中优化运用了防屋顶风化的技术。采用拱形钢框架结构支撑拱形玻璃顶，以避免与文物建筑之间形成拉结，建筑新增结构保持了相对的完整性和结构的独立性，在色彩选择上也与原有墙体形成视觉上的统一。

HB-21　经考据修复的天花装饰（左图）
HB-22　二楼办公区（右图）

HB-23　建筑室内石膏线脚保护与维修（左图上）
HB-24　建筑屋顶平台防水与景观设计结合（左图下）
HB-25　大楼内二层回廊空间（右图下）
HB-26　大楼内二层回廊空间（右图下）

HN-01　岳麓书院入口

岳麓书院

地　　址：长沙市岳麓区麓山南路

年　　代：清

初建功能：书院

现状功能：展示、教学与科研

保护级别：全国重点文物保护单位

HN-02　岳麓书院建筑匾额（左图）
HN-03　岳麓书院环境（上图）

岳麓书院位于湖南省长沙市岳麓区岳麓街道湖南大学校园内。北宋开宝九年（976 年）潭州太守朱洞创建，大中祥符八年（1015 年）真宗赐以“岳麓书院”门额，为宋代四大书院之一。千年以来，书院历经兵火，屡废屡修。现存建筑为清代所建，有讲堂、六君子堂、十彝器堂、濂溪祠、湘水校经堂、赫曦台和自卑亭等，建筑面积 28700m^2。书院内有唐、宋、明、清碑刻 73 通。1988 年列为全国重点文物保护单位。

岳麓书院自北宋创始，历宋、元、明、清各代，兴学不变。南宋时聘理学家张栻主持，朱熹曾到此讲学，从学者达千余人。清光绪二十九年（1903 年）改为高等学堂，后又改为高等师范、湖南工业专门学校。1926 年正式成立湖南大学。

20 世纪 80 年代岳麓书院经由湖南大学进行维修，书院延续了千年的教育办学和学术研究传统，成为全国书院中承继其传统功能的典型代表，被外界誉为千年学府。现为除开放为景点外，承担哲学、历史、考古学两个学科的教学、科研和展示功能。

亮点一：价值阐释——丰富的阐释手段提升价值表达

结合书院博物馆展示文书、史志、书院建筑等内容。积极引入公益性的文化表演项目，文化展示活动，文创产品特色鲜明，符合书院文化主题。

岳麓书院弘扬书院文化，结合书院博物馆展示文书、史志、书院建筑等内容。院内设文泉书斋，有文史、诗集和少儿读物出售。管理和经营统一，注重公益导向。积极引入公益性的文化表演项目如编钟演奏等，学校不收取场地费用，支持公益性文化传播，增加游客的文化体验，同时保障文化内容提供者的合理收入助力传统艺术传承与传播。

HN-04　岳麓书院文创产品（上图）
HN-05　书院博物馆（下图）

亮点二：功能适宜——延续原功能实现当代使用

传承书院文化，延续书院的教育教学功能，举办千年论坛、明伦堂讲会、名山席坛，岳麓书院是古代书院与现代教育结合的典范。

HN-06　岳麓书院景观（下图）
HN-07　书院博物馆展陈（右图）

千百年来，岳麓书院以人才培养、学术研究、藏书与刻书等功能为一体，是传承中华文化的重要载体，书院内有哲学、历史学、考古学三个学科，肩负教学与科研任务。

2005 年，湖南大学改岳麓书院文化研究所为岳麓书院，下设中国哲学研究所、历史研究所、中国思想文化研究所、中国书院研究中心和中国软实力文化研究中心等多个部门。学科建设从历史学本科、硕士研究生、博士研究生、博士后科研流动站。

HN-08　岳麓书院讲堂（左图上）
HN-09　岳麓书院讲坛（左图下）
HN-10　书院博物馆场景展示（右图）

观众点评

巍巍学府，栉风沐雨；薪火相传，弦歌不辍。岳麓书院是中国文化教育的丰碑。

置身其中，还是能感受到环境散发出来的那种文化底蕴。

岳麓书院秉持自由讲学的传统，以发挥书院启迪智慧、授业讲学的功能。与不同层面的社会团体均有合作，宣传与推广书院文化和国学。文化传播内容丰富，形式多样，举办了千年论坛、明伦堂讲会、名山席坛，拓展学术视野，促进思想文化交流。

岳麓书院讲坛每年主办 6~8 期，演讲方式采用一人主讲、多人演讲、台上台下互动问答等多种形式。广邀国内外知名专家学者登坛开讲，立足国学的继承与传播，弘扬中华优秀文明，彰显湘楚文化精神。

JL-01　长春电影制片厂早期建筑大门

长春电影制片厂早期建筑

地　　址：吉林省长春市朝阳区红旗街 1118 号

年　　代：民国

初建功能：电影制片厂

现状功能：电影博物馆

保护级别：全国重点文物保护单位

长春电影制片厂早期建筑坐落于长春市朝阳区红旗街，制片厂1937年在日本株式会社满州映画协会基础上建立，其整体布局按照德国乌发电影厂进行设计建造，1939年竣工完成。1945年中国共产党接收满映后组建成立了东北电影公司，1946年更名为东北电影制片厂，1955年2月正式更名为长春电影制片厂，1999年长影集团有限责任公司正式改制成立。2014年长影集团在完整保留长影早期建筑的基础上进行改造完成，形成长影电影院、长影旧址博物馆、长影音乐厅三大部分空间，并且对外开放。

长春电影制片厂早期建筑占地面积约4.6hm²，现在已经成为电影主题博物馆。其改造工程于2011年正式启动，2013年改造工程基本完成，2014年4月由第12放映室、第4~6号摄影棚改造而成的长影电影院正式对外开放。同年7月，电影主题音乐厅对外开放，8月，长影旧址博物馆对外开放。现在的长影旧址博物馆已经成为国家4A级旅游景区、红色旅游基地、全国十大工业遗产旅游基地。通过走进长影的历史，向公众弘扬历史文化，传承民族精神。

JL-02　20世纪70年代长影电影制片厂（上图）
JL-03　长影旧址博物馆（下图）

亮点一：价值阐释——丰富的阐释手段提升价值表达

长影旧址博物馆通过文物保存、艺术展示、实景模拟展示、电影互动等丰富的阐释手段，生动呈现了电影艺术、电影生产等多重主题，深刻揭示了长春电影制片厂价值内涵。

JL-04　长影电影院走廊（左图上）
JL-05　长影电影院大厅（左图下）
JL-06　影厅历史信息阐释牌（右图）

长影旧址博物馆目前以长影电影艺术馆、长影摄影棚展区为主要参观空间，部分空间目前仍作为电影制作工作空间使用，合理的将展示与生产结合，游客既可以感受长影文化，也可以近距离了解到电影制作幕后的故事。另外长影集团还在“满映”时期摄影棚的基础上进行改造，建设成了特色化影院和音乐厅。

长影电影院、音乐厅是将第4、5、6、7号摄影棚、第12放映厅改造建设的，影厅浓郁的历史文化气息给观影者独特的观影感受。长影电影院是历史与时尚的完美结合，观众在体验时尚线上影片的同时，可感受浓厚的长影历史足迹。

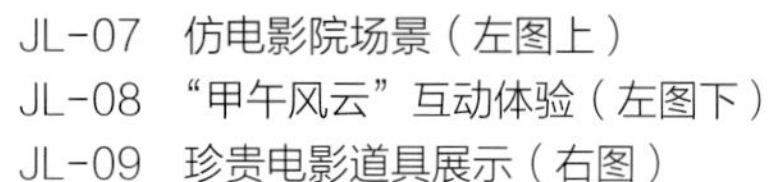

JL-07　仿电影院场景（左图上）
JL-08　“甲午风云”互动体验（左图下）
JL-09　珍贵电影道具展示（右图）

长影电影艺术馆是旧址博物馆主体部分。用新颖的展陈形式全景展示了长影厚重的历史和艺术成就，是记录长影电影制片厂光辉成就的艺术殿堂。

整个电影艺术馆的展陈布置与电影主题极度契合。充分合理利用原有空间，将两层的建筑空间划分为“新中国电影的摇篮”“六个第一”“中华女儿”等30余个展区和展厅。

整个展馆利用了现代数字展示手段，采用展示新技术、新理念，科学阐释和展示电影文化。展厅中许多空间模拟复原了长影工作的场景和电影中的场景，让观众仿佛置身其中。另外在展览空间中穿插布置有互动体验游戏，使游客可以融入到影视艺术之中。

在“战火中的青春”展区走廊尽头通过多媒体投影，还原出忙碌的拍摄工作场景，来来回回行走中的工作人员，使人们感觉回到了当时工作现场。在“甲午风云”展区，利用弧面投影方式制作了海战互动游戏，将电影的景点情景融合进游戏中，观众可通过转动轮舵操纵游戏，增强对历史的了解。

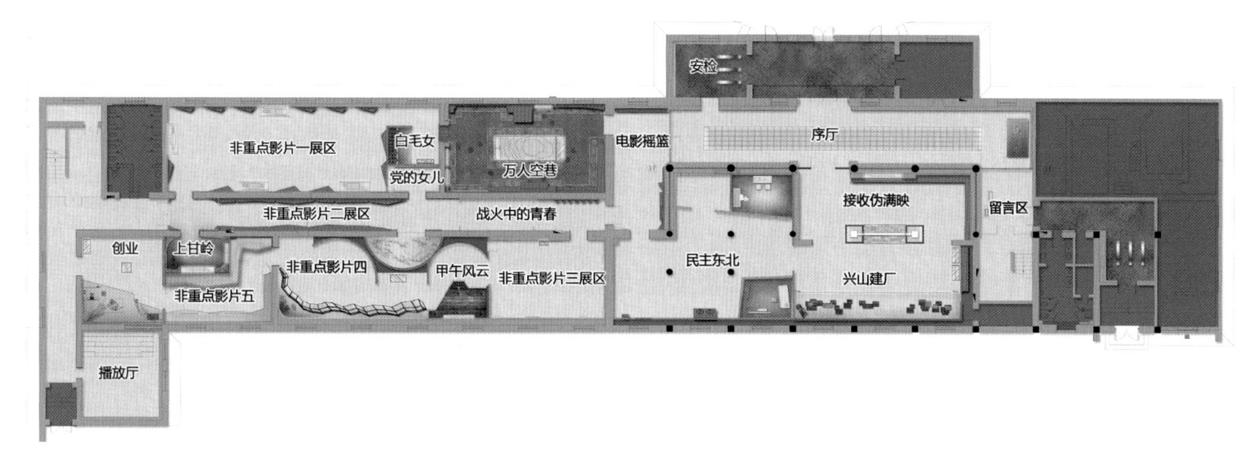

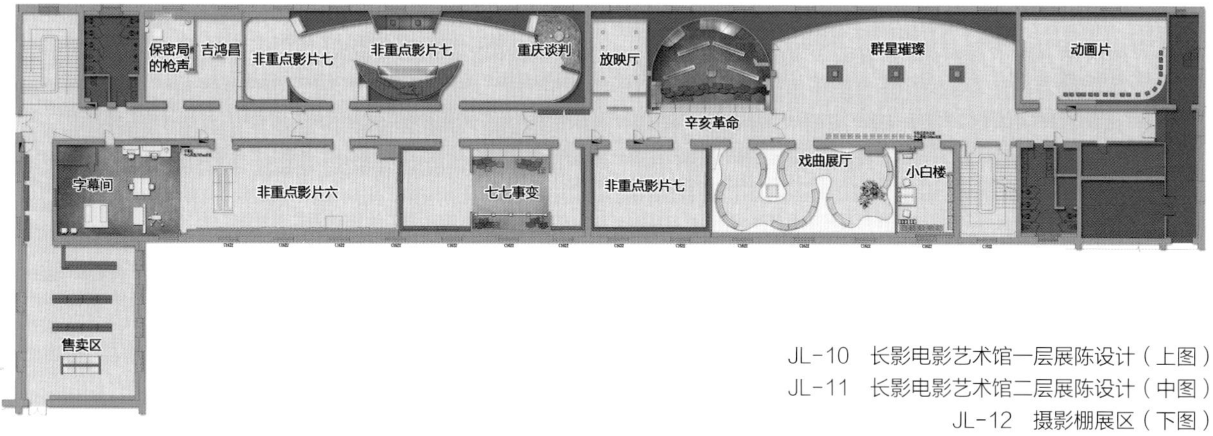

JL-10　长影电影艺术馆一层展陈设计（上图）
JL-11　长影电影艺术馆二层展陈设计（中图）
JL-12　摄影棚展区（下图）

电影艺术馆合理的展陈空间、参观游线，以及本体展示、陈列展示、数字展示等展示方式真实、准确、生动地再现了长春电影制片厂的发展历程和电影文化。

“满映”时期的第1、3号摄影棚目前作为摄影棚展区对外开放。影棚外的走廊集中展示了长影城市、农村、军事等题材影片中所用的老道具，汇集长影老艺术家们所使用的不同年代的电影器材和设备，唤起游客对老电影的点滴回忆。

JS-01　颐和路公馆区第十二片区大门

颐和路公馆区第十二片区

地　　址：南京市鼓楼区江苏路

年　　代：民国

初建功能：高级住宅区

现状功能：酒店、展览馆

保护级别：南京市文物保护单位（3 幢）

鼓楼区文物保护单位（6 幢）

JS-02　酒店内花园洋房（左图）
JS-03　酒店内 17 号民国建筑（右图）

颐和公馆项目获评联合国教科文组织“文化遗产保护奖”评审主席对该项目这样评价：

对有重要建筑意义的民国建筑群全面修复，使得其丰富的多重历史韵味和积淀不仅得以重视，而且增强了它的影响力。与此同时，修缮工作还对这一饱含多元文化的历史街区产生衍生性的广泛社会影响，同时更为重要的是为当地社会创造了新的就业机会和新的经济效益。这证明在经济飞速发达的长三角地区，保留修缮近现代建筑原有的空间布局、建筑形式和提供现代化的生活设施之间可以达到完美的融合。

颐和路公馆区最早建有花园洋房共 9265 幢，宫殿式官邸 25 幢，是中华民国政府 1927 年定都南京之后，按照《首都计划》建设的上层人士高档住宅区。公馆区共划分为 12 个片区。其中颐和路第十二片区位于江苏路、宁海路围合的三角地段内，占地面积约 $2hm^2$，现有 26 幢民国时期建筑。

颐和路十二片区现在已成为民国主题文化体验酒店对外开放，内部设有民国文化主题展览、民国书籍阅读展等主题展览。颐和路十二片区重要近现代保护项目是南京市历史文化街区、风貌区保护工程的重点项目之一，同时也是南京市《国民旅游休闲纲要（2013–2022）》提出的建设颐和路民国风情休闲旅游街区的重要组成部分。

亮点一：功能适宜——新功能契合原有空间实现当代使用

颐和路十二片区作为民国主题文化体验酒店对公众开放，活化再利用历史建筑，为历史片区注入可持续的新生命力。

JS-04 酒店内庭院（上图）
JS-05 颐和公馆西餐厅内景（下图）

颐和公馆以“保存＋保护”“整治＋完善”“提升＋更新”为思路对片区进行整体保护利用。对整个区域的使用功能进行重新定位和整合，将单一的保护转化为多样化的合理利用。

区内以民国主题文化体验酒店为主要功能，兼顾传统文化主题展览功能。26 幢民国时期历史建筑大部分为酒店客房。客房区被绿树包围，曲径通幽，使前来住宿的客人有一种与世隔绝的感受。

区内同时还为酒店配套有健身房、茶室、中西餐厅等设施，宾客可在享受气息浓郁的民国文化体验之余，品尝咖啡或清茶，也可品味地道民国特色菜品。

亮点二：价值阐释——丰富的阐释手段提升价值表达

颐和路十二片区充分利用文物建筑，精心布置民国文化主题展览，涵盖了民国富士、饮食文化，抗战历史等诸多方面。

JS-06　金陵古籍善本展（上图）
JS-07　民国饮食文化展（下图）

区内共有 9 栋定级文物建筑，其中 3 幢市级保护单位，6 幢区级文物保护单位，全部用作文化展示。日常开放 6 个展览，分别为民国饮食文化展、民国教育书籍展、薛岳抗战陈列馆、民国服饰展、民国建筑彩铅画展、金陵古籍善本展，将民国文化与民国建筑结合，传承历史文化。

其中位于梦桐墅的民国饮食文化展展示了一批“金陵厨王”胡长龄生前保留的珍贵书籍、照片，记录了他在民国饮食文化传承中的贡献。

民国教育书籍展里的近三百册与民国教育相关珍贵原版图书，均为南京大学中文系教授张礼训先生多年旧藏，涉及的教育内容十分丰富。

JS-08　薛岳抗战陈列馆（上图）
JS-09　民国建筑彩铅画展（下图）

游客点评

非常赞的酒店，酒店是历史名人故居，格外有民国时期的味道。

建筑群是承载了历史的，不是金碧辉煌，但也是十分庄重耐看的。好几栋楼是迷你展览馆，让人对历史有一定的了解，环境清幽，绿化也不错。

薛岳抗战陈列馆即是薛岳将军旧居，是以抗战为主题的历史展览，讲述了抗战名将薛岳将军的抗战历程，展示了珍贵的历史资料，以及他亲笔写下的书信等文物。

民国服饰展展厅内陈列着舒展飘逸的长衫，婉约诗意的旗袍，让人仿佛能够触摸到民国时代的倩影。

民国建筑彩铅画展，通过彩铅绘制的形式展现南京民国老建筑，并讲述了画作背后的故事。

JS-10　金陵兵工厂旧址大门

金陵兵工厂旧址

地　　址：南京市秦淮区应天大街 388 号

年　　代：清至民国

初建功能：军工厂

现状功能：科技创意产业园

保护级别：全国重点文物保护单位

游客点评

园区里还能看出是过去大厂房风格，复古而又不失格调，很多游人拍照，还有新人在这里取景。

漫步其间就能感受到厚重的历史感，有种别样的情调。

园区的建筑虽大多残旧，却格外有时间沉淀的味道。非常文艺，本人一直喜欢破破旧旧的人文景观。

JS-11　1865 创意时尚休闲区（上图）
JS-12　金陵机器制造局西门（下图）

金陵兵工厂旧址原名金陵机器制造局，是两江总督李鸿章于同治四年（1865 年）开办的兵工厂，位于南京市秦淮区中华门外，是南京市第一座近代机械化工厂，同时也是中国四大兵工厂之一，素有“中国民族军事工业摇篮”的美誉。民国时期金陵机器制造局更名为“金陵兵工厂”。南京解放后，兵工厂更名为“三零七厂”，继续用作军工企业，同时也以晨光机器厂经营民用产品。2013 年公布金陵兵工厂旧址为全国重点文物保护单位。

现金陵兵工厂旧址由南京市秦淮区政府和晨光集团共同经营为晨光 1865 科技创意产业园，于 2007 年 9 月正式开园。园区内保留了一批清代和民国时期的文物建筑，包括 9 幢清代建筑，19 幢民国建筑，17 幢 20 世纪 50~60 年代厂房。建筑用作科技艺术办公空间和科技创意博览空间。整个园区占地面积 21hm^2，总建筑面积达到 110000m^2，已有 300 余家企业在园区入驻。

亮点一：业态选择——业态能够增强地方文化氛围

金陵兵工厂旧址的利用坚持科技、文化、创意、旅游的业态定位相结合，在不同发展阶段采取相应手段进行业态引导。

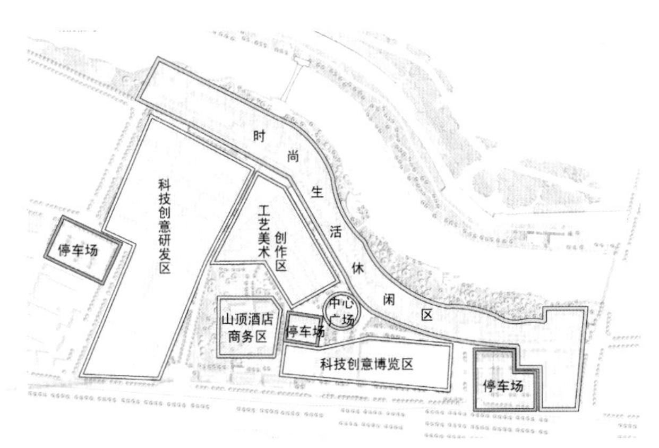

JS-13　晨光 1865 科技创意产业园功能格局规划图（上图）
JS-14　园区厂房改造前后对比（下图）

晨光 1865 科技创意产业园充分发挥了历史文化优势地位，充分依托金陵兵工厂这一重要载体，将整个园区分为了科技创意研发区、工艺美术创作区、科技创意博览区、时尚生活休闲区、山顶酒店商务区五大片区。

园区内目前企业办公空间占到 70% 左右，均为文化、创意、设计、科技类创新型企业，继承了兵工厂时期的开创精神。文化交流展示空间占整个园区 20% 左右，承载了弘扬传承城市文化的职能。另外园区内还有 10% 的配套空间。园区在规划之初就明确了总体目标和定位，致力于将园区打造成为国内知名的融文化、创意、科技、旅游为一体的综合性时尚城市生活地标。在之后的运营阶段就这一目标加强业态引导，与秦淮区政府进行了联合招商。从政府层面出台先期入驻企业留区税收返还等鼓励政策，管理公司层面则给予入驻企业相应免租期政策，鼓励优质企业入驻。

经过几年的运营，园区开始形成产业主导特征，业态规划逐步完成。此时便开始主动淘汰发展欠佳、品质不足的企业。之后园区耦合生态机制形成，市场调节机制发挥优胜劣汰作用，入园企业、产业链之间相互作用，进一步营造良好的产业环境逐步使产业趋于稳定，保证了文化创意、科技创新产业生态系统相对稳定和健康持续发展。

另外为向公众弘扬传统文化，园区内还开设多处展览活动空间，园区与江苏省文化产业协会、南京市电影协会等机构长期合作举办主题文化展览，阐释江苏地区传统文化。

亮点二：运营管理——多方合作管理运营模式

金陵兵工厂旧址的利用采用政企合作模式，建立高层次、多方位的领导工作机构，有效推动园区运营工作开展。

JS-15、JS-16　领导参观创意产业园

金陵兵工厂旧址利用的管理运营主体是南京晨光1865置业投资管理有限公司（以下简称1865公司），该公司为晨光集团和秦淮区政府共同成立的股份制公司，同时成立有园区管委会，对园区进行日常运营管理，以加强一站式服务功能，做好服务平台建设等工作。园区实行“统一规划、统一招商、统一运营、统一物业服务”的规范管理模式，设有综合部、财务部、品牌策划部、运营部4个主要部门。园区物业安保服务则是通过对外购买服务的方式运营，整体形成小团队大合作的运作模式。

晨光集团与秦淮区政府建立了高层次、全方面的合作机制推动园区建设和发展。在园区建设之初秦淮区政府将沿河优质土地资源以租赁的形式由园区统一经营。同时在招商方面政府也出台相应鼓励政策予以支持，并派驻人员到园区协调工作。晨光集团拥有雄厚资金与秦淮区政府的政策支持，二者形成良好的互补关系，双方拿出优质资源，开创出央企与地方政府合作的新模式。园区对文物建筑维护等运营管理费用均以自筹为主，秦淮区政府以项目申报形式进行资金赞助。

JS-17　承创织绣艺术工作坊（左图上）
JS-18　洪泰创新办公空间（左图下）
JS-19　永银钱币博物馆（右图上）
JS-20　传统文化展示馆（右图下）

JS-21　丽则女学校旧址

丽则女学校旧址

地　　址：江苏省苏州市吴江区同里古镇东溪街 55 号

年　　代：1911 年

初建功能：女子学校

现状功能：文化精品酒店

保护级别：全国重点文物保护单位

JS-22　丽则女学校旧址建筑

游客点评

酒店是丽则女校改建的，非常有味道。酒店内配套设施完善，有瑜伽房、抄经室、桌球、儿童乐园等。

整个环境满满的文艺风，一草一木，各种细节，都让客人感到很舒服。

整个院落民国风浓郁，非常和谐漂亮。晚清与民国风的结合，古典又不失时尚。

丽则女学校旧址位于苏州市吴江区同里镇东溪街，紧临江南名园——退思园。2013 年 5 月合并归入退思园第五批全国重点文物保护单位。丽则女学曾是民国初期名媛淑女接收教育启蒙的场所，由任传薪于 1906 年创办，任传薪当时是退思园第二代传人。丽则女学校的创办，开了古镇女子受教育的先河。之后学校的名声慢慢传开，入学人数也逐年增长，原有的校舍已无法满足教学需求，任传薪便将刘氏地基（现丽则女学校旧址位置）买入，建造了一幢七开间的两层教学楼。1916 年，又进行了加建，将学校转迁至现在的位置。该楼为歇山顶，用清水砖垒砌，屋面铺小青瓦，出檐有飞椽，灰缝以石膏嵌线，楼窗均饰花纹，底楼建拱形门柱走廊，二层北侧有通长阳台，白石膏镶护栏，室内光线充足，宽敞明亮，给人以既雄伟挺拔又秀丽精致的感觉。

中华人民共和国成立后，丽则女学校改为镇小学，更名为同里镇中心小学。现丽则女学校经过修缮，成为花间堂旗下的文化精品酒店。花间堂充分尊重建筑原有空间，运用纯正工法修旧如旧，一方面保留原有建筑风貌，另一方面满足酒店需求。

亮点一：功能适宜——新功能契合原有空间实现当代使用

在功能选择方面，充分考虑了建筑保护要求、原本的使用性质和古镇景区业态需求，使新功能与文物本体及区域环境契合，并满足使用的需要。

JS-23　花间堂 · 丽则女学酒店套房

结合院落独特的文化价值和历史价值，将其定位为文化精品酒店。从区域功能上来说，同里古镇旅游景区缺少一个稍具规模的、能够体现原汁原味文化特色的精品酒店。从功能置换的角度来说，丽则女学校本是学校校舍，其建筑规模符合宾馆酒店布局需要。酒店充分利用校舍门厅、教室、办公等空间进行重塑，布置有大厅、客房、餐饮、会议、健身等配套空间。整体使用空间并不违和，属于同质性的功能置换，因此这种再利用方式能够基本真实地延续原有的空间格局和价值特色，并将再利用对文物建筑的影响降到最低。

亮点二：工程技术——尊重历史景观环境的保护与维护

以翔实的资料为蓝本，修旧如旧，还原了丽则女学校的历史旧貌。在植入新功能中，使酒店各空间使用性质与文物建筑原有的各功能空间相互匹配。

JS-24　花间堂 · 丽则女学酒店会议室（左图）
JS-25　花间堂 · 丽则女学酒店客房（右图）

花间堂 · 丽则女学由古风园和丽则女学两个部分组成，以“名媛初长的旅程”为空间设计理念，给人一种穿越时代的体验，强调对光影的应用映像出民国特色的中西融合风格。在这里可以感受到特有的空间规划，院内除了有客房外，还建有茴香餐厅、花间拾零、多多的面包树餐厅、真茶满瓯等酒店配套设施。古风园中庭池塘，百年紫藤花畔的“真茶满瓯”，除了是品四方好茶的所在，在当中更打造了几处私密空间，让三五好友能够在此聊天对弈。此外，宽敞明亮的室内空间脱胎为花间图书馆、国学课堂与多功能会议空间，为住客提供文化新享受，入住其中，不但可以体验民国名媛的校园生活，更能重温专属于自己的青春回忆。

JS-26　花间堂 · 丽则女学酒店公共空间（左图）
JS-27　花间堂 · 丽则女学健身娱乐设施（右图上）
JS-28　花间堂 · 丽则女学酒店院内古亭（右图下）

JS-29 北半园入口

北半园

地　　址：江苏省苏州市姑苏区白塔东路 60 号

年　　代：清

初建功能：宅院

现状功能：酒店附属园林

保护级别：苏州市文物保护单位

JS-30　北半园内半亭

游客点评

进门后你会深深的感觉到苏州造园艺术的魅力和精妙绝伦。园子虽小，但苏州园林的精华都体现了出来。

半园小巧精致，水池居中，环以船厅、水榭、曲廊、半亭。

特别幽静，绿化很好，小桥流水，悠然自得。

北半园又称“陆氏半园”是一处始建于清中期的古典园林，坐落于苏州市姑苏区白塔东路。由清顺治年间沈世奕所建，后多次更换主人，且均有扩建和改建。中华人民共和国成立后曾经先后由木器盆桶社、织带厂、东吴丝织厂、第三纺织机械厂生产使用。2010 年，苏州创元投资集团为配合政府打造平江路旅游特色街，决定出资对北半园及周边厂房进行全面维修和整治。同年年底，修缮后的北半园成为平江府酒店的附属园林对外开放，园内原有厅堂修缮利用为精品餐饮区和西餐厅。

园林整体面积不大，但布局紧凑，建筑小巧，花木繁盛，环境雅致。在造园艺术上，更是在“半”字上做足文章，半亭、半廊、半桥、半舫、半阁。独特的“半”哲学园林艺术，在苏州园林中可谓独树一帜。

亮点一：社会服务——举办各类活动带动社区活力

平江府酒店在北半园内面向住客和公众推出了晨练太极、下午茶、夜花园等活动，一方面增强了平江路历史街区活力，另一方面也让更多的人对精品酒店产生兴趣。

JS-33　昆曲特色表演（右上图）
JS-31、JS-32　评弹特色表演（左图上、左图下）

在后续的运营中，平江府酒店的展示和营销仍然围绕北半园做文章。酒店在北半园分早中晚三个时段推出了晨练太极、下午茶、夜花园活动，其中夜花园活动中包含了古琴、评弹、昆曲等富有苏州文化特色的表演。希望通过这样的活动让参与者感受苏州文化的儒雅气质，深层次传递苏州园林文化意涵。平江府酒店还尝试与狮子林、耦园合作，使北半园进一步融入平江路历史街区，使游客能够深入体验苏州风情。

亮点二：功能适宜——新功能契合原有空间实现当代使用

北半园以酒店附属园林的形式，作为展示和体验苏州园林特色文化的窗口向公众开放，充分发挥其文化传播和服务功能。

北半园内的厅堂作为精品餐饮区、西餐厅、茶室。餐饮区内餐食均由北半园旁中餐厅烹制，在园林建筑中品尝江苏美食，给宾客带来独特的体验。茶室面向公众和来店客人开放，在古典园林中品茶给宾客惬意和舒适的体验。

平日在不影响宾客和酒店管理的前提下，北半园对游客和周边居民免费开放，创造了和谐的社区环境，游客可近距离感受苏州园林特色文化，也使入园参观的人群对酒店的吃住环境产生了兴趣。

JS-34　北半园内茶室（左图）
JS-35　北半园内精品餐饮区（右图）

平江府酒店在对北半园修缮的同时对周边厂房进行全面维修整治，将原有 22 间厂房改造为酒店的大堂区、餐饮区和住宿区。2010 年底，以北半园为依托，融入吴文化精髓与现代奢华为一体的苏州书香府邸平江府对外营业。

平江府酒店采取围绕古建筑周边建筑进行改造利用的方式。使北半园和周边旧厂房都得到了合理利用，遗产价值得到进一步彰显，酒店文化品质也得到了提升。

JS-36 书香府邸 · 平江府酒店中餐厅（左图）
JS-37、JS-38 书香府邸 · 平江府酒店客房公共空间
（右图上、右图下）

JS-39　沧浪亭观鱼处

沧浪亭

地　　址：江苏省苏州市姑苏区人民路沧浪亭街 3 号

年　　代：元至清

初建功能：宅院

现状功能：园林景区

保护级别：全国重点文物保护单位

JS-40　沧浪亭园内

游客点评

整个院子面积不大，移步换景倒是不错，更巧的是借了旁边的河。

很可爱的小园林，虽然地方不大，但是有小山有池塘，山水之间还有一条高高低低，参差错落的复廊将建筑连在一起，蛮有趣的。

这小小的园林深得我心，园内亭、台、楼、阁该有的都有，可谓麻雀虽小，五脏俱全了。

沧浪亭为苏州历史最久的园林，始建于北宋时期，宅院位于苏州市三元坊沧浪亭街。最初作为文人苏舜钦的私人宅院花园，之后多次更换主人，明清时期进行了复建、修葺、重建，遂成现状。1953 年交园林修整委员会修缮后，1955 年初正式向公众开放。2000 年进入“苏州古典园林”被列入世界遗产名录。

园林占地面积 1.08hm²，园内除沧浪亭本身外还有看山楼、面水轩、翠玲珑、观鱼处、仰止亭、五百名贤祠等景观和建筑。园林布局开畅自然，巧于因借，整体保持了建园时的草树郁然，景色自然，建筑朴实简雅特征，园林专家誉为典型之“城市山林”。

2018 年 8 月开始，浸入式园林版昆曲《浮生六记》在苏州沧浪亭园林内进行实景演出，以昆曲演绎的形式向观众讲述沧浪亭中切实发生的历史故事。

亮点一：价值阐释——与非遗内容高度契合深入阐释价值

昆曲版《浮生六记》采用“园林浸入式”在沧浪亭进行实景演出。作为《浮生六记》历史故事的发生地，故事人物与沧浪亭实景结合更直观的阐释了文物建筑的价值内涵。

JS-41、JS-42　浮生六记剧照

新编的浸入式园林版昆曲《浮生六记》是苏州市姑苏区人民政府与苏州市园林和绿化管理局共同合作，倾力打造的“戏曲+”创新文化项目，也是姑苏区获评“国家文化新经济开发标准试验区”后，进一步推动传统文化创造性转化、创新性发展的新举措。同时也是苏州好端正文化传媒有限公司出品的国内首个浸入式戏曲表演。该剧在编排上将沧浪亭与昆曲完美融合，让这两项文化遗产的古老神韵交相辉映。

在沧浪亭内复刻沧浪亭中发生的历史故事，是对文物建筑历史价值阐释的一种新方式，是一种面对公众创新式的文化传达。观众一改传统剧场式、厅堂式的观看方式，可参与到演出场景之中，在园林中随着演员的昆曲表演走走停停，沉浸其中，一边聆听昆曲的唯美曲调，一边领略园林的诗意之美。

该剧目前分精华版和完整版两个版本，分为 5 个折子戏，分别在 5 个不同的场景进行演绎。每年 4~11 月份向公众售票开放观看，其他时段以包场的形式进行演出。

沧浪亭白天作为园林景区对外开放，闭园后工作人员会进行灯光等临时设备的搭建工作。提早到达的观众则可以在沧浪亭旁的可园休息候场，在可园的观众可以进行书法、“换豆浆”等互动活动，提前感受“浸入式”的表演形式。整个候场期间工作人员均着古装，给观众以代入感。

园林版昆曲《浮生六记》一方面是对艺术的再创造、再加工、再提高，另一方面也是将沧浪亭丰厚的历史文化底蕴向公众传达。

JS-43　浮生六记表演（左图上）
JS-44　浮生六记暖场互动（左图下）
JS-45　浮生六记剧照（右图）

观众点评

晚上的沧浪亭别有一番静谧，在优美的昆曲的衬托下，别有一番意味。

因为浮生六记而来。想感受一下当年芸娘眼里的景色。在这样历史悠久的江南园林中，可以真切的感受时空的错乱。

这里不是很大，虽然没有拙政园的大气恢宏，没有留园的小家碧玉，但着实有自己的独特之美。

JS-46　浮生六记剧照

LN-01　1905 文化创意园大门

满洲住友金属株式会社车间旧址

地　　址：沈阳市铁西区兴华北街 8 号

年　　代：民国

初建功能：生产车间

现状功能：文化产业综合体

保护级别：沈阳市文物保护单位

LN-02　沈重集团搬迁后的二金工车间（左图上）
LN-03　改造之初车间（左图下）
LN-04　1905 文化创意园外貌（右图上）

满洲住友金属株式会社车间始建于 1937 年，曾是日本住友株式会社的机加工车间，后为沈阳重工集团的二金工车间，停产搬迁后由沈阳市政府接管。

2012 年沈阳 1905 文化创意园有限公司注册成功，并获得该工业厂房特许经营权。2013 年底公司出资对建筑进行修缮，1905 文化创意园呈现雏形，工业印记得以保护。2014 年 6 月，1905 文化创意园正式对外开放。

1905 文化创意园占地 0.4hm²，修缮并改造后建筑面积 10000m²。其内包括 55 家独立商业空间，还有剧场、艺术空间等不同文化活动场所。作为沈阳工业遗产转型文化产业的先行者，1905 文化创意园已经成为沈阳铁西工业旅游、文化展示、文创孵化的标志性项目，年接待游客 150 余万人次，同时成为沈阳城市对外宣传展示的窗口。

游客点评

虽然地方不大，但是定位很明确，比较文艺，文化氛围又浓。

大名鼎鼎的犀牛集市，真的很好玩，里面什么稀奇古怪的东西都有，也有很多高质量的东西。

1905 自带特立独行的调调，工业 loft 风格，厚重的金属质地。这里是时尚潮人必备的拍照胜地。概念创新，富有新意。

亮点一：开放条件——通过政策引导，社会力量介入保护修缮与开放计划

1905 文化创意园通过民营企业资金和成熟管理运营理念的注入，形成老建筑讲述新故事，旧空间焕发新活力的工业建筑利用模式。

LN-05　改造之初车间（左图）
LN-06　改造后车间（右图）

2012 年欧洲留学归国的三位 80 后，希望将这座工业老厂房改建成为文化创意产业园，便开始筹备建设 1905 文化创意园，并成立沈阳 1905 文化创意园有限公司。通过公开招标的方式该公司获得该厂房 25 年的特许经营权，通过自主更新的方式对建筑功能进行置换。合作双方达成协议，土地及建筑权属不变，为沈阳市铁西区国有资产经营公司，文化公司负责整个创意园建筑的保护和改造、招商运营，并可在保证文物主体不被扰的前提下，对内部进行局部加建。政府在合同中约束功能构成、业态比例、加建面积、改造形式、立面造型等。

最终该项目结合铁西区发展需求，转型成为集工业博览、产品设计、个性化工作室、艺术时尚、特色餐饮于一体的文化创意园。形成文化产业与工业旅游结合的文化创意产业综合体。

亮点二：业态选择——业态选择能够增强地方文化氛围

1905 文化创意园建立了一个广泛的文化艺术交流平台和展示空间，满足社会对于文化"给养"的需求，成为东三省地区工业遗产活化的典范。

1905 文化创意园的创办填补了辽宁乃至整个东三省地区创意文化产业的空白。园区运营过程中注重整合各种产业，制造完整的产业链条，整合艺术空间、文化剧场、文创商业、文化活动四大产业平台。

整个文化创意园以艺术工作室、手工工坊、文创设计工作室、文创产品集成店、文化酒吧、休闲餐饮等创意文化类业态为主。其中园内艺术空间（Art Space）、木木剧场、音乐现场（Live House）三大空间为公司自营板块，组织举办不同形式文化演出和创意展览，吸引了大量人群参与。

园区一层空间内有世界青年文创街区、艺术空间、餐饮酒吧商业配套、漫咖啡旗舰店等。二层空间包括文创设计街区、文化体验街区、文化沙龙空间等。园内可租赁面积 7000 余平方米，目前商户出租率达到 95% 以上。整个园区成为了年轻人休闲、探索、体验、学习分享的目的地。

LN-07　创意书吧（左图）
LN-08　木木剧场（右图）

亮点三：工程技术——保护修缮与展示利用统筹计划完成

在整个修缮与改造工程中，充分保留原有建筑主体结构，为满足现代使用功能，合理利用厂房内部空间，增加了空间的趣味性和多样性。

文物建筑设计、施工均由同一家建筑设计公司完成，工程从基础承重结构入手，将原有建筑框架完整包裹其中，原有建筑主体得到完善保护。同时完整保留的两座天吊，具有鲜明的工业风格和纪念意义。

合理利用空间，改造后内部建筑面积达 $10000m^2$，分割出 $30\sim1000m^2$ 不等的独立空间，以满足多样化的使用需求。

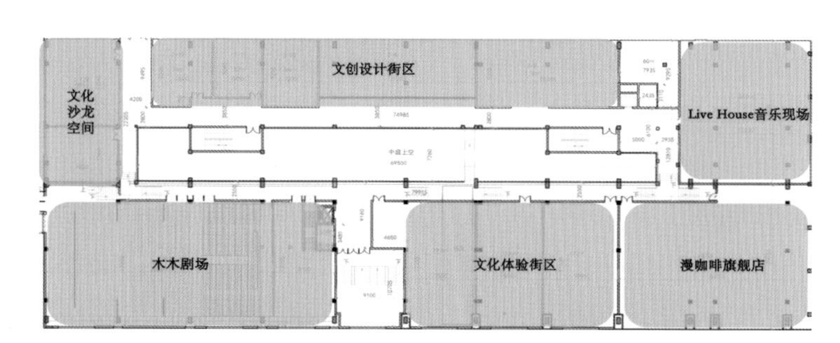

LN-09　首层平面图（右图上）
LN-10　二层平面图（右图中）
LN-11、LN-12　施工现场（左图、右图下）

亮点四：社会服务——举办各类活动带动社区活力

1905 文化创意园组织了主题鲜明的文化演出、文化活动、品牌活动，通过多元化的活动内容、高品质的资源介入，形成独具特色的文化市场影响力。

1905 文化创意园在音乐现场（Live House）和木木剧场全年安排高频次特色文化演出。音乐现场挑空的工业框架与闪耀躁动的音乐舞台，形成独特的音乐体验现场。木木剧场是沈阳第一个独立小剧场空间，以亲近的观赏体验，更有丰富的演后谈、工作坊、公开课等戏剧项目不断充实，为观众搭建沟通与交流的平台，活跃城市文化演出市场的同时，也助力于培育城市戏剧创作。

1905 文化创意园同样注重对于城市的文化输出强势影响，以不间断的中小型文化活动，使项目在各方资源中构建平台效应，推动资源与城市生活之间的对接。以“犀牛市集”、国际当代戏剧节、毕业季等为代表项目，策划具有城市文化引领作用的文化活动，其中的成熟品牌，已经成为沈阳文化的重要标签。

LN-13　潮流音乐现场（上图）
LN-14　木木剧场举办活动（下图）

2013 年园区首次发起市集活动，推出沈阳乃至全国最具流量效应的“犀牛集市”文化 IP 活动。不仅形成了极大的客流聚集效应，同时广泛的自媒体传播力成为沈阳城市文化推广的最佳平台。发展至今，跳脱出“交易属性”的犀牛市集，已经通过“艺术展览 + 剧场 + 音乐 + 文创展览”的组织模式，完全成为文化艺术生活的体验场。

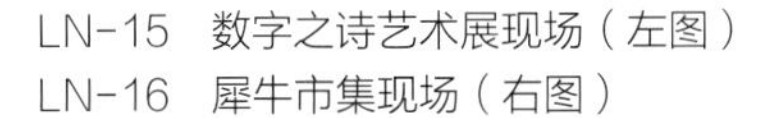

LN-15　数字之诗艺术展现场（左图）
LN-16　犀牛市集现场（右图）

SC-01　西秦会馆入口

西秦会馆

地　　址：四川自贡市自流井区解放路东段

年　　代：清

初建功能：盐商会馆

现状功能：自贡市盐业历史博物馆

保护级别：全国重点文物保护单位

SC-02 手工制作的井盐打捞工具互动模型

西秦会馆是清初经营盐业获利丰厚的陕西籍盐商，为联络同乡、聚会议事而于乾隆元年（1736 年）合资修建的同乡会馆。会馆占地面积 4000 多平方米，中轴线上布置主要厅堂，两侧建阁楼和廨房，用廊屋联接组成若干大小院落，四周环绕围墙，形成多层次封闭式的布局。该建筑设计精巧，结构繁复，造型精美，雕刻、装饰十分华丽，它既是中国古建筑的精品，也是盐业发展史上的珍贵文物，1988 年被国务院颁布为全国重点文物保护单位。

自贡市盐业历史博物馆成立的背景是，1958 年 2 月邓小平同志到自贡市视察，看到精美的古建筑作为政府办公地而未开放给公众，便倡议创建博物馆。1959 年 10 月自贡市盐业历史博物馆以西秦会馆为馆址正式对外开放。博物馆以收藏井盐历史文物、研究和展示、传播中国盐业历史为基本功能，主办历史学类核心刊物《盐业史研究》，面向国内外公开发行。馆内布展阐释了中国古代井盐生产的历史演变及钻井、治井、打捞等技术，并结合手工制作的互动模型、多媒体等现代化表现手段，真实地再现了千年盐都井盐生产技术的演进和变革。最为难得的是，作为地方专业博物馆，该馆于 2017 年被公布为“国家一级博物馆”。

亮点一：价值阐释——深入的价值发掘支撑展示与阐释

以长期、扎实的基础研究支撑展陈内容，将一部“中国井盐科技史”，变成观众可以读懂的生动展览。

SC-03　近年出版的部分著作（上图）
SC-04　主办的《盐业史研究》期刊（中图）
SC-05　2014 年川盐古道与区域发展学术研讨会（下图）

盐业历史博物馆作为专业博物馆，其十分重视科研工作，精心培养了一支研究队伍，他们在盐业史研究领域锐意进取，公开发表论文 300 余篇，独立撰写或合著图书 30 余部，包括《中国盐业史辞典》《中国古代井盐工具研究》《中国盐文化》等。1976 年创办了馆刊《井盐史通讯》，1986 年改名为《盐业史研究》，现为中文社会科学引文索引（CSSCI）扩展版来源期刊、四川省首届社科一级期刊，为中华盐文化遗产的保护与利用提供了坚实支撑，为中国盐业历史文化研究成果的传播与交流搭建了有效的学术平台。

自 20 世纪 80 年代以来，每年都主办或承办至少一次以上的全国性或国际性的盐业历史文化相关的学术研讨会，如川盐古道与区域发展学术研讨会等。此外，盐博馆的工作人员还参与川盐古道等多项学术考察，开展并推进馆内人员的科学研究工作。

所有的研究工作和研究成果直接转化为馆内藏品收集、陈列展览以及社会教育，达到了良好效果。

亮点二：价值阐释——丰富的阐释手段提升价值表达

盐博馆做得最好的是在资金和空间等限制条件下对展陈尽可能优化，将木结构、小空间的古建筑对展览空间的制约转变为相得益彰的展陈特色，工作人员亲手打造低成本、高质量的展陈内容。

专家点评

原故宫博物馆院院长单霁翔在视察盐博馆时说：“这是我在国内见到的利用古建筑做陈列展览做得最好的博物馆。”

盐博馆陈列部的美工、“茅以升”奖的获得者黄夔均同志，在负责该馆的展陈设计时谈道，有些展馆是因室内陈列而修建的，其建筑设计可以适应展陈的需要。而作为古建筑的我馆则不同,由于受场地空间、建筑结构的制约，只能根据环境空间来调整展陈内容，以内容适应古建筑特点。在形式设计理念上他提出“因势导利、因地制宜”八个字的设计思路。在展陈风格、手段运用上，根据古建筑大多采用木结构的特点，展墙、展台、展柜均采用木结构设计。展陈除了大量珍贵的盐业文物、实物、文献、图片和标本外，大量木质模型的使用，也十分契合木结构古建筑的风格和特点。

由于资金有限，盐业历史博物馆摒弃了高费用科技手段，而是由展陈部的工作人员亲自设计并动手制作模型。大大小小的各类模型，生动、准确地阐释了钻井、采卤、输卤、制盐和天然气开采等井盐生产的全工艺流程以及演进和发展，形象、直观、互动性强。整个展陈仅花费几十万元，由于工作人员自身对专业知识的深刻理解和精益求精的态度，实现了媲美国内著名博物馆的展示效果。

SC-06　手工制作的井盐输卤设施模型

SC-07　制盐陈列馆

亮点三：社会服务——持续创新开展各类社会教育活动

盐业历史博物馆始终坚守服务于公众的责任和使命，面向不同层次的受众群体，设置了不同主题的教育课程。

自贡市盐业历史博物馆利用西秦会馆古建筑与盐文化普及基地这两大优势，每年组织开展社教科普活动达 80 余场次。课程类型有公益课堂、科普讲座、节庆主题活动、专家讲坛等，面向青少年学生、社区居民、乡镇群众以及文化遗产爱好者等不同类型和层次的社会群体。近 5 年参与活动的人数达到 20 万人次，活动全部免费且广受欢迎，像“盐博课堂”常常在信息发布一个小时内就报满。

“盐博课堂”是盐博馆自主创办的青少年公益课堂，已成功举办 23 期，免费招收学员 3500 余人。包括“巧手做盐雕、欢乐亲子秀”“天车是怎样站起来的”“探秘古盐井、童心绘盐都”等盐文化主题课程，“中国之美——榫卯技艺大比拼”等古建筑特色课程，以及扎染培训班、剪纸培训班等地方非遗传承课程，和书法、美术、围棋以及“我陪孩子读经典”等国学课程。“西秦讲堂”是盐博馆特邀文物、古建筑、盐文化等各界专家学者开展专题讲座，为更多的学生及文物爱好者提供更广阔的学习空间。中国陶瓷评鉴专家邱小君、中国文化遗产保护专家吕舟等都到“西秦讲堂”讲过课。

此外盐博馆还举办过“神奇的盐都，可爱的家乡”和“盐与健康”等社区科普讲座。

SC-08　2016 年 8 月开展的“天车是怎样站起来的”活动（左图）
SC-09　2018 年 4 月开展的“榫卯技艺大比拼”活动（中图）
SC-10　2017 年 8 月开展的“自贡小三绝之扎染培训班”（右图）

亮点四：运营管理——探索多渠道的资金筹措渠道

活动经费与企业合作，展览经费申请政府资金，研究课题和高校合作，盐业历史博物馆克服自身经费有限的难题，探索出一条多渠道筹措资金之路。

盐业历史博物馆的门票收入有限，但仍能坚持每个月举办主题临展，将“盐博课堂”等活动做得丰富多彩，还有科普巡展、社区宣传、偏远乡村赠书、出版科普读物等各类活动，这些都源于他们慢慢摸索出的多渠道筹措资金的方式。他们会寻找适合的企业合作，找到拟开展活动的契合点，获得企业资助。例如，与四川省某盐业公司合作开展国学系列活动、盐雕亲子活动等。他们还会联合高校开展各类研究课题，申请对应经费；以及向政府相关部门申请文化展览活动的经费。除此之外，还面向社会招募志愿者团队，经过培训后，免费服务于博物馆，在保证活动和人员质量的同时，减少了经费支出。

SC-11　2017 年“盐与健康”科学普及活动走进偏远乡镇（左图）
SC-12　2018 年 4 月开展的盐雕 DIY 亲子活动（中图）
SC-13　2018 年 9 月“盐史中秋　亲子拾光”中秋节主题活动（右图）

SC-14　屈氏庄园入口全景

屈氏庄园

地　　址： 四川省泸州市泸县方洞镇石牌坊村9组

年　　代： 清

初建功能： 庄园

现状功能： 博物馆

保护级别： 全国重点文物保护单位

SC-15 屈氏庄园俯瞰全景

泸县屈氏庄园，位于泸县方洞镇石牌坊村9组。坐于西南朝向东北，始建于清嘉庆至道光年间（1809~1845年），1912~1916年扩建围墙、戏院后，形成现有格局。新中国成立后曾用作粮站，20世纪70年代，曾用作阶级教育展馆。

庄园建筑面积6780m^2，占地面积11034m^2。主体建筑为抬梁与穿斗结合的木结构建筑。庄园总面阔75.6m，进深102.6m，外墙高8m。四角有砖石结构高约22m的碉楼，现两座完好，一座残存。庄园大门呈外“八”字形，门额阴刻“醒庐”两个大字。庄园内设敞厅、中堂、上房以及天井、戏园、内花园、后花园、佛堂、中西合璧的戏院等建筑。

屈氏庄园是一处兼具中国南北风格，又融汇中西方特征，涵盖园林建筑、安全防御的典型川南民居。2013年3月，列为第七批全国重点文物保护单位。

亮点一：开放条件——政府与社会力量共同推动保护修缮与开放计划

屈氏庄园从破败不堪到整体修复，再到开放利用，是地方政府、管理单位、社会力量共同努力的结果。

SC-16　戏台修缮前

SC-17　戏台修缮后

SC-18　过厅修缮前

SC-19　过厅修缮后

SC-20　左弄堂修缮前

SC-21　左弄堂修缮后

从屈氏庄园列入县级文物保护单位、省级文物保护单位再到全国重点文物保护单位的12年来，泸县县委县政府高度重视，对文物给予了政策和资金上的持续支持。管理单位请来各方专业团队编制保护规划、修缮方案，实施维修和展陈工程。使一度面临倒塌的屈氏庄园基本保留了历史风貌。近年来屈氏庄园获国家及地方政府划拨文物保护资金3000余万元。

屈氏庄园维修后，布展需要家具陈设，泸县民俗博物馆朱永兴馆长听说后，义不容辞地将自己多年收藏的相关家具搬到屈氏庄园中进行无偿展示，甚至包括其他买家曾重金求购的藏品。朱馆长表示为了泸县文化的发展，丰富泸县文化内涵，人人都该做出努力。

屈氏族长说

刚开始我以为要拆我们老祖宗的房子，把我们哈（吓）惨了，后头看到参观的人那么多，博物馆还要将我们屈家的泡菜、米酒打造成文创产品来出售，我们屈氏后人，还是沾了老祖宗的光，还是非常感谢政府。

SC-22　屈氏庄园的碉楼

亮点二：社会服务——举办各类活动带动乡村振兴

屈氏庄园的开放带动了相对偏远地区的文化旅游，社会效益显著；同时带动周边庄园类文物的保护，结合非遗振兴地方的文化建设和发展；也提升了当地村民的文化素养和经济利益，实现全方位的乡村振兴。

屈氏庄园修缮并建成博物馆后，带动了泸县的全域旅游和地方经济发展。屈氏庄园开放不到一年就接待了来自全国近30个省、市、特区，6个国家和地区的国内外游客12余万人次。2018年6月，四川省文化遗产日现场会开幕式在屈氏庄园举办，主题即“文化遗产助力乡村振兴”。

屈氏庄园的保护利用在泸县当地掀起了一股文物热，带动了周边的大坝庄园、屈垣子庄园等古建筑的维修保护和开放利用，计划地方并进一步开放庄园群落博物馆，带动国家级传统村落——石牌坊村的整体遗产保护。

不同于地处大城市的文物建筑，屈氏庄园作为县城的学校和学生提供了难得的教育活动场所。泸县二中弘毅学堂、得胜镇中心小学的200余名学生来参加了“我和博物馆有个约会”的主题活动，孩子们得到了文化的熏陶，对家乡文化充满自豪感。

以前当地的群众并不喜欢屈氏庄园，因为这里曾是阶级教育馆，但改成博物馆后，则深受泸县百姓的喜爱。村民常常带回乡的亲人和朋友前来参观，把这里当成了村里的大客厅。每到端午节等节假日，或者庄园请来戏团表演时，村民纷纷赶来参加活动。除了文化素养的提升，庄园给村民带来的经济利益也慢慢显现。屈氏庄园丰富了地方村民的文化生活，加深了泸县的地方文化底蕴。

SC-23　村民和游客一起看石牌坊村的雨坛彩龙（全国非物质文化遗产）（左图）
SC-24　端午节包粽子活动（右图）

SD-01　青岛啤酒厂早期建筑

青岛啤酒厂早期建筑

地　　址：山东省青岛市市北区登州路 56 号
年　　代：清
初建功能：啤酒厂生产厂房及办公用房
现状功能：啤酒博物馆及生产厂房
保护级别：全国重点文物保护单位

SD-02　青岛啤酒厂早期建筑厂房（上图）
SD-03　青岛啤酒厂早期建筑办公楼（下图）

青岛啤酒厂始建于1903年，原为英、德商人合资开办的“英德啤酒酿酒股份有限公司”，厂址早期建筑具有西式建筑风格大部分保存。青岛啤酒厂早期建筑是青岛现存德国殖民期间工业遗产中为数不多的全国重点文物保护单位，无论建筑实体保存的真实性、完整性，还是其反映的德国殖民期间建筑和历史、艺术与科学价值，都是同时期最具代表性的工业遗产之一。

遗存主要包含了德国殖民期间的办公建筑和早期酿造车间，虽有加建，但仍能清晰地反映原初的风格特征。1995年车间停产后，建筑长期处于废置状态，直至2003年作为青岛啤酒博物馆正式对外开放。目前博物馆由青岛啤酒集团下属的青岛啤酒文化传播有限公司负责运营和策划，采取了“企业主导、政府监管”的运行模式。

博物馆设在百年建筑之内，以老厂房、老设备为媒介，让观众参观了解青岛啤酒的百年历程、早期工艺流程以及现代生产流线，同时融入与青岛啤酒相关的体验、购物、餐饮等活动。

亮点一：价值阐释——丰富的阐释手段提升价值表达

青岛啤酒博物馆的阐释展示以啤酒生产的全过程为重点，手段丰富多样，可以更加生动地实现价值表达。

SD-04　糖化车间的机器及工人模型（上图）
SD-05　游客品尝原浆啤酒（中图）
SD-06　全息影像呈现胡蝶女士品酒（下图左）
SD-07　三维动画呈现厂房建造过程（下图右）

博物馆的布展以图片、文字和实物为基础，结合建筑布局、合理布置老设备，完整讲述了青岛啤酒生产的全部工艺流线和发展历史。在老发酵池、老实验室等处的设备旁增设工人模型，展现此处曾经的工作场景。

此外，博物馆声、光、电等多媒体的运用也十分巧妙，高科技手段增加了展示的空间维度及时间广度，许多细节都体现了展陈的用心。如，在展示建厂初期厂房图纸时，在图纸下方用视频动画体现建造三维模型，讲解建造过程。在讲述早期广告发展时，在楼梯转角的暗环境下增设了一段民国时期“代言人”胡蝶女士品酒的全息投影。在发酵车间用全息影像讲解了啤酒鉴定的过程，最后以泼酒的方式增加了与游客之间的互动。

游客体验也是博物馆在阐释过程中所关注的，游客在参观工人翻麦芽场景的同时，可以品尝炒熟的麦芽；在参观完发酵流程后，可以品尝刚下线的原浆啤酒；在参观完过滤流程后，可以品尝到纯生啤酒；参观最后还可以在醉酒小屋体验酒醉的感觉。同时，全馆多处设置的触摸式自动电子显示屏，可以让游客随时查询自己感兴趣的文献资料。

亮点二：功能选择——原功能与新功能混合实现品牌效应

部分转化后的博物馆功能可以实现对遗产价值的全面、深入阐释；部分延续的生产功能也并非单纯使用，而是开放给公众，将现代生产线作为参观流线的组成部分。

SD-08　展示流线上老生产车间（上图）
SD-09　展示流线上正在生产的车间（下图）

青岛啤酒早期建筑将生产厂房和办公用房置换为博物馆的同时，还保留了部分生产功能，将现代生产线向公众开放展示，是青岛工业遗产保护与空间利用较为成功的案例。

转化为博物馆的区域，结合老建筑原有的空间特征，设置展陈内容。早期办公楼为A区（文化历史探秘），受空间限制，以图文资料为主，讲述啤酒起源、青啤的历史、荣誉、青岛国际啤酒节等内容。早期厂房为B区（品味百年酒香），主要展示生产工艺流程，包括老建筑物、老设备及车间环境与生产场景，在生产流程的每一个代表性部位放置相关设备，形象地介绍了青岛啤酒工艺流程的发展及变化。最后C区（畅享欢聚时刻）为多功能区域，一层是能容纳200多名游客的品酒区和购物中心，游客可以在此品尝多种不同口味的新鲜青岛啤酒，购买各种纪念品。二楼是学术交流及互动体验的场所，利用高科技手段，让游客在娱乐中了解啤酒酿造的复杂过程。

还在生产中的现代糖化楼、现代包装车间也被纳入了展示流线，在车间的上层或旁边建立了专门的游览参观长廊，并以玻璃阻隔，做到生产、参观互不影响。

SD-10　原木结构厂房内布置展厅

SD-11 德国胶州邮政局旧址全景

德国胶州邮政局旧址

地　　址：青岛市市南区安徽路 5 号

年　　代：清

初建功能：邮局

现状功能：邮电博物馆、咖啡书吧、办公

保护级别：青岛市文物保护单位

德国胶州邮政局旧址建于 1901 年，是德占青岛期间的邮政局。这是一座有巴洛克与青年风格派特色的建筑，加上阁楼共四层，红墙红瓦，面向两个街道的转角处各耸立着一个方尖塔楼。整栋建筑线条流畅，精细华美，在当时的亨利亲王街（今广西路）众多的欧式建筑中可谓别具一格，是青岛早期德国建筑的代表作之一，也是青岛近现代史的见证。

2009 年以前，该建筑一直作为邮电部门的办公用房，2010 年，当时的产权单位青岛联通公司出资对文物建筑进行修缮，并作为邮电博物馆，正式对外开放，这是山东省内首座邮电博物馆。但由于种种原因，于 2012 年闭馆，2014 年初交由浅海湾文化传媒公司（后注册成为“青岛邮电博物馆”）重装开馆，并一直作为民营博物馆运营。

现在的青岛邮电博物馆是一个集工业遗产、德式老建筑、邮电专题博物馆、科普基地、爱国主义教育基地等多种功能于一身的文化场所。它以历史为线索，向游客展现了百年来的邮电通信业发展旅程。该馆属于半公益性质，除暑期旺季（100 余天）外，全年其余时间均免费开放，每年接待近 20 万游客。

SD-12　一层大厅明信片展示售卖区域

SD-13　二层博物馆展陈空间

亮点一：功能选择——原功能与新功能混合实现品牌效应

建筑开放一层大厅，部分延续了早前的邮电业务，二层博物馆功能可以实现对遗产价值的全面、深入阐释，功能的复合使用，使这里成为了青岛的城市文化客厅。

青岛邮电博物馆加阁楼共分四层，其中一层为接待大厅、业务大厅、纪念品商店；二层为博物馆主展厅；三层为邮政管理局办公使用，不对外开放；四层塔楼1901厅是个书吧——良友书坊，还可以同时兼作咖啡。

一楼大厅仍保留有两项邮电业务，一是青岛特色明信片售卖，游客可加盖带有青岛标志建筑物图案的纪念章，并在门口邮筒邮寄；二是胶澳慢递业务，游客可以把信件和明信片保存在邮局，指定在未来的某个时间送达到某地，时间最长可达50年。

二层博物馆以历史进程为线索，展陈内容分为“寻根溯源”“风云变幻”“曲折发展”“红色记忆”“焕然新生”“现代通信体验”六大部分。游客可以通过图文资料、实物和多媒体了解百年来青岛邮电通讯业的发展历程。

博物馆馆长周宁觉得，邮电博物馆就是一个能听青岛故事、看青岛故事、讲青岛故事的城市客厅。曾有两对德国老夫妇三次到馆，就为购买关于青岛的画册；还有一位德国老兵的后代，在这里翻阅明信片的时候，指着上面的德国兵营讲，爷爷曾经在那里服役生活过；老舍先生的儿子舒乙和夫人2014年也曾从这里写了一封十年后寄给女儿的信，他写道：“我在你爷爷曾经拍过电报、发过信的老邮局，写给你这封慢递……”

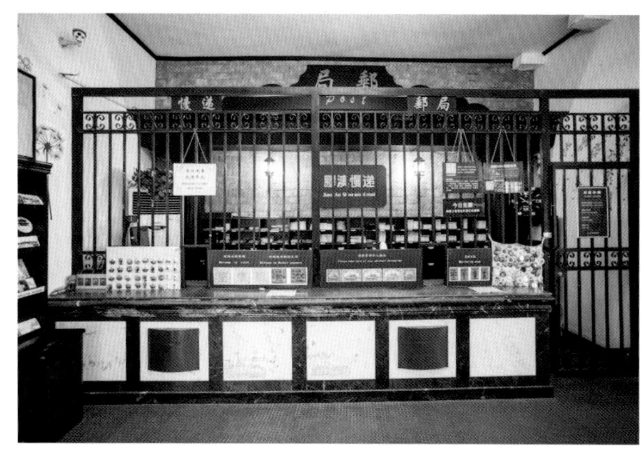

SD-14　一层大厅的胶澳慢递业务柜台

由一家民营博物馆企业对文物建筑进行日常的管理运营是不容易的，对于青岛邮电博物馆里这样一批出身于邮电等行业的非文物保护专业人士来说，更是非常难得。在这里看到一种认真的态度和一份持久的坚守。他们将每一份报纸刊登的青岛邮电博物馆相关报道做成剪报，将游客留言精心装订；他们善意地提醒游客将行李寄存楼下、不穿高跟鞋踩踏木质楼梯，等等。这些老邮电人，怀着对文物和历史的尊重，承担着社会责任，让德国胶州邮政局旧址真正地走近公众，焕发着活力。

留言簿摘录

今天来到距黄县路老舍旧居最近的青岛老邮局，我相信父亲和朋友们的书信来往，他写的《骆驼祥子》逐章一定是这里寄出去的。这是他离不开的一个重要地方。今天到此参观，我好像被父亲牵着手也在八十年代来过这里，非常亲切、温馨。

舒济（老舍的大女儿）携女儿王楠、王晴
2016年11月27日

青岛市邮电局是我人生的驿站，我怀念在这里工作的日子。祝愿邮电事业兴旺发达！

吕振西
2014年

虽说身处大青岛，却总是不够了解故乡文化历史，然博物馆便是穿越记忆的最好之处。愿属于青岛的记忆不只存在于馆内，更深刻在我们心上。这是历史的传承使命，由一代代接力下去吧！

梁女士
2017年4月30日

SD-15　管理人员精心留存的剪报、活动海报以及留言簿

亮点二：业态选择——业态选择能够增强地方文化氛围

选择书坊（含咖啡厅）作为业态引入，具有浓厚的艺术气息和文化氛围，既延续了公益性，可作为市民文化活动、聚会的驿站；又增加了经济性，为文物建筑可持续利用提供资金支持。

2015 年，青岛邮电博物馆引入良友书坊合作经营四层塔楼区，现在塔楼 1901 不仅是一座博物馆、艺术展馆，同时也是一家充满文化气息的书吧、咖啡店。2015 年，这里还成为青岛市市南区“啡阅青岛”项目的主要地点之一。该项目是将公共图书资源配置到咖啡馆、文博场馆等场所，通过老建筑与咖啡书香的跨界融合，营造出浓郁、独特的文化氛围，实现“全民阅读”“书香城区建设”与文化遗产普及及传播的有机结合。

该业态的引入使青岛邮电博物馆在身为民营博物馆缺少资金的情况下，实现了收支平衡。加上纪念品售卖和门票收入，现有资金已经可以覆盖租金、日常维护保养、活动经费及展览经费等，使文物建筑得以更大地发挥其公益作用和文化传承作用。

SD-16 顶层阁楼的良友书坊

SH-01　四行仓库全景

四行仓库抗日纪念地

地　　址：上海市静安区光复路 21 号
年　　代：民国
初建功能：仓库
现状功能：抗战纪念馆、创意办公
保护级别：上海市文物保护单位
上海市优秀历史建筑

四行仓库建于1931年，是1937年淞沪会战中著名的“四行仓库保卫战”发生地，当时中国军队第八十八师的一个加强营扼守要点“四行仓库”四天四夜，向国内外宣誓抗战到底的信心和决心，争取国际社会支持。参加这场保卫战的中国士兵被称为“八百壮士”，战斗中四行仓库西墙遭受日军平射炮轰击而严重受损。四行仓库为当时闸北一带最高、最大的一座建筑物，它原是大陆银行和北四行（金城银行、中南银行、大陆银行及盐业银行）联合仓库，即紧靠西藏北路的大陆银行仓库与紧靠现晋元路的北四行仓库两部分组成，一般统称“四行仓库”，它的位置与当时的公共租界只相隔一条苏州河，因此整个战斗过程被西方世界记录下来。

SH-02　1945年四行仓库

SH-03　1983年四行仓库

游客点评

老实说看到那堵千疮百孔的墙，我浑身起了鸡皮疙瘩，即便在蓝天白云、初秋暖阳下，依然不寒而栗……然而我们必须要牢记这段历史：一座仓库因为英雄的坚守而成为民族永恒的丰碑，一场战斗因为先辈的热血而成为民族永恒的记忆。

亮点一：开放条件——政府与社会力量共同推动保护修缮与开放计划

以抗战胜利纪念为契机，促进文物价值的挖掘与回归，实现政府与企业共赢。

SH-04　1990 年四行仓库

SH-05　2014 年四行仓库

四行仓库在民国时期属于北四行联营集团，新中国成立后 1952 年公私合营，四行仓库归上海市国营商业储运公司所有，后划入百联集团。20 世纪 80~90 年代，四行仓库作为春申江家具城卖场，修缮前是文具批发市场。2014 年上海市委市政府为了筹备纪念中国人民抗日战争暨世界反法西斯战争胜利 70 周年，决定对四行仓库抗日纪念地实施保护修缮，与此同时，百联集团从管理运营角度认为四行仓库现有文具批发市场业态低端，希望进行产业升级，遂双方达成合作协议，共同修缮并使用。项目完成后百联集团无偿提供四行仓库约 4000m^2 用作四行仓库抗战纪念馆，其余空间百联集团作为创意办公和商业出租。该项目是 2015 年上海市政府重点工程，由市委宣传部牵头、区委宣传部负责、区文化局具体落实。项目实施过程中市政府与百联集团多次协商共同完成了商户腾退、文物修缮和纪念馆建立等多项工作。

四行仓库化身小商品市场多年无法改造，但在“抗战 70 周年”这样的契机下，终得以实施，对企业来说，解决了多年来业态无法提升的困局，盘活了整个物业，对政府来说，协助企业进行文物建筑修缮，既保护了四行仓库的文物价值，纪念馆落成扩大了其社会影响力，同时使周边环境得到改善，周边居民的生活品质提高，政府和企业实现了联手共赢。

SH-06　1937 年战后四行仓库西墙上留下的累累弹痕（上图）
SH-07　四行仓库西墙现状（下图）

亮点二：工程技术——保护修缮与展示利用工程统筹计划完成

文物修缮与未来使用相结合，恢复战后“弹孔墙”原貌，重塑抗战纪念地庄重、肃穆的空间特征。

作为上海市纪念中国人民抗日战争暨世界反法西斯战争胜利70周年的主要场所之一，四行仓库在修缮之初就考虑到与未来使用相结合，在修缮中恢复了在四行仓库保卫战中受损的西墙中的8个炮弹孔和420余个枪弹孔，展现“四行仓库保卫战”的惨烈场景，极具冲击力和震撼力。外墙战争痕迹的修复与四行仓库纪念馆内部常设陈列序厅、“血鏖淞沪”、“坚守四行”、“孤军抗争”、“不朽丰碑”、尾厅六个部分相得益彰，突出了“遗址、战斗、纪念”三个属性。

为了维持西墙的完整性，纪念馆入口放弃了西侧较为开阔的方位，选在了空间比较紧张的南侧苏州河沿岸开设入口。

SH-08　第一展区“血鏖淞沪”展项

SH-09　第一展区“浴血奋战”场景

SH-10　第二展区“同写遗书”场景

SH-11　第四展区“英名墙”展项

亮点三：工程技术——修缮中对历史工艺技术深度研究与挖掘，并予以表达

深度挖掘历史资料，与现状实物相互印证，遵循文物建筑保护真实性、最小干预、整体性、可识别性的原则。

SH-12　入口内退空间（上图）
SH-13　建筑立面细部（中图）
SH-14　建筑南立面（下图）

四行仓库在战后至2014年经历多次功能变更，战时受损最严重的西墙被修补，建筑外部改变较大，入口内退空间被封堵，相继在建筑顶部加盖六层、七层（加盖部分有产权），室内被重新分隔以适应不同功能。为尊重历史，全面、完整、准确的再现当时战争情景，修缮工程做了大量研究工作：

恢复战争中西墙受损形态：西墙在战后被封堵且整墙粉刷，现状已无法判断战争期间的原貌。搜集到的一张战后历史照片为西墙的修复带来重大转机，该照片完整记录了西墙在战争中受损的情况，设计人员以摄影测量技术在立面图上还原洞口位置，经定位剥除现状西墙粉饰后，终于查明四行仓库初始墙体为红砖砌筑，战后曾用青砖封堵炮洞口，再新作内外粉刷的历史情况，青红砖砌筑边界基本反映了当时的墙体被炸洞口情况，历史照片中炮弹洞口位置得到真实的实物印证，为最终还原战痕累累的西墙提供了充分的依据。

南、北、东立面恢复历史风貌：以现状实测、比对通和洋行（Atkinson&Dallas Architects and Civil Engineers Ltd）的设计图纸等为依据，进行立面复原和细部设计，恢复入口内退空间、立面壁柱、门头女儿墙山花等部分装饰。

产权方百联集团主动提出，整体拆除搭建后的七层，六层作退跨处理，让四行仓库尽可能地保留历史原貌。这一拆一退，损失了4000多平方米的面积体现出国有企业的历史责任感。

SH-15 修缮方法示意图

西墙历史照片复原图

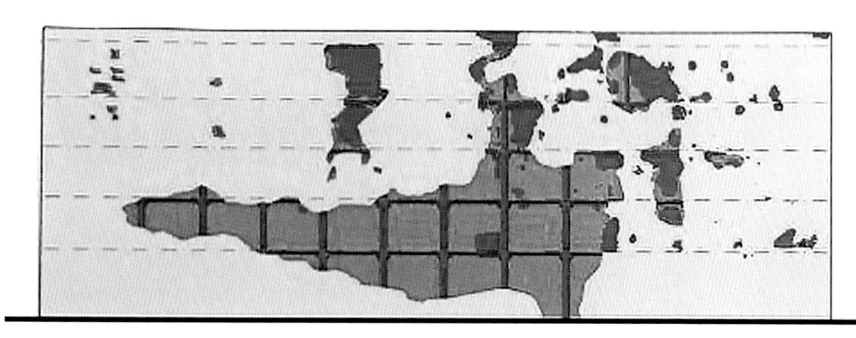

- 墙体被炮弹穿透的洞口破坏
- 表面粉刷层震落，砖面暴露
- 表面粉刷层震落，钢砼结构暴露
- 受破坏较小的粉刷墙面

弹孔痕迹及破坏类型分析

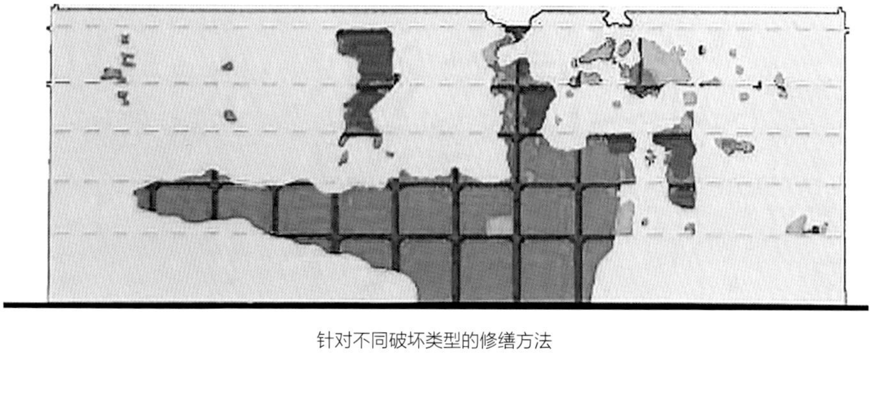

- 原位保护展示炮弹洞口，内侧加固
- 原位保护展示青砖封堵的炮弹洞口，表面增强、憎水处理
- 原位展示暴露的砖墙面、表面增强、憎水处理
- 原位展示暴露的钢砼结构，局部加固
- 保持粉刷饰面，墙面清洗修复

针对不同破坏类型的修缮方法

SH-16　邬达克旧居修缮后

邬达克旧居

地　　址：上海市长宁区番禺路 129 号

年　　代：民国

初建功能：居住宅邸

现状功能：展览、文化场所

保护级别：长宁区区级文物保护单位

邬达克是近代上海一位无法绕开的建筑师，他在上海居住的29年时间里留下了60余处经典建筑，有三分之一已先后被列入上海市优秀历史建筑。邬达克旧居是邬达克在上海居住过的第三个家，也是最大的一个，是由邬达克择地自己设计，体现了英国乡村都铎风格的建筑。由其友著名建筑营造商陶桂林所办的馥记营造厂承建。1938年邬达克全家搬入达华公寓，在之后的80多年的漫长岁月中，邬达克旧居曾作为德国领事的居所、商人邵修善的家，也曾作为工厂车间、中学的校舍、办公室和食堂等，后常年废弃，年久失修。几经辗转，旧居产权归于长宁区政府，并为长宁区教育局所使用。2008年长宁区政府与某企业签订协议，共同投资修缮邬达克旧居，修缮完成后该企业拥有邬达克旧居20年的租赁使用权，后该企业注册邬达克文化发展中心进行管理与运营。

SH-17　邬达克旧居西立面

亮点一：开放条件——通过政策引导，社会力量介入保护修缮与开放计划

使用方与产权方达成保护利用共识，使用方出资进行修缮，修缮前接受专业的保护修缮课程，提升文物保护意识。

建筑修缮前邬达克文化发展中心完全没有文物保护修缮的经验，为了做好这个项目，中心负责人带领团队亲自到邬达克的家乡，寻找邬达克的故事，收集邬达克的资料，使得团队对于邬达克的认识渐渐清晰而立体。继而中心负责人参加了上海市文物局举办的文物修缮学习班，专家、学者对专业知识的讲解对她帮助很大，课程中老师运用一个个生动的正面或反面案例进行讲解，让她突然意识到若干年以后，邬达克旧居的修缮也会被人拿来当作案例进行讲解，从那一刻开始她对修缮邬达克旧居有了新的认识，她自己形容修缮的过程“如履薄冰”。参加专业的学习课程使她觉得有义务、有责任要将其修缮好，交还给大众，投资修缮工程的费用也从商定的250万不断增加到2000万。就是对邬达克不断深入的了解慢慢使整个团队开始热爱邬达克旧居，从而改变了修缮的初衷，让邬达克旧居成为了一个以公益性质为主的场所，邬达克文化发展中心也成为了传播发扬传统文化的使者。修缮的整个过程被完整记录下来，出版在《邬达克的家——番禺路129号的前世今生》一书中。

SH-18　楼梯修缮后与历史照片对照（上图）
SH-19　栏杆修缮后与历史照片对照（下图）

亮点二：管理运营——探索多渠道的资金筹措渠道

文物空间承载力有限，很难实现资金的“造血”功能，通过挖掘无形价值衍生相关文化产业机会以及获取各类专项资金支持，多渠道筹措资金。

修缮完成后邬达克旧居免费对外开放。邬达克文化发展中心知道让文物建筑可持续的保护下去必须使其有“造血”功能，按照原计划本打算通过开发邬达克旧居原花园范围内后建的建筑物，做文化产业来达到收支平衡，但后来因为各种缘由并未实现，所能运营的仅有邬达克旧居近 1000m^2 的建筑，空间承载力极为有限。展示包括三个部分，主楼南面一楼邬达克纪念室；主楼北面一楼部分空间、二楼、三楼为文化交流空间，可举办艺术展览、文化艺术交流、音乐会、学术研讨会等形式多样的文化及学术活动；辅楼是一个红酒展示中心，与主楼的艺术展览、学术交流形成互动，服务于主楼的文化交流活动。邬达克的家乡斯洛伐克等国家也积极参与了邬达克旧居的各类活动，捐赠很多物品丰富展览内容，增进了国家之间的沟通。然而就巨额的修缮、装修、日常运转费用来说，以上用途很难收回投资，对于运营中心来说这无疑是一个巨大的“累赘”。团队转而从无形价值上入手，通过组织各类国内外活动、媒体宣传、出版图书甚至举办“邬达克年”和“邬达克建筑文化奖”，把邬达克旧居打造成文化品牌，在品牌基础上再衍生其他相关的文化产业机会，同时邬达克旧居还积极获取各类称号，如中国建筑学会科普基地、上海公益基地等，进而获得文化、科技等领域各类政府专项资金的支持。中心负责人自豪的介绍如今靠着讲好邬达克的故事，旧居已从以前每年亏损 200~300 万到现在的收支平衡，邬达克旧居的社会影响力逐年上升。

业主心得

中心负责人从对邬达克旧居一无所知到现在热爱它，成为一个“邬达克”专家，并把邬达克文化传播到全上海，她总结认为：每一栋文物建筑都是一本书，要想用好这本书，首先要读懂它，就像她读懂了邬达克这本书，便能给世人讲好邬达克的故事。

SH-20　举办“探索邬达克”建筑科普项目（上图）
SH-21　举办“邬达克建筑遗产文化月”活动（下图）

亮点三：社会服务——利用中为社会提供公益活动场所

邬达克旧居的志愿者为常态化设置，不仅为游客进行无偿讲解还参与到邬达克旧居的日常事务中，志愿者的选拔经过严格的筛选以保证质量，很多社区内的人都积极参与到志愿者工作中。

在邬达克旧居可以看到很多志愿者，他们从20多岁到60多岁不等，有的是大学生，有的是退休人员，有的是从很远的地方赶过来做义工，有的是居住在这里几十年的老居民，他们共同的特点就是都十分热爱上海的老房子、热爱邬达克旧居，跟他们交谈可以强烈感受到满满的自豪感，他们把邬达克旧居当成自己的家一样来介绍给游客，让邬达克这个人物更加鲜活、让邬达克的故事更加感人。邬达克旧居的志愿者是需要进行严格的面试和笔试考核才能录用，无论年轻人还是老人一视同仁，优者胜。对于年轻人来讲这是一个很好的机会来了解历史、了解上海，对于那些退休的老人来讲可以继续发挥余热，实现自我价值。他们除了定期开展内部的讲解比赛以外，邬达克文化发展中心还支持优胜者去社会上参加比赛，并且拿到“上海科普教育创新奖·优秀科普志愿者奖（个人）金奖”的好成绩，这对于那些退休老人是一种社会的肯定，让他们再次感受到强烈的社会认同感。

SH-22　志愿者讲解（上图）
SH-23　科普体验实践基地授牌（下图）

SH-24　沙逊大厦夜景

沙逊大厦

地　　址：上海市黄浦区南京东路 20 号

年　　代：清至民国

初建功能：酒店、银行

现状功能：酒店

保护级别：全国重点文物保护单位

SH-25　印度主题套房

沙逊大厦（今和平饭店北楼）是民国时期英资新沙逊洋行下属的华懋地产股份有限公司投资 240 万元，在上海外滩边兴建的一幢 10 层大楼（局部 13 层）。建筑属于当时中产阶级十分青睐的艺术装饰风格（Art Deco），设计者是著名的公和洋行（Palmer & Turner Architects and Surveyors）。建筑建成后底层西大厅和 4~9 层开设了当时上海顶级豪华饭店——华懋饭店（Cathay Hotel），最具特色的是该饭店提供有 9 个不同国家风格的客房；底层东大厅租给荷兰银行和华比银行，顶楼作为沙逊自己的豪华住宅，经常举办私人聚会。1949 年，上海解放后，沙逊洋行入不敷出，后经上海市政府协调，同意用沙逊大厦作资产，偿还洋行所欠下的土地税、管理费、水电费、职工工资等；1952 年，上海市政府接管该楼；1956 年改名和平饭店恢复对外营业；1992 年，和平饭店被世界饭店组织列为“世界著名饭店”。现今有 9 个不同国家风格的客房，仍延续使用，顶楼作为整个酒店最高端的总统套房，曾接待多个国家领导人入住。

亮点一：业态选择——业态选择契合价值核心主题

和平饭店在业态选择上延续原有沙逊大厦内最为经典的九国特色套房，打造爵士酒吧，充分利用其历史文化价值，吸引国内外游客慕名而来。

和平饭店十分注重研究原沙逊大厦的历史发展历程、深度挖掘各方面价值，并加以充分利用。选择延续原有最为经典的九国特色套房，套房内尽可能的维持了历史上的原有样貌，尤其是印度主题套房，在2007年修缮过程中全部保留历史原样。

酒店一层开辟部分空间恢复爵士酒吧。华懋饭店在最初开业时便设有英式酒吧，20世纪20~30年代，因其现场的爵士乐演出而声名鹊起，后来更名为爵士吧，和平饭店恢复了这一表演，邀请懂得演奏西洋乐器的老上海人在此表演，使听众仿若瞬息之间就能被带回到20~30年代旧上海滩的感觉，与该酒店的历史氛围和价值主题相契合。

SH-26　老年爵士乐团国内外演出及获奖（上图）
SH-27　老年爵士乐团表演（下图）

亮点二：价值阐释——丰富的阐释手段提升价值表达

酒店内设置免费的博物馆、展览空间等用以阐释文物建筑历史、文化等各方面价值，并配以专业的讲解员，希望让宾客觉得与其说这是座酒店，倒不如说是座活着的博物馆。

酒店内设置“和平博物馆”，馆内展出了与酒店相关的各类历史物件，无论是房客还是普通参观者都可免费参观，有专人讲解，酒店逐渐形成了一个专门负责博物馆的团队，工作包括接收社会各界捐赠、组织酒店整体的讲解活动、研究酒店历史价值、编写设计讲解内容等。酒店还设置了部分有偿参观游览，向公众开放，共有“经典之旅、传奇之旅、午间之旅、茗香之旅和周末之旅”5个套餐供公众选择，专业的工作人员会带领参观整座饭店，边参观边讲解，酒店走廊配合参观还布置有介绍酒店历史沿革、建筑艺术特色、九国特色套房等相关内容以及各个年代在和平饭店拍摄取景的40多部经典电影的海报。

澳大利亚游客点评

Walking through the lobby, up the elevator, and through the door to the suite, made me feel like I was part of history.（穿行在和平饭店之中让我感觉自己也成为了历史的一部分）

SH-28 沙逊大厦纹样展示（左图）
SH-29 和平博物馆（中图）
SH-30 游客在仔细观看展览（右图）

SH-31　沙逊大厦外观

SX-01　张壁古堡建筑

山西省文物建筑“认养”

地　　址： 山西省临汾市、运城市、长治市、晋城市、晋中市等

年　　代： 明、清

初建功能： 庙宇、民居

现状功能： 庙宇、博物馆、文化场所

保护级别： 市、县级文物保护单位

文物大省山西，全省的不可移动文物有 5 万余处，但由于政府的人力、财力有限，大量低等级古建筑现状堪忧数以万计的濒危古建筑，倒逼山西省政府探索出一条低等级文物“认养”之路。

文物“认养”始于 2010 年 10 月山西省临汾市曲沃县的试点工作，山西曲沃出台《曲沃县古建筑认领保护暂行办法》，用地方法规规范认领行为。曲沃也就此成为山西省实施中国首个省级“古建筑认领”法规的样本城市。办法明确认领者需坚持“修旧如旧”原则，产权不变，期限不超 30 年，认领期满，古建筑的管理使用权无偿返还原所有者。首次试点为曲沃义城黄帝庙、西海村龙王庙、龙泉寺等 6 处县级文物保护单位。为了避免文物被过度开发，文物部门对认领保护人的资格、修缮设计、招标过程、施工过程、签署认领协议等各个环节都严格审查把关。当地一些企业家积极响应，使曲沃县的文物建筑得到了保护利用，引起较好的社会反响。

2016 年山西省文物局印发《山西省社会力量参与文物建筑保护利用暂行办法》，打通了社会资金进入文物保护领域的渠道。2017 年 3 月，山西省政府发布《山西省动员社会力量参与文物保护利用“文明守望工程”实施方案》，通过“众手搭”“巨手擎”“妙手集”“巧手创”“千手护”“小手托”“顺手帮”“联手助”“携手援”9 种方式，推进文明守望工程工作的开展，按照“一种思路，多种模式”，把文物建筑认养引向深入。一种思路即积极鼓励和引导社会力量参与文物建筑认养。多种模式包括政府投入资金维修保护，企业或社会进行利用；企业或社会出资保护并进行利用；政府和社会合作融资保护利用等模式，形成文物建筑“保”“用”一体、“修”“护”一体的新局面。工程启动仪式在张壁古堡举行，并公布了首批 252 处可供社会力量参与的文物建筑保护利用项目。2018 年省文物局与省工商联签订了推进文明守望工程合作框架协议，共同举办了山西省文物建筑认养南部片区和北部片区推介会，同时为鼓励社会力量积极参与认养文物建筑，省文物局会同相关单位制订了有关认养技术服务、税收减免、社会荣誉鼓励等方面的 10 条政策，旨在近一步唤醒社会大众的文化自觉，让更多关注文物保护利用的民间力量参与文物建筑的认养保护，共同承担保护传承责任，促进资源有效利用。

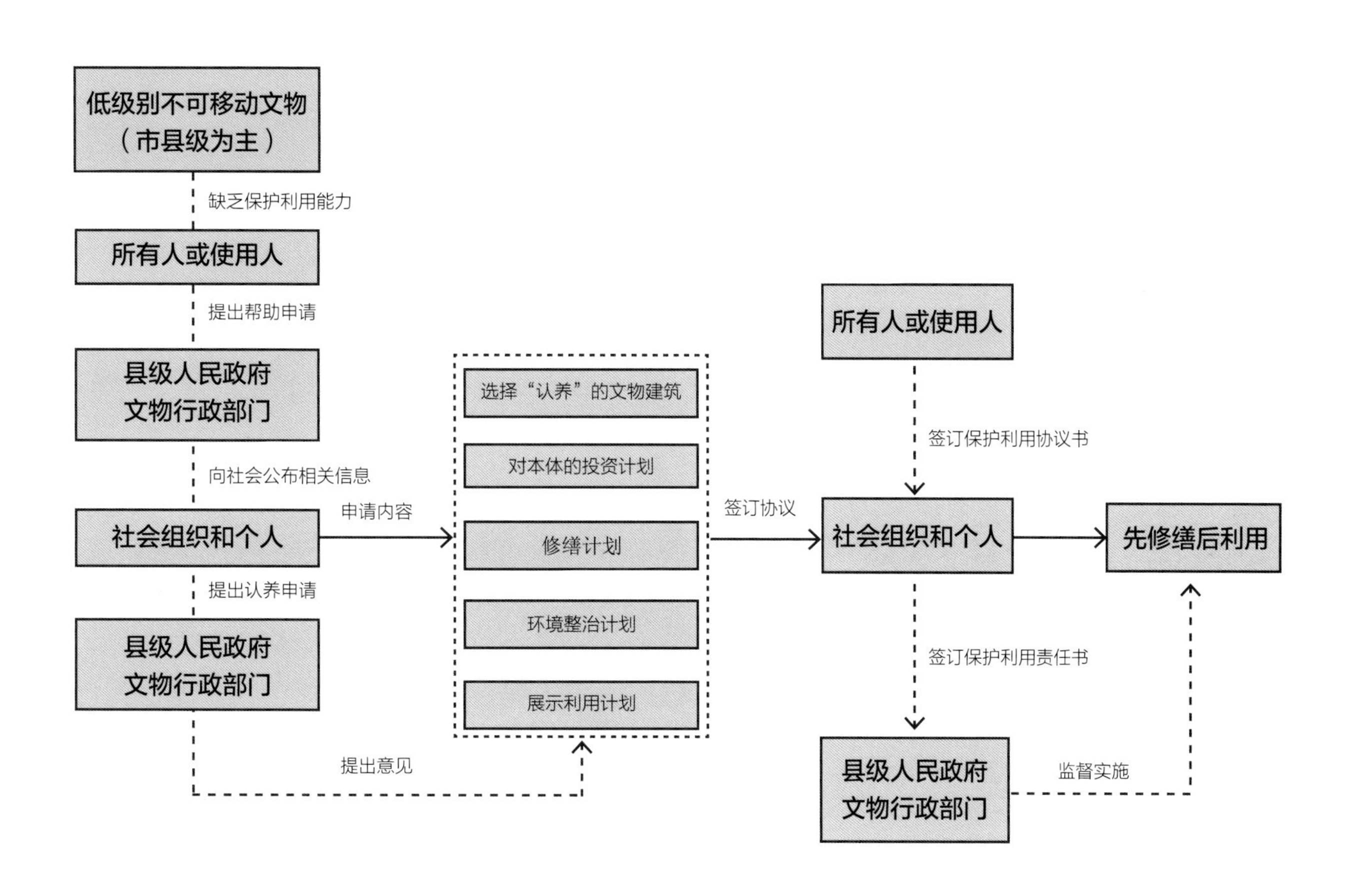

SX-02　山西省文物建筑“认养”流程

（根据《曲沃县古建筑认领保护暂行办法》及《山西省社会力量参与文物建筑保护利用暂行办法》绘制）

亮点一：开放条件——政府与社会力量共同推动保护修缮与开放计划

各级政府提供政策性引导，鼓励、推动文物“认养”，提供便利条件和技术支持；符合条件的企业和个人承担文物修缮、开放利用的社会责任。政府与社会各方力量坚守公益的初心，共同探索文物保护的可持续之路。

山西省文物部门依据有关法律法规、在政府相关主管部门的监督下，通过出台政策、主办推介会等方式，动员社会力量进行文物保护和利用。此后再对认领者进行挑选、审核，对修缮方案依法报批，施工过程严格把控。企业或个人获得认领文物建筑的资格后，与地方政府签订协议，开展保护修缮工程，在文物部门的指导下进行开放利用。

发动民间和社会力量认领保护古建筑的做法，应该说是对文物资源保护力量的拓展和延深。文物“认养”为文物保护利用提供了新的思路，解决了文物建筑无钱修、无人管的难题，也为社会力量参与文物保护利用探索了一条途径。

山西省文物“认养”的案例中，较早的一批是曲沃县的6处试点，其中义城黄帝庙于2011年由企业家、县政协常委主席巩代生认领，2011年12月完成了主体建筑的保护修缮工程，并对外开放。2012年4月成功举办了盛大的黄帝庙庙会，极大地促进了当地经济文化的交流。

晋中介休市的张壁古堡运营是相关政策出台前，企业“认养”文物的尝试。这里曾有一半民居被毁，2009年被凯嘉能源集团有限公司接管后，前后投入4亿元进行保护和利用。运营过程中，企业与文物局建立了联系与汇报制度，接受文物部门的监督管理，配合完成相关工作；企业同时成立“山西凯嘉古堡文化研究院”，聘请专家学者作为顾问团体，与山西大学等研究机构合作，开展古堡文化的学术研究，为文物保护展示提供了技术支撑。

文物建筑认领者们说

孝义市民营企业家王铁生一气儿修了3处文物古建筑，他说：“弘扬文化需要载体，我手里有一些富余资金，想为后人多留点东西。”

太原市的古建筑迷刘建月在对赵家山天王庙修缮时就想好了，以后要在这里开展各种活动，打造成一个研究书画、国学、佛学的场所，他说养它30年，希望能带动更多人参与文物保护。

长治市文物收藏爱好者杨旭亮为他多年来收藏的老酒、老醋找到了适合的展览场所，就是凹里村关帝庙。修葺后的关帝庙，正殿仍供人祭拜，两旁的耳房就成了“老酒老醋博物馆”，在博物馆正式免费对外开放那天，他激动万分，对几个月来不理解自己的家人说：“人在社会上，总要做一些事情。这一刻我觉得所有的心血投入都是值得的”。

SX-03　张壁古堡内

TJ-01　静园主体建筑

静园

地　　址：天津市和平区鞍山道 70 号
年　　代：民国
初建功能：宅邸
现状功能：展览馆
保护级别：天津市文物保护单位

TJ-02 静园主体建筑

游客点评

很具有那个年代的特点，很喜欢它的“静”，静得让人舒服、安逸。

能恢复成这样真不容易！

门口的卡通人物设计的很有意思。

从一个短的介绍视频开始，伴随着讲解，每一个房间每一栋楼都有着太多的故事，离这些历史人物的距离瞬间拉近了……完全值得在这里静静地待一下午。

静园位于天津市和平区鞍山道70号，是天津市文物保护单位。始建于1921年，系北洋政府驻日公使馆陆宗舆的官邸，是天津租界庭院式私人宅邸的典型代表。1929~1931年，末代皇帝溥仪携皇后婉容、淑妃文绣于此居住。之后的静园几经易主，逐步演变成为大杂院，违章建筑近600m^2，空间拥挤，建筑主体残损情况严重，经房屋安全部门鉴定，已成危房。

现经腾迁、修整的静园，以展览馆的形式展示溥仪的人生经历及其在静园的生活景象，是天津市爱国主义教育基地和科普教育基地，成为展示天津近代历史的一个重要窗口。

亮点一：开放条件——通过政策引导，社会力量介入保护修缮与开放计划

政府是保护利用的主导者，建立了较为完整、高效的保护体系。

2005年，天津市政府颁发《天津市历史风貌建筑保护条例》，并依据条例制定了《天津市历史风貌建筑和历史风貌建筑区确定程序》《天津市历史风貌建筑使用管理办法》《天津市历史风貌建筑保护腾迁管理办法》等一系列规范性文件，建立市、区两级管理队伍，实施全方位严格监管。同时，成立了天津市历史风貌建筑保护委员会、天津市保护风貌建筑办公室、天津市历史风貌建筑保护专家咨询委员会及特聘历史风貌建筑社会监督员，指导、监督保护利用的实施。组建了天津市历史风貌建筑整理有限责任公司（以下简称风貌整理公司），负责腾迁、整理及运营工作。

2005~2007年，静园完成了腾迁、修缮工作，成为了全国首个依照地方立法进行腾迁、保护并对外开放的文物建筑，为天津市近代文物建筑的保护利用提供了参考依据。

TJ-03　附属平房内的溥仪生平展（左图）
TJ-04　静园一楼餐厅（中图）
TJ-05　静园二楼溥仪卧室（右图）

亮点二：工程技术——详细记录保护修缮全过程，并展示、出版

将整个修缮过程及工艺技术以多种形式向游客进行了翔实的展现，向参观者进行文物保护工作的科学普及。

静园的整理、修复工作，依照“保护优先、合理利用、修旧如故、安全适用”的原则，还原建筑本来面貌，并在施工过程中进行了翔实的记录，整理出版《静园大修实录》。

静园开放之后，在每一个开放展示的空间都放置了修缮前、后的对比照片，并对所有保留的原构件在解说中予以明确，还专门辟出一间展室作为“静园修复展览馆”，将修缮过程以展板、模型、纪录片等多种形式向游客进行了翔实的展现，使参观者对文物建筑的修缮工程及静园的沧桑变化有了更为直观的认知。

TJ-06~TJ-08　多种方式展示修缮成果（由左至右）

亮点三：价值阐释——深入的价值发掘支撑展示与阐释

对历史文化内涵进行深入的挖掘，形成文化研究成果，以严谨、扎实的历史研究工作为静园的保护和价值阐释工作奠定了坚实的基础。

为最大限度地挖掘、保护、利用、阐释静园的核心价值，风貌整理公司与吉林省社会科学院联合开展了课题研究工作，对收集到的上千幅历史图片和120万字的文史资料进行了分析整理，找到了静园内房间的用途、装潢、陈设等历史线索。

全方位、多角度地挖掘静园的历史文化内涵，收获了宝贵的研究成果。撰写出《溥仪在天津大事记》等文章，出版了《围城纪事——末代皇帝溥仪生平画传》，制作了电视专题片《静园春秋》，为静园的保护和价值阐释工作提供了有力的支撑。

TJ-09、TJ-10　多种方式展示修缮成果（由左至右）

亮点四：价值阐释——文化产品创新生动传达价值

以溥仪和婉容为原型，结合历史事件、名人轶事等进行文创产品的设计研发，深受游客喜爱。

TJ-11　静园门票（上图）

TJ-12~TJ-14　静园系列文创产品（下图由左至右）

TJ-15~TJ-17　静园系列文创产品（下图由左至右）
TJ-18　静园入口溥仪婉容卡通塑像（右图上）
TJ-19　静园内“漫话溥仪”展示橱窗（右图下）

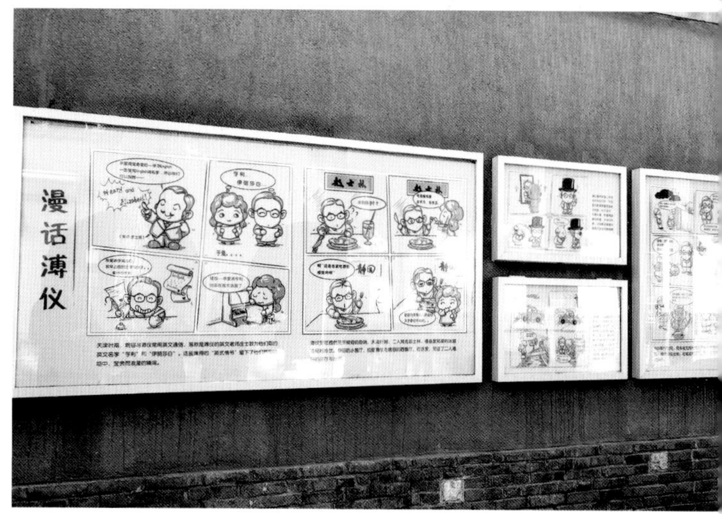

风貌整理公司旗下的“天津市历史风貌建筑文化旅游发展有限公司”以溥仪和婉容为原型，结合历史事件、名人轶事等，在对游客结构、游览行为等进行调查研究的基础上，设计了卡通形象的历史故事漫画和旅游纪念品，非常贴近游客群体的偏好，深受游客喜爱。同时在文化交流平台上，通过“洋楼故事大讲堂”等文化活动，让公众对天津近代史和文化内涵有了更为深刻的认知。

TJ-20　庆王府主体建筑入口

庆王府

地　　址：天津市和平区重庆道 55 号

年　　代：民国

初建功能：宅邸

现状功能：展示景区

保护级别：全国重点文物保护单位

TJ-21　庆王府会客厅

游客点评

业态调整之前：

整体消费挺高，建议大家慎重前往。

成为了喝咖啡的地方，好像还能承办宴会。

闺蜜或者好朋友一起喝喝下午茶，聊聊天，感觉十分惬意，但是唯一不足就是必须消费才能进入花园，希望以后多多改进……

业态调整之后：

来五大道必须要来的地方。

是了解天津近代史、文化的好地方。

五大道旅游区很多老房子，但真正对外开放的没什么，庆王府还是很不错的一个景点。

庆王府旧址位于天津市和平区重庆道（原英租界剑桥道）55号，是全国重点文物保护单位。庆王府占地4327m^2，建筑面积5922m^2。砖木结构2层（局部3层且设有地下室）内天井围合式建筑，是天津租界典型的中西合璧建筑。

该建筑始建于1922年，在原英租界被列为华人楼房之冠。后于1925年被清室第四代庆亲王载振购得并举家迁入，因而得名“庆王府”。

亮点一：业态选择——能够根据需要进行业态优化调整

根据文物保护要求，及时调整业态，将庆王府改做展示开放，展示天津租界洋楼建筑及昔日王府的生活场景。

新中国成立后，庆王府先后成为多个政府单位的办公场所。2010年，天津市历史风貌建筑整理有限责任公司开展了庆王府整修工作，并于2011年开放营业。

最初，庆王府与其西侧的“山益里”英式里弄住宅群落（天津市一般保护等级历史风貌建筑）共同开放为“庆王府精品文化酒店区”，使用单位为天津庆王府酒店管理有限公司。其时，山益里的33套联排别墅，18套作为办公空间对外出租，15套作为酒店套房营业，而庆王府主楼，则作为饭店，提供商务会议、餐饮宴请等中高端消费服务。

后考虑到文物保护单位的保护要求，认为餐饮功能存在安全隐患，不利于对文物建筑的保护，且未能体现文物建筑的公众服务属性。因此，在天津文化旅游蓬勃发展的大趋势下，使用单位及时调整业态，将庆王府改为展示功能，依据史料记载和载振后人回忆对主楼内庆亲王载振卧室、书房，载振三子溥铨卧室、书房，载振福晋卧室等房间进行了场景复原，展示租界洋楼建筑及昔日王府的生活景象，于2018年6月以庆王府景区的姿态重新开放，参观者日益增长。

TJ-22　业态调整前的溥铨书房卧室

TJ-24　业态调整前的影室

TJ-23　业态调整后的溥铨书房卧室

TJ-25　业态调整后的影室

亮点二：价值阐释——文化产品创新生动传达价值

坚持文化与创意导向，设计、开发“慶”系列文创产品，积极开发专属文化品牌，传达历史人文信息。

TJ-26~TJ-28　庆王府文创产品（本页图）

庆王府始终坚持文化与创意导向，力争实现中国传统文化元素与现代审美需求相结合，设计出“慶”系列文创产品，积极打造专属文化品牌。

庆王府“一品大学士补服”T恤、帆布包、庆王火漆印章、书签、书立……各式产品设计新颖、门类广泛，很好地展示了文物的价值内涵，传达了天津的历史人文信息。

亮点三：工程技术——详细记录保护修缮全过程，并展示、出版

将整个修缮过程及工艺技术以摄影、摄像等形式进行全面、翔实的记录，并整理出版，对修缮过程进行了较为完整的呈现。

专家点评

通过对建筑历史、人文信息的挖掘和整理，增设了展览馆，通过对社会的开放，发挥了传播城市历史文化的载体和平台作用。

庆王府的整理为天津历史风貌建筑保护与利用工作积累了宝贵的经验，在天津的建筑文化遗产保护史上具有里程碑式的意义。

天津市规划和自然资源局副局长、一级巡视员天津市历史风貌建筑保护专家咨询委员会主任

路红

TJ-29 《庆王府大修实录》封面

修缮工程以现场遗留的历史痕迹和收集整理的历史资料为依据，严格按照原材料、原工艺进行修复，并将整个修缮过程及工艺技术以摄影、摄像等形式进行了全面、翔实的记录，整理形成《庆王府大修实录》，于2014年出版。

全书以图文并茂的形式，反映了庆王府修缮前后的状况、修缮的理念和整理内容，分为研究、技术、图版三个篇章，将庆王府的历史变迁与营建过程、修缮工程的现场查勘评估、方案设计、工程管理与质量保障以及具体的施工组织等内容，完整呈现出来。

YN-01　沙溪古镇魁星阁戏台

沙溪古镇

地　　址：云南省大理白族自治州剑川县

年　　代：唐至民国

初建功能：古镇

现状功能：古镇和景区

保护级别：全国重点文物保护单位

云南省文物保护单位

大理白族自治州文物保护单位

YN-02 沙溪古镇段家登古戏台

游客点评

江南古镇数不胜数，要在西南七彩云南丽江大理一带找一个全天免费开放真正的古色古香保有原始特色的古镇那就非沙溪古镇莫属了。沙溪算得上千年古镇，也有茶马古道上唯一的一个幸存集市寺登街。沙溪整体上就是一个坝子标准的鱼米之乡和少数民族聚居地的歌舞之乡。

在这里你只需清晨日暮之时，呼吸下新鲜空气散散步走走古巷老街，或者观日出赏日暮，逛集市，骑马观花。或者去古镇中心地带兴教寺，古戏台去烧柱香，看唱戏，品壶茶，喝杯咖啡然后回房间休息。这边的物价也是很诱人的，早餐五元八元正餐十多二十元，客栈旅馆几十元的标间，当然不能错过这里的特产猪油米花糖、地参、松茸、牛乳饼等等。

沙溪古镇地处金沙江、澜沧江、怒江三江并流世界自然遗产区老君山片区的东南端，位于云南省大理白族自治州剑川县，大理风景名胜区与丽江古城之间，是剑川县核心文化遗产。

境内石宝山风景区列为全国重点风景名胜区，2007年沙溪镇被命名为“中国历史文化名镇”。全镇共有全国重点文物保护单位3处，省级文物保护单位1处，州级文物保护单位4处，县级文物保护单位11处，第三次全国文物普查不可移动文物登记点33个。其中，石钟山石窟列为全国第一批重点文物保护单位，兴教寺列为全国第六批重点文物保护单位，茶马古道沙溪段（跨四川、云南、贵州）列为全国第七批重点文物保护单位，经县人民政府批准挂牌保护的第一批历史建筑有25处。目前，全镇共有中国传统村落7个，寺登街区共有名木古树118棵。沙溪古镇面积288km^2，是以白族为主，汉、彝、傈僳等世居民族群共处的多民族聚居镇。全镇人口2.39万人，白族人口占84%。

2001年10月，沙溪镇寺登街被世界纪念性建筑基金会（MMF）选为2002年值得关注的101个世界濒危建筑遗产录，被誉为“茶马道上唯一幸存的古集市”。2012年至2015年沙溪已有7个村列入中国传统村落名录，形成了传统村落群。2015年，被国家发改委列为国家级建制镇示范试点镇；2016年，被列为第三批国家新型城镇化综合试点；2017年，被住建部公布为全国第二批旅游休闲型特色小镇。

十多年来，沙溪古镇从一个无名的贫困传统农业小镇，逐步发展为特色鲜明的旅游小镇。这些转变，以文化遗产保护为基础，突出地方文化特色，以此作为文化旅游的亮点，形成独具特色的乡村旅游产业，实现文化遗产保护与旅游产业和谐发展、可持续发展模式。沙溪的这种做法得到省文物、发改、住建等部门一致认同，被称为“沙溪模式”。主要是坚持以原貌保护为主，这种模式不光保护了文化遗产、民居风貌，而且保护了当地的风土人情，可以看到中国最真实的乡村生活。

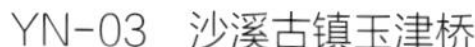
YN-03　沙溪古镇玉津桥

亮点一：开放条件——通过政策引导，社会力量介入保护修缮与开放计划

经过中瑞合作沙溪复兴工程持续了 10 多年，古集镇寺登街区建筑以中瑞合作为平台，按国际修复原则推进，成为世界濒危建筑遗产保护修复的典范。

沙溪古镇保护实施前，古镇内民居和街道残破，基础设施缺乏，环境脏乱无序，集市代表性文物建筑及周边传统建筑年久失修，安全隐患极大。保护实施后，古镇寺登街区文物建筑按国际性修复原则，完成项目计划 100% 的维修率，突出了白族文化传统特色和茶马古道集市的建筑基调。

四方街是沙溪文化遗产的核心区域，集中了反映当年茶马古道风采的魁阁带戏台、兴教寺、老马店、店铺、寨门和街场（集市）等。由于年久失修，荒芜的古建筑面临倒塌的危险，及时有效地保护修复是重现历史风貌的最基本也是最有效的手段。

随着现代生活的发展，传统民居配置功能不完善的矛盾日益凸显，居民纷纷外迁以追求舒适便捷的生活品质。因此，通过配套完善和改造提升现有的基础设施，在不破坏民居群体外在关系的前提下，实现内部生活的现代化，并提供未来发展所必须的公共设施是居住居民的基础。美化、亮化、绿化环境，建设生态停车场、小型污水处理池，极大地改善了古镇的环境风貌。

中瑞合作团队花了多年时间，完成了寺登村广场的修缮工作。修缮建筑的工作人员，想要保护好寺登街区古老集市的历史感，从设计到工艺都跟从前一模一样，这样的做法十分难得，可为中国其他村落的修缮提供一个范例。

YN-04　启文庵修缮前（上图）
YN-05　启文庵修缮后（下图）

YN-06　城隍庙建筑修缮前（左图上）
YN-07　城隍庙建筑修缮后（左图下）
YN-08　城隍庙戏台修缮后（右图上）
YN-09　黄花坪魁阁修缮前（右图下左）
YN-10　黄花坪魁阁修缮后（右图下右）

亮点二：工程技术——详细记录保护修缮全过程，并展示、出版

沙溪古镇修缮工程全过程都进行了详细的记录，并进行展示、报奖等活动，形成了“沙溪修复实录”，通过县校合作建立沙溪网站、央视等主流媒体制作专题片等方式宣传修缮理念。

沙溪镇寺登街被公布为101个世界濒危建筑遗产后，2002年，剑川县人民政府和瑞士联邦理工大学启动了沙溪古镇历史文化遗产保护和利用项目暨沙溪复兴工程。历经十余年，在多方努力下，现存的沙溪古镇濒危的中心部分——寺登街区域已全面修复。此项工程荣获“2006年联合国教科文组织亚太地区文化遗产保护奖杰出贡献奖”、美国著名杂志《旅游休闲》颁发的“全球佳境”大奖，成为世界濒危建筑遗产保护修复的典范。2016年，入选“中国人居环境范例奖”。

寺登戏台是四方街古集市中最有代表性的文物建筑。与兴教寺面对面，既是重要的标志性建筑，又是寺登古村落和沙溪镇的中心。但由于集市迁址，古戏台或被废弃，因流浪者居住，加剧了建筑衰败。因此，寺登古戏台的修复成为沙溪复兴工程的关键项目。

修复工作认真记录了建筑物的各个部分，包括准确测绘和文字记录，必要构件的分类、清理、保存，修缮中对构件进行了补强以保证公共安全。由于沙溪处于地震带，有必要对建筑进行抗震处理，承重木结构通过隐蔽的构件固定于基础中。建筑构件按编号后解体，进行分类清理后原位归安，恢复原来建筑立面，墙体的石灰饰面得到了仔细修复。戏台上的彩绘由于当初使用了低劣颜料现已无法挽救，中国和瑞士的专家只能进行详细研究后，通过应用高质量的彩绘颜料重新绘制以确保其质量。在修缮过程中，中瑞专家不断进行研究引入了国际修复的理念。

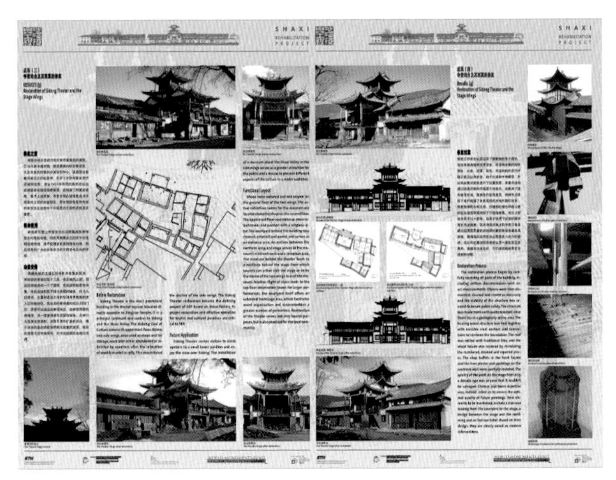

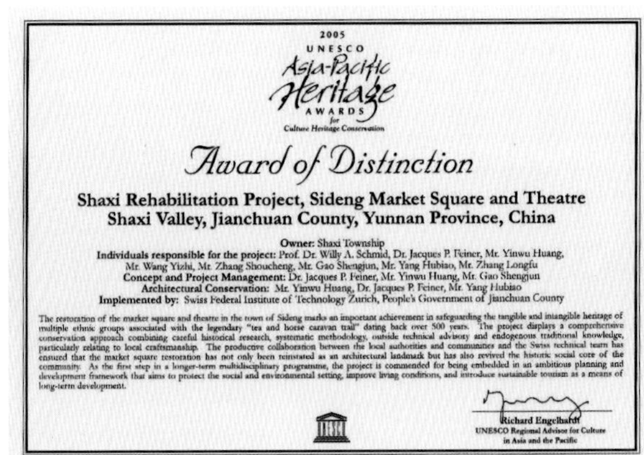

2005
UNESCO
Asia-Pacific Heritage Awards for Culture Heritage Conservation

Award of Distinction

Shaxi Rehabilitation Project, Sideng Market Square and Theatre
Shaxi Valley, Jianchuan County, Yunnan Province, China

Owner: Shaxi Township
Individuals responsible for the project: Prof. Dr. Willy A. Schmid, Dr. Jacques P. Feiner, Mr. Yinwu Huang, Mr. Wang Yizhi, Mr. Zhang Shoucheng, Mr. Gao Shengjun, Mr. Yang Hubiao, Mr. Zhang Longfu
Concept and Project Management: Dr. Jacques P. Feiner, Mr. Yinwu Huang, Mr. Gao Shengjun
Architectural Conservation: Mr. Yinwu Huang, Dr. Jacques P. Feiner, Mr. Yang Hubiao
Implemented by: Swiss Federal Institute of Technology Zurich, People's Government of Jianchuan County

The restoration of the market square and theatre in the town of Sideng marks an important achievement in safeguarding the tangible and intangible heritage of multiple ethnic groups associated with the legendary "tea and horse caravan trail" dating back over 500 years. The project displays a comprehensive conservation approach combining careful historical research, systematic methodology, outside technical advisory and endogenous traditional knowledge, particularly relating to local craftsmanship. The productive collaboration between the local authorities and communities and the Swiss technical team has ensured that the market square restoration has not only been reinstated as an architectural landmark but has also revived the historic social core of the community. As the first step in a longer-term multidisciplinary programme, the project is commended for being embedded in an ambitious planning and development framework that aims to protect the social and environmental setting, improve living conditions, and introduce sustainable tourism as a means of long-term development.

Richard Engelhardt
UNESCO Regional Advisor for Culture in Asia and the Pacific

YN-11　寺登古戏台修缮工程展示（上图）

YN-12　2005年联合国教科文组织亚太地区的遗产保护奖（下图）

亮点三：运营管理——公众参与等多元治理模式

项目在建设资金、施工管理、动迁安置等方面，关照当地居民切身利益，因势利导，根据不同的情况采用多样化的措施，鼓励居民参与规划设计、古宅维修、景区整治等具体工作环节，形成新型“自下而上”的公众参与模式。

YN-13 居民参与沙溪复兴工程居民参与讨论（上图）
YN-14 沙溪古镇复兴工程修缮后街景（下图）

沙溪古镇的保护极其重视当地濒临危险残破老房子（古建筑、古民居等）的合理利用，在建设寺登街基础设施时充分兼顾古建筑古民居将来使用需要解决外部制约因素，做好基础性的强弱电、污水排放流向的预设工作，为还原古建筑古民居历史传统风貌排除隐患。

考虑到古建筑和古民居最有价值的是原有独特的历史风貌和建构特色，在修复保护古民居过程中，确保主体结构安全的前提下，尽最大可能保护和凸显老房子最有价值的元素，将始建时缺失的功能重新植入，达到既保存历史风貌又增强使用功能的目的，从而使老房子在市场经济快速发展的过程中充分发挥其历史文化价值。

结合村民自治，以政府主导，成立了以政府、村委会、社会各界力量参与的寺登街景区管理委员会，按照保护规划对寺登街景区的修复建设、经营活动进行规范管理，增强社会自我约束；推行民居古建筑整治示范样板房工程，对沙溪民居特色客栈进行星级评定授牌，引导居民对民居古建筑进行自觉保护、维修和改造，发挥村民主人翁精神，自愿参与到古民居、古照壁、古门头的保护活动中来。

亮点四：价值阐释——与非遗内容高度契合深入阐释价值

通过建立民间文化传习所，挖掘传统文化；组织开展非遗互动体验，本地非遗传承人、民间艺人自愿担当传习所教员、宣传员，让游客真实体验地方传统文化，感受非遗文化精髓。

沙溪古镇的传统民俗文化气氛浓郁，至今保留有多项民间节庆，农历二月初八“太子会”，农历七月最后三天石宝山歌会节等。当地的白族调、霸王鞭、乡戏都独具特色，石龙、马坪关等村寨至今保存有清代制作的整套“戏装”。其中，石宝山歌会、剑川白曲、剑川木雕列为国家级非物质文化遗产，白族布扎、石龙霸王鞭、白族阿吒力民俗音乐等均列入省级非物质文化遗产名录。通过引导建立民间文化传习所，发动本地居民和外地游客积极参与，组织并开展非遗互动体验，许多本地非遗传承人、民间艺人自愿担当传习所教员、宣传员，通过居民和游客互动，让游客真实体验当地传统文化，传承非遗文化精髓。

采取支部＋协会带农户方式，提供优质的文化表演和体验服务，提升了沙溪古镇的美誉度。为培植地方民族特色品牌，鼓励村民从事与旅游相关的白族刺绣、布扎、木雕等非遗技艺产业，以及沙溪粉皮、地参、麦芽糖等白族非遗食品产业，为景区营造浓郁的白族文化气息，成为了景区的一道靓丽风景，提升了沙溪古镇的吸引力。

YN-15　石龙霸王鞭（右上图）
YN-16　沙溪歌会（右中图）
YN-17　火把节（右下图）

YN-18　兴教寺戏台

沙溪古镇坚持旅游开发与生态环境保护同步实施，将景区景点优化与美丽乡村建设同步规划，把古建筑古民居修缮和农村危房改造同步落实，把景区基础设施建设和人居环境提升行动同步开展，使村环境得到有效整治，破旧的传统村落变成了风景秀美、整洁优美、文明卫生的美丽乡村。

通过政府扶持，沙溪古镇已开设了 187 家特色民居客栈，其中 18 家客栈获评首批云南省星级特色民居客栈。产业扶持直接带动当地群众脱贫致富，充分发挥石宝山 • 沙溪景区的辐射作用，聘用村民从事景区售票员、驾驶员等岗位。

坚持产业融合，把高原特色农产品、木雕石刻、布扎刺绣等非遗文化产品打造成旅游商品。成立特色农产品合作社，指导野生菌、蜂蜜、芸豆等农特产品的包装设计，在景区推广销售，让贫困户成为旅游商品的提供者和受益者。

以意识形态领域的“行业扶贫”，暨群众文明素质提升的宣讲等活动为抓手，围绕“扶贫先扶智”扎实开展“自强、诚信、感恩”主题实践活动，让贫困群众在参与发展乡村旅游中接受新思想、养成好习惯，获得了“从思维方式到行为模式”的全方位革新，实现了物质和精神“双扶贫”，群众文明素养提升的同时促进了旅游产业更好的发展。

在旅游扶贫开发中，结合非遗的传承和传统的民俗文化活动展演，不仅吸引了众多的游客，也改变了村民以往“捧着金饭碗要饭”的窘境，增强了群众对非物质文化遗产、古村落和传统文化的保护和利用意识以及对家乡的自豪感。

YN-19　和顺图书馆主馆入口

和顺图书馆旧址

地　　址：云南省腾冲县和顺乡和顺村

年　　代：民国

初建功能：图书馆

现状功能：图书馆

保护级别：全国重点文物保护单位

YN-20　和顺图书馆主馆

和顺图书馆位于侨乡和顺的双虹桥畔，距离腾冲县城 5km，占地面积为 5577m^2，建筑总面积 4245.71m^2。图书馆有馆藏文献 10 万余册，古籍、珍本 1 万多册，内有胡适、熊庆来、廖承志、李石曾等诸多文化大家的题字，堪称中国最大的乡村图书馆之一，是集旅游、文博、公共文化服务为一体，且全年面向社会开放的综合性、多功能的公共图书馆。

和顺图书馆始建于 1928 年，是中国农村的第一座图书馆，享誉中外。图书馆于 1924 年由和顺旅缅华侨集资创办，建筑群由大门、中门、花园、馆舍主楼、藏书楼、中华再造善本藏书楼、景山园东厢房、文昌宫、土主庙和三元宫等组成，为中西合璧的建筑群。前置花园，美观素雅。牌楼式大门为清光绪年间所建，门额悬和顺清代举人张砺书“和顺图书馆”匾额，蓝底白字，十分醒目。

1938 年建馆十周年之际，和顺图书馆于旧址扩建为一座规模更大的中西合璧式图书馆屋。当时为了筹款建设图书馆新馆，当地华侨在腾冲及缅甸等地募捐、发行彩票筹资，将新馆建成。随后虽然经历了抗日战争等战事，和顺图书馆却奇迹般地保存下来。

1980 年经云南省文化厅批准和顺图书馆正式纳入国家公共图书馆建制；2003 年 9 月，被中国侨联命名为爱国主义教育基地；2004 年 3 月，被云南省委、省政府命名为爱国主义教育基地；2006 年 6 月，被国务院公布为全国重点文物保护单位；2013 年被中国社会科学联合会命名为全国人文社会科学普及基地；2018 年被文化部颁布为一级图书馆。

亮点一：功能适宜——延续原功能实现当代使用

和顺图书馆始终延续图书阅览功能，延续近百年的图书馆被乡亲们亲切地比作“我们的家庭学校”、“边地的灯塔”，哺育了一代代的青少年，是西南边疆农村的一处稀有典范。

和顺图书馆作为全国最大的标志性乡村图书馆，以及由民营转型公立并纳入建制的乡村图书馆，自正式被纳入公共图书馆建制体系后，图书馆的软、硬件设施都得到了加强和发展。其特殊的发展历程值得研究与借鉴。

和顺图书馆的前身是清朝末年的咸新社和1924年成立的阅书报社，社中购置了有关新知识的图书，作为公有图书提供给村民借阅。1925年，在原咸新社的社址上将阅书报社扩建为图书馆，和顺图书馆就此诞生，是20世纪30年代云南腾冲的信息中心。

和顺图书馆现在不仅是为地方民众带来收益的旅游景点，更是展现和顺历史与文化的平台，它极大地扩大了地区文化的影响力，让游客感受到了历史与文化的洗礼，同时也使公众对乡村图书馆有了新的认识。

和顺图书馆对于地方教育事业的支持功不可没。据记载，和顺图书馆的历任馆长都身兼当地中小学校长，二者合为一体，为图书馆开展教育活动提供了便利，也极大地推动了当地教育事业的发展。和顺图书馆是和顺文化传承的通道，是和顺人寻求知识的殿堂，是名副其实的“乡村大学校”，是当地少年儿童获取知识的天堂。正如图书馆馆员尹老师所言：“和顺虽小，却人才辈出，和顺图书馆是根基。”这是和顺教育水平的体现，也是图书馆开展文化教育活动的重要成果。

YN-21　和顺图书馆外借阅览室（上图）

YN-22　和顺图书馆中华再造善本藏书综合楼（下图）

YN-23　和顺讲堂之“滇西抗战与微观战史”专题讲座

YN-26　和顺传统文化—洞经展演活动

YN-24　暑期少儿书法培训班

YN-27　春节免费送春联活动　YN-28　查阅馆藏古籍文献

YN-25　和顺讲堂之“精彩阅读·快乐成长”专题讲座

YN-29　“鲐背书香·经典诵读”庆祝和顺图书馆建馆90周年经典诵读活动

亮点二：社会服务——举办各类活动带动乡村振兴

和顺图书馆是多元资金投入、民众参与管理、面向乡民自己的学习场所。传统借阅功能的同时，积极传播先进文化，普及农业科学知识，并结合侨乡的实际情况，开展了丰富的文化建设活动。

2003年，旅游企业入驻和顺，并提出了“保护风貌，浮现文化，适度配套，和谐发展”的和顺模式。正确处理好文物保护与经济发展之间的关系，对和顺图书馆进行整体推广，借助旅游将和顺向世人展示，和顺成为到腾冲游客的重要旅游目的地，每年到和顺参观的国内外游客达40余万人。

和顺图书馆还通过举办书画展、全民阅读、专家讲座、馆庆和节庆等活动，增加住民及游客的体验感，使和顺图书馆的社会价值得以发挥，同时提升了和顺图书馆的文化知名度和文化内涵。

和顺图书馆已不仅是广大读者以及游客汲取知识、获取信息、增长才智的文化殿堂，也成为和顺在外侨胞和社会知名人士回乡的归属地和心灵的故乡，他们主动出资、出力参与和顺图书馆的建设与发展。

2012年，香港同胞伍体安捐赠5万元用于购置图书，建立伍体安文库。

2016年，新西兰华侨杨晓东先生捐赠价值35万元影印文渊阁版《四库全书》1套，1500册。

2018年，和顺图书馆举行建馆90周年馆庆活动，邀请到海内外侨胞及社会知名人士200余人出席，大家对和顺图书馆近年来的工作给予了极高的评价。

YN-30　和顺图书馆全景图

YN-31　和顺图书馆侧门

游客点评

窝在和顺侨乡里的一个小型图书馆，门面看上去很有历史感，属于最美的乡村图书馆之一，由侨民出资兴办。如今作为旅游景点，这个站在高处的图书馆也拉动了不少人气，每天也有不少当地居民会来看报纸杂志，度过每日的悠闲生活。

图书馆门面虽小，但建筑造型很漂亮。馆藏可能不多，但应该有不少古籍和珍本，颇含历史价值。楼上楼下好几重，用灯笼点缀，古式建筑的气质夺然而出。让人惊讶于在如此边远的小镇，竟有这样一座知识宝藏是多么难能可贵。

亮点三：工程技术——保护修缮与展示利用工程统筹计划完成

在修缮过程中，不仅对潮湿多虫气候带来的建筑病害进行了治理，同时安装了利于珍本保存的温湿控制系统和数字化设施。

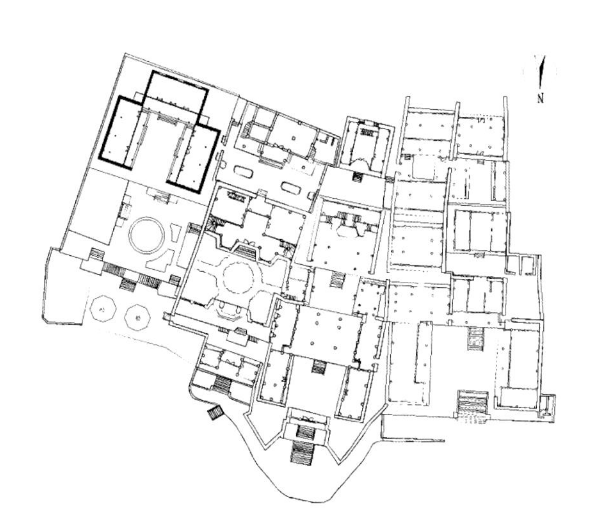

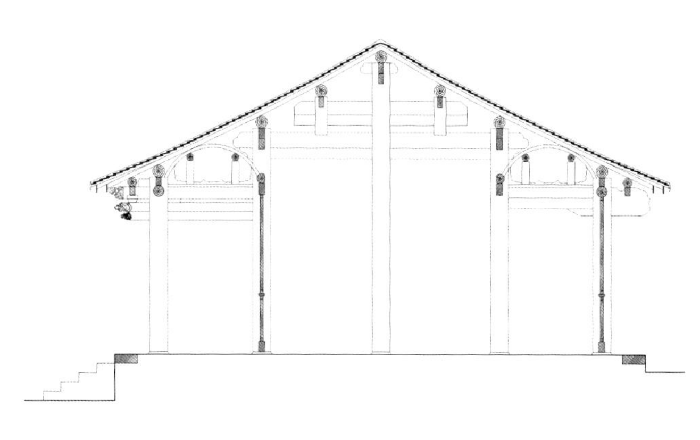

在各级政府的关心支持下。2009年，在图书馆东侧原景山园内建成了一幢建筑面积为670m^{2}的“中华再造善本藏书楼”，入藏了中央领导人刘云山、李长春同志赠送的中华再造善本及中国文库9千余册；2012年，国家文物局拨款对和顺图书馆主馆屋、藏珍楼、文昌宫过厅东耳房、大门及院落等主体建筑进行修缮，并安装了消防预警系统；2014年，安装了特藏文献库的恒温恒湿系统；2015年，启动了和顺图书馆图书数字化建设项目数据库建设，已扫描古籍及民国文献189438页，建成了特色资源数据库，同时对61047册图书进行了数据录入，与云南师大图书馆达成合作协议，实现数字资源共享，并建成微信公众平台、官方微博、网站等。

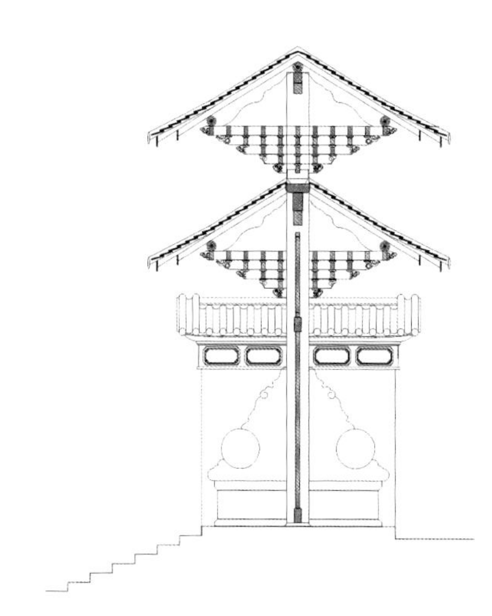

YN-32　和顺图书馆总平面图（左上图）
YN-33　天神殿剖面图（右上图）
YN-34　文昌宫大门剖面图（右下图）

ZJ-01　胡庆余堂俯瞰全景

胡庆余堂

地　　址：浙江省杭州市上城区大井巷 95 号
年　　代：清
初建功能：中医药馆
现状功能：中药铺及中药博物馆
保护级别：全国重点文物保护单位

游客点评

一所再有特色的建筑，只有能像胡庆余堂这样一直为普通民众服务，才是最美的建筑。

柜台里面的药师们紧张地忙碌着，坐在长椅上的客人都在安静地等待着，这些生活气息为这座老宅注入了无限的活力。

老字号国药号，是个具有历史沉淀感的中药博物馆。

胡庆余堂是清同治十三年（1874 年）晚清著名商人胡雪岩创立的药号，位于杭州市吴山脚下的胡庆余堂大井巷店于光绪四年（1878 年）落成、并正式营业，在经历了漫长的历史变迁之后，现在是国内仍在使用中的保存最为完好的晚清庭园式商业建筑。

1884 年胡雪岩宣告破产后，胡庆余堂药号数次易主，中华人民共和国成立后收归国有，改为国有企业。1980 年，胡庆余堂重新恢复了门市部；1988 年，公布为第三批全国重点文物保护单位；1987 年，筹建博物馆，占地 3700m^2，文物建筑面积 4000m^2，成为国内首家、也是截至目前唯一一家国家级中药专业博物馆；1991 年正式对外开放，开放面积 3400m^2。

胡庆余堂初建时为前店后厂布局，如今秉承“原址保护、原状陈列”的原则，保留一进的药铺大厅作为营业厅及展示厅，将二进的制药工场改造为中药博物馆。博物馆以图文、导游讲解、多媒体、互动体验等形式，系统地介绍了我国的中药历史、制药工艺及胡庆余堂的相关历史沿革，同时向游客展示了丰富的制药工具和中药标本等。

ZJ-02　胡庆余堂前店药铺营业厅

亮点一：功能适宜——原功能与新功能混合实现品牌效应

文物建筑功能的合理定位，对于老字号而言至关重要，老建筑承载的历史价值给企业带来了巨大的品牌效应，并在其影响下形成了一脉传承的企业文化。企业也因此更为重视文物建筑的保护和利用，形成了良好的可持续发展模式。

ZJ-03　胡庆余堂留存下来的“戒欺”牌匾（左图）
ZJ-04　胡庆余堂常年免费提供药茶（右图）

胡庆余堂大井巷店的中药铺及中药博物馆的运营均由杭州胡庆余堂集团有限公司下属的子公司杭州胡庆余堂中药博物馆负责。胡庆余堂集团将文物建筑作为老字号的总店和对外展示的窗口。在中国最美的药店中抓药，人们感受到的是更为真实的传统中医药文化，人们参观博物馆后，也会更加相信现在的企业依然秉承了胡庆余堂老字号“戒欺”“真不二价”的训诫。

良好的品牌效应促使企业更加重视对文物建筑的保护和利用，企业每年支出200余万，用于博物馆日常运营、古建筑的维护以及开展活动。在实现经济效益的同时，胡庆余堂集团也更多地肩负起了社会责任。胡庆余堂中药博物馆将体贴的服务和仁心仁术融入到日常的活动中，如每年不定期开展中医义诊活动，常年为过往行人提供免费的时令药茶，使人们对胡庆余堂“济世”“善举”的企业方略和“戒欺”“是乃仁术”和“真不二价”的立店宗旨有更为深刻的体验。

亮点二：功能适宜——延续原功能实现当代使用

胡庆余堂在基本延续了中药店铺原功能的同时，将制药工场活化为中药博物馆，两者均很好地体现遗产价值，实现了空间的复合利用。

拥有 140 余年历史的胡庆余堂，如今已成为保护、继承、发扬、传播祖国五千年中医药文化精粹的重要场所。沿用传统中药店铺“前店后厂”的格局，“前店”部分仍沿用旧有陈设布局，保持经营、售药功能，传统配药区也成为了药店的展示窗口。制药工厂迁走后，后厂部分改为中药博物馆。

营业厅（前店）部分常年对外开放营业，不收取门票，每年来此抓药的人超过 100 万人次。时至今日，去胡庆余堂抓点中药，依然是现代杭州百姓生活中不可或缺的一部分，胡庆余堂俨然成了杭州人心目中的一个文化符号。

原制药工场（后厂）改建的中药博物馆，每年入馆参观者接近 20 万人次，参观者可以从中医药学介绍区游览至胡庆余堂中药文化区，再由工艺表演区进入到中药标本展览区，展示流线清晰、有序，展示内容丰富、多元，对中医药知识进行了全方位解读。中药手工作坊厅中，经验丰富的老药工为参观者演示药材切片等传统制药工艺，参观者也可以在“兴趣室”使用传统工具，体验古代的制药工艺。天井中种植的中药都贴有标签，供游客观赏、学习。

ZJ-05　营业厅处方抓药处

ZJ-06　营业厅缴费取药处

ZJ-07　中药博物馆入口

ZJ-08　中药博物馆陈列展厅

ZJ-09　孩子们在兴趣室体验制药工具

ZJ-10　胡庆余堂老药师展示手工泛丸技能

ZJ-11　天井的中草医植物都贴有标签

亮点三：社会服务——举办各类公益活动宣传地方传统文化

胡庆余堂中药博物馆的教育活动、义诊活动以及节庆活动等面向不同的社会群体，形式丰富多样，又都紧紧围绕中医药传统文化展开。

作为全国中医药文化宣传教育基地，胡庆余堂中药博物馆面向青少年传播传统中医药文化，结合杭州市青少年学生“第二课堂”，面向中小学生举办“中药课堂”，开展“小小药剂师”“庆余小医馆”“端午话中医”等活动，体现出了中药文化的科普性和趣味性。胡庆余堂中药博物馆还是全省中医药院校的合作单位，为院校提供实习基地，培养中药方面的专业人才。

2006年，胡庆余堂中药文化入选国家首批非物质文化遗产名录。胡庆余堂中药博物馆每年都会举办中药文化节，对市民进行中药科普宣传。文化节上有中药传统技能展示、中药文化科普展、药材真伪鉴别、医生义诊、膏方进补中医指导、民间药膳烹饪大赛等活动，还会有DIY包药、认药PK、中药猜谜等趣味游戏。

ZJ-12　中药文化节活动——药材鉴别

ZJ-13　中药文化节活动——中医药讲解

ZJ-14　老药工带孩子体验传统制药技艺

ZJ-15　胡庆余堂开展“第二课堂”活动

ZJ-16　胡庆余堂天井

ZJ-17　五四宪法起草地旧址外景

“五四宪法”起草地旧址

地　　址：浙江省杭州市西湖区北山街 84 号大院 30 号楼

年　　代：民国

初建功能：住宅

现状功能：历史资料陈列馆

保护级别：浙江省文物保护单位

“五四宪法”起草地旧址是毛泽东主席率领宪法起草小组在杭州起草新中国第一部宪法时的办公地。1953年12月28日至1954年3月14日，毛泽东主席率领宪法起草小组在西子湖畔历时77天，起草了中华人民共和国第一部宪法草案初稿，为1954年宪法的正式诞生奠定了重要基础。

旧址建筑原为国民党将领汤恩伯旧居，建于民国时期，修缮前为省委机关宿舍。建筑由前院、主楼、平房组成，总建筑面积756m²。主楼与平房坐落于高台之上，砖木结构。主楼高二层，带阁楼，两幢建筑均为坡顶，覆深灰色洋瓦。平房部分为毛主席工作场所，进行了复原陈列；主楼部分则作为主题陈列，分6个单元讲述“五四宪法”从起草、讨论、通过到实施的全过程以及宪法发展历程和相关知识。

2015年12月，陈列馆被列入G20杭州峰会项目并正式启动。修缮完成后，“五四宪法”起草地旧址作为“五四宪法”历史资料陈列馆北山街馆区，于2016年12月4日第三个国家宪法日建成开放。截至2019年4月，累计观众量已经超过50万。此外每年还开展宪法宣誓活动、“法治大讲堂”讲座等各类主题活动几百场。

ZJ-18 “五四宪法”起草地旧址修缮前后对比照（上图均为修缮前，下图均为修缮后）

亮点一：开放条件——政府与社会力量共同推动保护修缮与开放计划

政府出资修缮，将原本并不对外的机关宿舍开放给公众，专家学者对修缮和展陈严格把关，加上良好的工程质量，实现了“五四宪法”起草地旧址从危房到陈列馆的华丽转身。

开放之前，北山街84号院省委机关宿舍对于公众而言，是相对陌生和遥远的，将这里面的文物建筑修缮并开放给公众，可以说是浙江省和杭州市政府“还湖于民”政策的延伸。

在党中央、全国人大常委会的关心支持下，浙江省和杭州市专门设立“五四宪法”历史资料陈列馆筹建工作班子和办公室，牵头组织相关工作。经过省内外展陈专家20多次研讨、反复论证后，融合了学界权威研究成果，最终制定了科学详细的修缮和展陈方案。

在修缮前，“五四宪法”起草地旧址所在的30号楼已是局部危房，项目严格按照30号楼原有的门窗、墙体、地面、屋顶来进行修缮和展陈布局，为各个房间量身定制展览内容，实现了展陈与建筑、软件与硬件的统筹兼顾、相得益彰。修缮和展陈工程本着尊重历史人文的原则进行留取和植入，使原场景与新功能互补达到整体提升。

ZJ-19 “五四宪法”起草地旧址俯瞰

亮点二：价值阐释——深入的价值发掘支撑展示与阐释

深入挖掘史料，丰富展陈内容，准确、全面、生动地讲好宪法故事。

为尽可能还原历史建筑原貌和历史场景，丰富展陈内容，准确、全面、生动地讲好宪法故事，策展团队翻阅大量文献资料档案，深入挖掘与“五四宪法”相关的史料，在中央、省、市档案馆和各部门的大力支持下，挖掘整理了一大批五四宪法起草过程中鲜为人知的珍贵文物和史料。

复原陈列区域，毛主席使用过的会议室、会客厅、主席办公室、休息室、卫生间等房间的室内陈设都是按照当年的旧貌复原，这里摆放的办公桌、会议桌、陈列柜、床、衣柜、斗柜等家具更是当年毛主席使用过的原物，全部由省档案馆提供。摆放物件也注重了细节，追求精致，几乎每件物品背后都有一个故

ZJ-20　复原陈列　办公室（左图）
ZJ-21　复原陈列　会议室（右图）

事。比如，会议桌上摆放的铅笔是德国生产的施德楼牌 6B 铅笔，这种铅笔是当年缴获的战利品，毛主席就喜欢用这种铅笔，因为它适合写大字。会议桌上摆放的茶杯名为“政权杯”，是中华人民共和国成立初期景德镇的工艺大师为新政权的诞生而创作的。桌子上摆放的书籍也是当时毛主席起草宪法时阅读研究的参考资料；甚至卫生间内放置牙粉而不是牙膏，也体现了毛主席节俭的习惯。

主题陈列区域，分为“制定‘五四宪法’的历史背景”“毛泽东主持‘西湖稿’起草”“全国人民参与大讨论”“‘人民的宪法’获全票通过”“‘五四宪法’精神的传承和弘扬”“全面实施宪法”6 个单元。在这里，系统性地抢救和收集了“五四宪法”史料和相关实物，并对史料进行了有效保护和合理利用，让当年制定和实施宪法的光荣历史从档案中走出来、活起来。这样的呈现离不开深入的价值研究和精心的展陈布置。

ZJ-22　主题陈列　第一单元　制定五四宪法的历史背景（左图）
ZJ-23　主题陈列　第二单元　毛泽东主持“西湖稿”起草（右图）

ZJ-24　改为手工艺活态展示馆的通益公纱厂厂房入口

通益公纱厂旧址

地　　址：杭州市拱墅区桥弄街 36 号

年　　代：清

初建功能：生产车间

现状功能：手工艺活态展示馆

保护级别：全国重点文物保护单位

ZJ-25　手工艺活态展示馆内部场景

通益公纱厂是杭州最早的民族工业之一，位于大运河杭州段拱宸桥西侧的历史文化街区，始建于清光绪二十二年（1896年），翌年竣工，1956年改名为杭州第一棉纺厂，是20世纪初浙江省规模最大、设备最先进、最具社会影响的民族资本开办的近代棉纺织工厂之一，是杭州近代民族轻纺工业创建、发展史的历史坐标，更是杭州棉纺业发展史“活”的实物见证。其留存的厂房建筑是杭州清末、民国时期工业建筑的实物例证，此类近代工业遗产建筑在杭州保留不多，具有较高的价值。作为大运河杭州段的重要遗产点，对大运河申报世界遗产起到了积极的作用，被列为全国重点文物保护单位。

通益公纱厂旧址现有1、2、3号3幢旧厂房保留较好。2009年随着京杭大运河综合保护工程的推进，其中的2号和3号厂房作为手工艺活态展示馆于2011年对外开放，成为浙江省首家集互动教学、“非遗”、手工体验，民间技艺表演为一体的全新概念的“非遗”展示馆，是对周边静态博物馆的活态补充。旁边的1号厂房出租给设计企业作办公使用。

亮点一：业态选择——业态选择能够增强地方文化氛围

在空置的工业厂房内引入地方非遗技艺的展示，并将制作出来的产品和工艺体验活动作为业态进行经营，可以实现社会效益和经济效益的双赢。业态引入的过程中，始终保持将展示和传承手工艺生产置于主体地位，保证该文物建筑场所的公益性大于经济性。

UNESCO

Organisation des Nations Unies pour l'éducation, la science et la culture

CERTIFICAT D'APPRÉCIATION

Musée d'exposition vivante d'artisanat

L'UNESCO exprime sa reconnaissance au Musée d'exposition vivante d'artisanat pour sa contribution au rayonnement international de la culture chinoise et pour son rôle dans la construction de la ceinture culturelle du Grand Canal de Chine.

Le Grand Canal Pékin-Hangzhou débute au nord par Pékin et se termine au sud à Hangzhou, avec une longueur totale de 1794 km. Classé au Patrimoine mondial de l'UNESCO, il est un grand ouvrage hydraulique créé par la Chine ancienne. Il est le canal artificiel le plus long, le plus ancien et le plus grand du monde.

Pour promouvoir la culture du Grand Canal, vieille de plus de 2500 ans, en 2010, le Groupe du Grand Canal de Zhangzhou a créé le Musée d'exposition vivante d'artisanat en utilisant les vestiges industriels du Grand Canal. Avec une superficie totale de 3000 mètres carrés, le Musée conserve le style architectural original des années de la République de Chine, pour exposer plus de 20 éléments d'artisanat traditionnel chinois, expression du patrimoine culturel immatériel, tels que le tissage de bambou, la broderie etc.

Le Musée d'exposition vivante d'artisanat est une des dix sites patrimoniaux de « capitale des artisanats et des arts populaires ». Il vise à promouvoir et développer la culture artisanale traditionnelle chinoise et développer l'artisanat, pour offrir aux citoyens et visiteurs une plate-forme de visite, d'expérience et d'apprentissage, afin de protéger véritablement la culture traditionnelle du Grand Canal.

Francesco BANDARIN

Sous-Directeur général pour la culture de l'UNESCO

Date : Le 28 janvier 2018

Signature :

ZJ-26　联合国教科文组织颁发的荣誉证书

获联合国教科文组织授予“工艺与民间艺术之都传承基地”称号

手工艺活态馆被授予“工艺与民间艺术之都”十大传承基地之一，2018年7月20日，联合国教科文组织总干事特别顾问弗朗西斯科·班德林先生为手工艺活态馆颁发荣誉证书，并赞赏手工艺活态展示馆对中国文化的国际影响力及其为中国大运河文化带建设所做的贡献。

弗朗西斯科·班德林先生表示：京杭大运河是中国古代劳动人民勤劳和智慧的结晶，手工艺活态展示馆在弘扬中国手工传统文化，传承、发展中国传统手工技艺，保护、利用中华工艺文明和运河文化上做出了突出贡献。

手工艺活态展示馆由杭州金河旅行社有限公司负责运营，公司联系了国家、省、市级工艺美术大师、“非遗”传承人免费进驻馆内，将“非遗”技艺展示、游客体验、售卖结合在一起，囊括了制伞、竹编、刺绣、黄杨木雕、植物蓝染、张小泉剪刀制作、浙窑制作等20余项富有浙江地方特色的传统工艺、非物质文化遗产工艺。游客体验和产品售卖盈利的三成由运营公司获得，用于日常建筑保养、运营开销、活动经费等。

活态馆以弘扬中国手工传统文化、传承和发展手工技艺为宗旨，为游客提供了参观、体验、学习的平台，真正将中华工艺文明和运河文化保护好、利用好、传承好。该业态的引入，实现了空置厂房的再利用，对地方传统文化的传承、弘扬起到了极大的推动作用。2018年被联合国教科文组织授予“工艺与民间艺术之都”十大传承基地之一。

亮点二：社会服务——举办各类活动带动社区活力

手工艺活态展示馆内常年提供体验活动，由“非遗”传承人进行技艺展示和体验指导，大大丰富了市民的业余活动和传统文化的熏陶，增强了社区活力。

ZJ-27　植物蓝染产品展示

ZJ-28　植物蓝染技艺体验

展示馆内多种多样的“非遗”体验活动，大大丰富了杭州市民的业余生活，也为社区提供了很好的文化传统教育场所。前来参观体验的预约团队和市民散客非常多，每到周末更是人满为患，每个体验区都座无虚席。

这里没有“请勿触摸”的牌子，到处都是“欢迎动手”的体验活动，只要少许花费，人们就可以绘制独一无二的油纸伞，下雨时在小巷撑起；可以在传统的王星记纸扇上写下情诗，送给心仪之人；还可以打造一把专属的张小泉剪刀，孝敬长辈；或是和孩子一起做一块独特的蓝染手帕，等等。更为难得的是，这些“非遗”技艺的体验活动，都有专业的传承人作为老师，在一旁指导。

ZJ-29　竹编产品展示

ZJ-30　竹编技艺体验

ZJ-31　心兰书社外部全景

心兰书社

地　　址：温州市瑞安县玉海街道大沙堤 150 号

年　　代：清

初建功能：藏书楼

现状功能：社区图书馆

保护级别：浙江省文物保护单位

心兰书社原为清同治年间创立的公共藏书楼，创办于清同治十一年（1872年），洋房式建筑，为中国最早的公共图书馆雏形。

当时的瑞安社会名流许启畴，连同陈虬、陈国桢等进步开明人士26人，筹资创办了心兰书社，系瑞邑最早的公共藏书之所。心兰书社当时的管理模式已接近现代图书馆：先贤们集资买书，又购买田地，用田地收入维持书社运营，有完整的资金链；书社还推出了“信用借阅”的新理念，免费向瑞安以及周边人士开放，是我国最早的公共图书馆之一。

2011年4月，心兰书社开始修缮，直至2014年9月完成全部工程及内部展陈装修，正式对外免费开放。

2016年，心兰书社的所有权由瑞安市旧城办转到瑞安市文化广电新闻出版局，心兰书社真正“复活”了。靠街边的明亮的大房间，开辟出一个图书阅览和借阅的公共区域，心兰书社以瑞安市图书馆分馆的形式，每天向市民开放。

ZJ-32　心兰书社修缮前后对比照（左侧为修缮前，右侧为修缮后）

亮点一：功能适宜——延续原功能实现当代使用

心兰书社自清代初建就具备了公共图书馆的功能，同时也是当地学子吟诗作对、讨论学问的集会场所，这些功能都在今天得到了很好地延续。

ZJ-33 心兰书社借阅室

ZJ-34 心兰书社中间大厅

心兰书社最初是清代社会名流集资兴办的藏书楼，之后曾长期作为瑞安县食品厂的原料仓库使用，目前已恢复其原有的藏书、读书和借书功能，现于西厢房重新恢复其图书馆的功能，既是对历史致敬，也是对文化的尊重。图书馆现有藏书5000多册，市民可随意取阅。

中间大厅除了展陈布置外，摆放了多组桌椅，可供举办活动使用。书社东面的厢房被辟为会议室，也摆放中式桌椅，成为了国学课堂活动处。这些功能均契合了心兰书社初建时的书生集会、论学等功能。

为了进一步复原当年心兰书社的藏书场景和氛围，还布置了古籍展示室。

亮点二：社会服务——利用中为社会提供公益活动场所

心兰书社先后成为瑞安的城市书房和文化驿站，为城市的文化活动提供了场所，彰显了文物建筑的公共文化服务功能和社会教育作用。

ZJ-35　心兰文化驿站举办的古韵琴音读书沙龙活动

2017年，随着瑞安市城市书房文化项目的启动，心兰书社成为瑞安市首批开放的社区城市书房之一。2018年，温州市又推出了文化驿站项目，心兰书社又成为社区的文化驿站。如果说城市书房是阅读、学习的静态文化空间，那文化驿站就是分享、互动、交流的动态文化空间。

清代心兰书社的创办，使普通读书人也获得了良好的学习条件，不仅为地方提供了书籍和阅读场所，也为当时瑞安的文化人士提供了吟诗作赋、议论学问的雅集之地。今天的心兰书社作为文化驿站，延续着为民间文化协会、艺术爱好者提供场所，不定期举办主题读书沙龙，开展一系列阅读朗诵活动，营造全民爱读书的良好氛围。还为附近的玉海实验中学、玉海第二小学、实验小学等学校学生提供了学习、社会实践的场所。

亮点三：社会服务——举办各类活动带动社区活力

心兰书社作为社区图书馆开放的同时，辅以展览和心兰国学堂公益课程，丰富的文化活动大大增强了社区的活力。

玉海街道、市政协心馨俱乐部等贯彻文化传承发展联合开设了心兰国学堂公益课程。旨在大力弘扬中华优秀传统文化，通过朗诵和学习经典，让广大群众亲近传统经典、熟悉经典，营造全民学习传统文化的良好氛围，学习内容主要有诵读《论语》《诗经》古诗词等经典古文，以及学习香道茶道等传统技艺。心兰书社还邀请瑞安的知名人士走进书社，以讲座或对话、演出等多种形式，与市民进行文化探讨和思想交流。

ZJ-36　心兰文化驿站举办的香道分享会

ZJ-37　松阳县三都乡酉田村全貌

松阳古村落

地　　址：浙江省丽水市松阳县

年　　代：清至民国

初建功能：民宅

现状功能：民宅、民宿、展览等

保护级别：浙江省文物保护单位、
丽水市文物保护单位、
松阳县文物保护单位、
普查登记不可移动文物

松阳县委书记王峻

传统村落内成片的老屋，不仅构筑了地方独特的乡村历史景观，是历代村民生产生活的根基，也是千百年来农耕文化赖以传承和寄托的载体。

ZJ-38　松阳县赤寿乡界首村（上图）
ZJ-39　松阳县三都乡杨家堂村（下图）

松阳县地处中国东部浙江省西南山区，建县已有1800多年历史，是华东地区最具代表性的历史文化村落聚集地之一。这里隐藏着100多处格局完整的传统村落，其中许多被评为了中国传统村落。这些村庄历史悠久、建筑类型多样，还遍布着各级文物保护单位，是人们了解松阳历史、地方传统文化及民俗风情的宝贵遗产。

早在2006年，时任浙江省委书记的习近平第七次到丽水调研时，就曾说过：古老就是财富，一定要好好保护传统建筑，体现特色，发挥资源优势，发展旅游业带动村民致富。从2013年开始，丽水市和松阳县出台了一系列保护古村落的措施，打造松阳古村落品牌，直到2016年中国文物保护基金会“拯救老屋行动”项目等，松阳县走出了一条“活态保护、有机发展”的古村落保护之路。

亮点一：开放条件——政府与社会力量共同推动保护修缮与开放计划

松阳县可以在几年时间内完成大量的古建筑修缮保护及利用，离不开政府的正确导向，和国家文物局、浙江省文物局的支持，以及中国文物保护基金会的资金资助，此外还有专家、学者、技术单位等多方力量的加入，特别是村民自主意识的充分激发等，最终形成了多方合力。

ZJ-40　松阳县拯救老屋行动项目技术培训

ZJ-41　施工时采用传统的墙体夯筑技艺

自2013年起，松阳县先后出台了《关于加强历史文化村落保护利用打造“松阳古村落”品牌的实施意见》《关于开展传统民居改造利用工作的实施意见》等系列政策文件，并每年整合专项资金，用于规划编制、修缮维护、环境整治、基础设施改善等项目。目的是实现全县的历史文化村落都可以得到基本的修复和保护，并打造出“松阳古村落”的品牌，达到传承历史文化与发展经济“双赢”的目标。

2016年，在国家文物局的支持下，中国文物保护基金会在松阳发起“拯救老屋行动”项目，提出两年内投入4000万元，对老屋进行修缮、保护和活化利用。“拯救”的对象，是松阳县中国传统村落内县级文物保护单位、文物保护点和三普登记文物中的非国有不可移动文物建筑。基金会资助修缮总额的50%（对低保户、五保户可将资助比例提高至70%），其余由户主自筹。“拯救老屋行动”不仅是在拯救传统建筑，更是在拯救文化自觉、乡村文明；不仅是一次推进文物保护的公益实践，更是一项传承优秀传统文化、推动经济社会协调发展的重要民生工程，同时也有效地将古村落保护引向文化传承的活化利用方向。

浙江省古建筑设计研究院作为松阳县“拯救老屋行动”项目的主要技术支撑单位之一，从2014年开始，为酉田村等浙江省历史文化村落保护利用示范项目编制了一整套系统的保护方案，从规划方案到保护实施过程进行全流程把控，建立了良好的工作模式和协作机制，为后续保护工作的快速开展提供了策略样板。

此外，村民积极参与，通过“拯救老屋行动”的传统工匠培训项目，使本土工匠队伍得到进一步壮大，传统手工建造技艺得到了有效传承。

亮点二：业态选择——业态选择能够符合建筑空间使用要求

依托古村落的原有功能，通过特色民宿、生态农业、艺术助推等恰当的业态选择，增加了村庄的经济活力，实现了活态保护。

ZJ-42　松阳县传统节庆活动

ZJ-43　松阳县南直街的汀屋

松阳县副县长谢雅贞

某种角度来说，修复的除了老屋，还有因老屋而联结在一起的人心。

古村落的活态保护，归根到底是要留住“人”、留住原住民，让村民的生活有奔头。松阳县县委书记王峻指出：“老村要想留存就得为其注入新的经济活力和业态，没有利用的保护终会进入死胡同。”

近年来，松阳县在文物修复保护的同时，还特别倡导发展乡村旅游、民宿经济、农业观光、休闲运动等新型乡村业态，实现了传统村落的自我更新与良性发展。发展出了“古村落＋生态精品农业”“古村落＋文化创意”“古村落＋艺术”“古村落＋特色民宿”等新业态，促进一二三产融合发展，让原住民在乡村中可以生活地更加富足，获得幸福感。

新辟为淘宝松阳馆线下体验馆的南直街汀屋，成为展示松阳历史文化、土特名产的窗口，同时还兼具书吧、茶室等休闲功能，为松阳年轻人喜闻乐见。

沿坑岭头村成了画家村，西坑、界首等村的民宿也给古村落的保护发展注入了新的生机和活力。

界首村 162 号民居通过众筹的方式融资，改为卓庐若家精品民宿使用，开业后广受游客好评，为传统村落中低级别文物建筑的保护利用工作探索了一条新路。

ZJ-44　松阳县界首村“卓庐若家”精品民宿

ZJ-45　周氏民宅改为科同村文化礼堂后全貌

海宁周氏民宅

地　　址：浙江省嘉兴市海宁市许村镇科同村

年　　代：民国

初建功能：民宅（后做厂房）

现状功能：村文化礼堂

保护级别：海宁市文物保护单位

海宁周氏民宅位于海宁市科同村科同桥东侧，临河坐东朝西，青瓦白墙，雕栏画栋，透露着江南民宅独有的特点。这座建筑为1921年当地富商周肖寅所建，初建历时三年，耗资三万余银元，为二进砖木结构，前为三间平厅，后为三间走马楼，前后天井，外有围墙。1951年，周氏民宅被政府收做粮站用，三间平厅在当时被乡政府拆除，“文革”期间部分房屋又遭到损毁。现存一进两层，前后为天井和厢房，外有围墙，占地面积约$500m^2$，建筑面积$575.7m^2$。房屋内保存有较好的木雕构件、“文革”标语等。现为海宁市文物保护单位。

2016年6月，老宅的修缮工作正式启动，并于当年9月底基本完成。考虑到保护文物和文化礼堂功能需要，在文物本体之外修建了仿古建筑作为功能配套用房。2017年初，尘封已久的周氏民宅以文化礼堂的身份展现在了科同人眼前。

ZJ-46　修缮前后对比照（上图为修缮前，下图为修缮后）

亮点一：开放条件——政府与社会力量共同推动保护修缮与开放计划

周氏民宅保护利用走过了“拆—保—修—用”四个阶段，整个过程对乡村集体产权的文物建筑开放利用有推广意义。修缮过程政府提供政策资金支持，村级主导实施维修保护过程，文物部门进行技术指导和现场监管；修缮后作为村文化礼堂使用，由村级自行管理使用，并承担后期维护，形成了自己保护、自己利用、自己管理、自己受益的全新模式。

ZJ-47　前南厢房维修前后对比照（上图为修缮前，下图为修缮后）

2016年前，周氏民宅破损严重，房屋漏雨、墙体开裂、梁架倾斜、木构霉烂腐朽，几成危房，在拆除周边损毁建筑时，甚至想过一并拆除。但随后，政府各部门统一思想，要保护好文物建筑，村民也希望能把科同村为数不多的老房子保留下来。200余万的修缮和利用总款项，各级政府出资2/3，剩余1/3为村里的企业家、村民捐款。大家纷纷表示，建文化礼堂是造福村民的好事，很高兴能出力。修缮过程也激发了人们对文物保护的意识，村民真正把周氏民宅当成宝，主动捐献了原先老宅内的家具、器物，以及和村史相关的文物。艺术家也无偿创作，配合展示。随后村里又制定了理事会制度，还设有村民专职管理员。附近城市或村镇自发组织来此参观的队伍络绎不绝，还送来了医疗、文化等方面的特色服务。

周氏民宅从破旧危房摇身一变，成为了海宁最有特色的村文化礼堂，探索出了多方协力共同一条保护遗产、记住乡愁、顺势利用、传承文化的古建筑保护利用之路。

ZJ-48　科同村文化礼堂举办家风家训活动（左图上）
ZJ-49　科同村文化礼堂举办迎新春活动（左图下）
ZJ-50　科同村文化礼堂举办“七岁儿童启蒙礼”活动（右图上）
ZJ-51　科同村文化礼堂举办包粽子比赛（右图下）

亮点二：社会服务——举办各类活动带动乡村振兴

周氏民宅作为科同村文化礼堂开放后，村民自主在这里举办了迎新、元宵、端午、重阳、启蒙礼、成人礼等各类主题活动，还开展科同讲堂，日常还有各类文体活动。文化礼堂给科同村带来的不仅仅是活动场所，更是村民文化素养的提升和自我认同感。

ZJ-52 科同村文化礼堂举办“文化和自然遗产日”活动

周氏民宅在小厂房腾退后空置了一段时间，修缮前基本无社会效益，当地村民也不甚关心。但修缮之后，古老的建筑加上优美的环境、传统的氛围，很快就受到了村民的喜爱。大家在这里写迎新春联、包元宵汤圆、裹端午粽子、拍重阳全家福、做传统云切糕，老人在这里讲家风、传家训，接受居家养老的医疗检查服务，童子在这里受启蒙礼，少年在这里行成人礼，妇女在这里比赛插花。村民对此交口称赞，他们对周氏民宅有归属感，有认同感，有人还特意跑到报社要求宣传点赞。平时这里活动着排舞队、腰鼓队、舞蹈队、少儿书画队、少儿朗诵队、乒乓球队等文体队伍，在这里有书画创作室、报刊阅览室、棋牌活动室、乒乓桌球室等。

人们发自内心的认同这里，给村委为老百姓做的这件实事点赞。周氏民宅修缮保护后的社会效益，带动了周边区域的品质提升，目前村委正在实施沿河建筑的立面改造提升，使得科同小集镇的历史面貌更加协调。

文献导读

《发展的历史城市：理解和采取行动的关键
历史城市保护与管理案例研究汇编》
Developing Historic Cities Keys For Understanding And Taking Action.
A compilation of case studies on the conservation and management of historic cities
《城市历史景观（HUL）方法实施指南》
The HUL Guidebook
《遗产地的新用途（指南）》
New Uses for Heritage Places
《遗产类建筑活化再用和改动及加建工程实用手册》
Practice Guidebook for Adaptive Re-use of and Alteration and
Addition Works to Heritage Buildings
《英国遗产》
English heritage
《时光中的建筑》
Architetture nel tempo

《发展的历史城市：理解和采取行动的关键历史城市保护与管理案例研究汇编》

Developing Historic Cities Keys For Understanding And Taking Action. A compilation of case studies on the conservation and management of historic cities

世界遗产城市组织、法国里昂市
世界遗产中心、法国联合国教科文组织、欧洲委员会、盖地保护研究所、国际古迹遗址理事会
2014 年

法国一直在遗产政策、技术和财政资助方面走在世界前列，也是联合国教科文组织的主要合作伙伴。法国教科文合作组织制定出了具体的遗产保护与管理实施方案，强有力的实施路径能够较好的满足遗产所在地的需求，特别是项目过程中表现出来的建设能力值得广泛交流和学习。

DEVELOPING HISTORIC CITIES

KEYS FOR UNDERSTANDING AND TAKING ACTION

A compilation of case studies on the conservation and management of historic cities

ANALYSIS SECTION
BOOK OF CASE STUDIES

Organization of World Heritage Cities	City of Lyon
World Heritage Centre	France-UNESCO Convention
Council of Europe	The Getty Conservation Institute	ICOMOS

顺序	城市	地区	语言
1	贝宁阿波美(Abomey, Benin)	非洲（AFRICA）	法语（French）
2	马里廷巴克图(Timbuktu,Mali)		
3	塞内加尔圣路易斯（Saintlouis du Senegal)		
4	坦桑尼亚桑给巴尔（Zanzibar, Tanzania)		
5	厄瓜多尔昆卡（Cuenca, Ecuador)	拉丁美洲及加勒比地区（Latin America & The Caribbean)	西班牙语(Spanish)
6	厄瓜多尔基多(Quito, Ecuador)		
7	厄瓜多尔基多(Quito, Ecuador)		
8	危地马拉安提瓜（La Antigua, Guatemala)		
9	墨西哥普埃布拉(Puebla, Mexico)		
10	秘鲁利马（Lima, Peru)		
11	中国北京（Beijing，China)	亚太地区（Asia And The acific)	英语（English)
12	越南顺化（Hue, Viet Nam)		法语（French)
13	德国雷根斯堡(Regensburg, Germany)	北欧（Northern Europe)	英语（English)
14	德国雷根斯堡(Regensburg, Germany)		
15	比利时布鲁塞尔（Brussles, Belgium)		法语（French)
16	比利时根布卢(Gembloux, Belgium)		
17	比利时托尔奈(Tournai, Belgium)		
18	芬兰赫尔辛基(Helsinkl, Finland)		英语（English)
19	荷兰贝斯特(Beemster, Netherlands)		
20	瑞士查克斯-德福兹（LA Chaux-De-Fonds, Switzerland)		法语（French)
21	西班牙科尔多巴（Cordoba, Spain)	南欧（Southern Europe)	西班牙语(Spanish)
22	西班牙萨拉曼卡(Salamanca, Spain)		
23	西班牙萨拉曼卡(Salamanca, Spain)		
24	法国阿尔比(Albi, France)		法语(French)
25	法国阿尔比(Albi, France)		
26	法国波多市(Bordeaux, France)		
27	法国乐府(Leharve, France)		
28	法国里昂（Lyon, France)		
29	法国斯特拉斯堡（Strasbourg, France)		
30	希腊罗德岛（Rhodes, Greece)		英语(English)
31	希腊罗德岛（Rhodes, Greece)		
32	希腊，塞萨洛尼基（Thessaloniki, Greece)		
33	意大利纳普拉斯（Naples, Italy)		
34	马耳他瓦莱塔（Valetta, Malta)		
35	葡萄牙波尔图（Porto, Portugal)		
36	阿尔巴尼亚贝尔特（Berat, Albania)	东欧（Eastern Europe)	英语(English)
37	爱沙尼亚塔林（Tallinn, Estonia)		
38	立陶宛维尔纽斯（Vilnius, Lithuania)		
39	立陶宛维尔纽斯（Vilnius, Lithuania)		
40	加拿大魁北克（Quebec, Canada)	北美（North America)	法语(French)

目录及主要内容

法国教科文组织合作组织、欧洲和国际事务司、法国文化和通信部文化遗产总局联合发布了的《发展的历史城市：理解和采取行动的关键——历史城市保护与管理案例研究汇编》一书，该成果有法文、英文和西班牙文三种语言版本。这份案例研究汇编的目的是用案例比较的方法研究说明了城市发展中如何对待遗产保护。

该书分为三大部分，包括解析部分、附录和案例部分。案例部分，对全球世界遗产城市中 34 个城市的 40 个案例进行了全面研究、解读，每个案例以图文并茂的形式表达便于使用。40 个案例当中包括非洲 4 个、拉美及加勒比地区 6 个、亚太地区 2 个（中国北京、越南顺化）、北欧案例 8 个、南欧案例 15 个、东欧案例 4 个、北美案例 1 个。

目 录

TABLE OF CONTENTS

北京案例中以世界文化遗产颐和园为例，详细梳理了 2005 年对颐和园佛香阁、排云殿和长廊的修缮过程，该案例为城市大事件—北京奥运会影响下带来的保护工程。分析包括项目风险评估、项目过程、利益相关者、相关规章制度和资金来源，最后对项目进行整体评价。

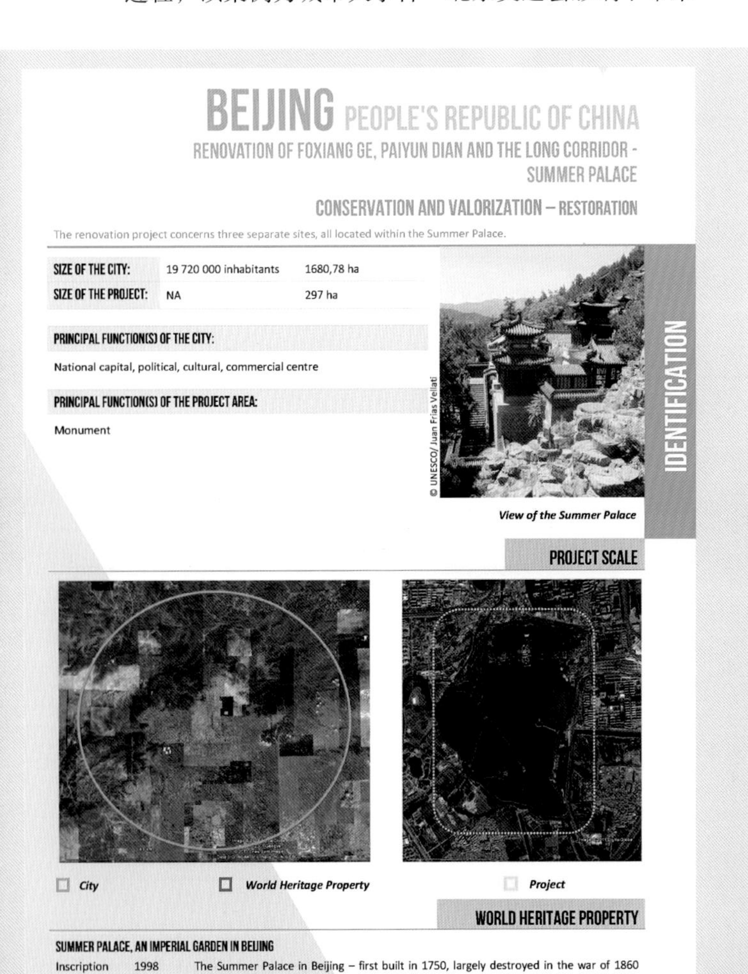

BEIJING PEOPLE'S REPUBLIC OF CHINA

RENOVATION OF FOXIANG GE, PAIYUN DIAN AND THE LONG CORRIDOR - SUMMER PALACE

CONSERVATION AND VALORIZATION – RESTORATION

The renovation project concerns three separate sites, all located within the Summer Palace.

IDENTIFICATION

SIZE OF THE CITY:	19 720 000 inhabitants	1680,78 ha
SIZE OF THE PROJECT:	NA	297 ha

PRINCIPAL FUNCTION(S) OF THE CITY:

National capital, political, cultural, commercial centre

PRINCIPAL FUNCTION(S) OF THE PROJECT AREA:

Monument

© UNESCO/ Juan Frias Veliati

View of the Summer Palace

PROJECT SCALE

City | World Heritage Property | Project

WORLD HERITAGE PROPERTY

SUMMER PALACE, AN IMPERIAL GARDEN IN BEIJING

Inscription	1998	The Summer Palace in Beijing – first built in 1750, largely destroyed in the war of 1860 and restored on its original foundations in 1886 – is a masterpiece of Chinese landscape graden design. The natural landscape oh hills and open water is combined with artificial features such as pavillions, halls, palaces, temples and bridges to form a harmonious ensemble of outstanding aesthetic value.
Criteria	(i) (ii) (iii)	
Area		

Historic Cities in Development: Keys for Understanding and Acting
BOOK OF CASE STUDIES | Synthetic Data Sheet | n°11| Beijing – People's Republic of China | 2012 | Page 1 of 4

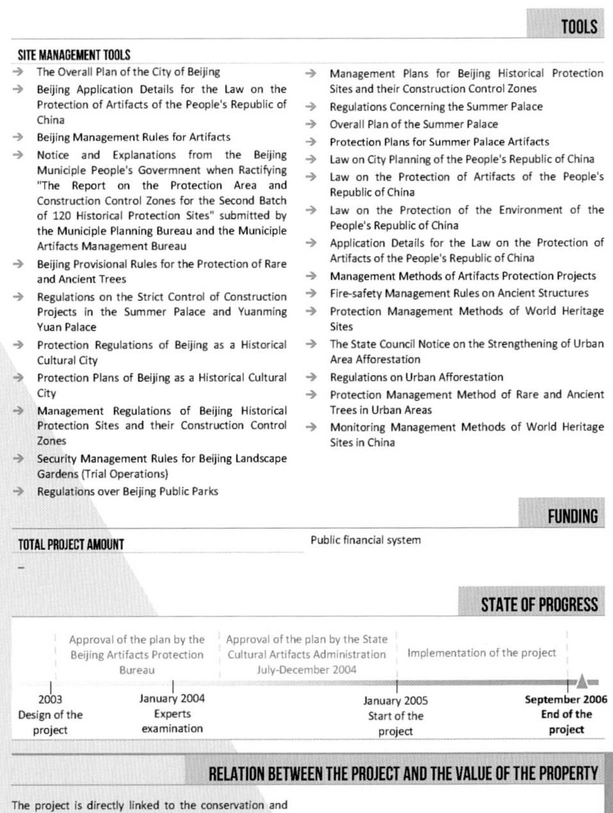

TOOLS

SITE MANAGEMENT TOOLS

- The Overall Plan of the City of Beijing
- Beijing Application Details for the Law on the Protection of Artifacts of the People's Republic of China
- Beijing Management Rules for Artifacts
- Notice and Explanations from the Beijing Municiple People's Govermnent when Ractifying "The Report on the Protection Area and Construction Control Zones for the Second Batch of 120 Historical Protection Sites" submitted by the Municiple Planning Bureau and the Municiple Artifacts Management Bureau
- Beijing Provisional Rules for the Protection of Rare and Ancient Trees
- Regulations on the Strict Control of Construction Projects in the Summer Palace and Yuanming Yuan Palace
- Protection Regulations of Beijing as a Historical Cultural City
- Protection Plans of Beijing as a Historical Cultural City
- Management Regulations of Beijing Historical Protection Sites and their Construction Control Zones
- Security Management Rules for Beijing Landscape Gardens (Trial Operations)
- Regulations over Beijing Public Parks
- Management Plans for Beijing Historical Protection Sites and their Construction Control Zones
- Regulations Concerning the Summer Palace
- Overall Plan of the Summer Palace
- Protection Plans for Summer Palace Artifacts
- Law on City Planning of the People's Republic of China
- Law on the Protection of Artifacts of the People's Republic of China
- Law on the Protection of the Environment of the People's Republic of China
- Application Details for the Law on the Protection of Artifacts of the People's Republic of China
- Management Methods of Artifacts Protection Projects
- Fire-safety Management Rules on Ancient Structures
- Protection Management Methods of World Heritage Sites
- The State Council Notice on the Strengthening of Urban Area Afforestation
- Regulations on Urban Afforestation
- Protection Management Method of Rare and Ancient Trees in Urban Areas
- Monitoring Management Methods of World Heritage Sites in China

FUNDING

TOTAL PROJECT AMOUNT	Public financial system
-	

STATE OF PROGRESS

Approval of the plan by the Beijing Artifacts Protection Bureau
Approval of the plan by the State Cultural Artifacts Administration July-December 2004
Implementation of the project

2003 Design of the project
January 2004 Experts examination
January 2005 Start of the project
September 2006 End of the project

RELATION BETWEEN THE PROJECT AND THE VALUE OF THE PROPERTY

PROJECT/VALUE

The project is directly linked to the conservation and safeguarding of the values of the property, an important site located outside the city of Beijing.

Historic Cities in Development: Keys for Understanding and Acting
BOOK OF CASE STUDIES | Synthetic Data Sheet | n°11| Beijing – People's Republic of China | 2012 | Page 3 of 4

案例研究最后，研究组还提出了两点疑问：一是除了世界范围内的大事件影响之外，是否有足够的资金和修复活动？二是遗产的保护是不是只与视觉因素有关系？

PROJECT MECHANISMS

STAKES

DIAGNOSIS/ STATUS: A World Heritage property in need of conservation and restoration. Anticipation of the flow of Chinese and foreign tourists expected in the World Heritage site during the Beijing Olympic Games 2008. The Summer Palace is a flagship of Chinese heritage.

PROBLEMS/ ISSUES: How to preserve and restore the Summer Palace in Beijing and offer visitors a high-end destination and a well-restored historic monument and site?

OBJECTIVES:
- Conservation of heritage and monuments of the Summer Palace
- Improving the environment and the site
- Enhance the tourist's experience of the site
- Use an international event as an opportunity to restore a major monument and site

PARTNERS / PROCESS

THE INITIATIVE: Public local level | Public regional level | Public national level | International institution

THE PROJECT DRIVERS: Beijing Summer Palace Management Office — Director of the Summer Palace — Dedicated structure

THE PROJECT IMPLEMENTATION: Beijing Summer Palace Management Office — Beijing Bureau of Artifacts Protection – Municipality of Beijing

Chooses → Specialized restoration companies

Coordinates/ Implements → ACTION PROGRAM: *RENOVATION OF THE SUMMER PALACE*

Specialized restoration companies — Implement → *Protective renovation of the Property: use original materials and techniques to restore the original status*

Creation of a historical and cultural place of leisure for the public

STAKEHOLDERS / ACTORS: *Public local* | *Public regional* | *Public national* | *Public international* | *Private* | *Mixed* | *Institutions / NGOs* | *Civil Society*

LEARNING WITH BEIJING

RESULTS/ IMPACTS

The project was carried out to better protect the property, and to welcome visitors from home and abroad during the 2008 Beijing Olympic Games.

The renovation project of Foxiang Ge, Paiyun Dian and the Long Corridor was designed in October, 2003 and submitted to Beijing Artifacts Protection Bureau for Approval.

In January 2004, experts were invited to examine the plan.

Between July and December 2004, the State Cultural Artifacts Administration approved these plans.

The project started in January 2005 and was completed in September, 2006.

© UNESCO/ Juan Frias Vellati

The Summer Palace after its renovation

QUESTIONS

This project is really a historical site and monument conservation project and not so much an "urban" project.

The site is a historical monument and is used as a recreational area for city dwellers and national and local visitors. It addresses the issue of the conservation and management of a large site. Respecting the values of the site and not transforming it into an amusement park.

The Summer Palace and gardens are outside the city centre and not prone to urban pressure and development. It however requires important resources to fully maintain and restore the site.

The project also addresses the issue of managing visitor increase and tourism management plans and management of a worldwide famous cultural property, which is one of the flagship sites of the country.

The Beijing Olympics in 2008, where bound to bring in international attention to Beijing and an increase in visitors.

Therefore it was important that major cultural sites be in top condition at the occasion of the Olympic Games. This international event was thus an opportunity to restore the site.

The issue is sustainability. Are there enough funds and restoration campaigns outside of worldwide events? Is maintenance of heritage only linked to visible events?

CONTACTS

MAYOR	Jinlong Guo	RESPONSIBLE OFFICER	Kong Fanzhi
Mandate	2008 -	address	NO.36 Fuxue Hutong
		telephone	+ 86 010 64 03 20 23
		e-mail	das@bjww.gov.cn
		website	www.beijing.gov.cn

《历史性城镇景观（HUL）方法实施指南》

THE HUL GUIDEBOOK

联合国教科文组织亚太地区世界遗产培训与研究中心
澳大利亚巴拉瑞特市（Cityof Ballarat）
2016 年

《历史性城镇景观（HUL）方法实施指南》是联合国教科文组织亚太地区世界遗产培训与研究中心和澳大利亚巴拉瑞特市（Cityof Ballarat）合作完成并在2016 年历史城镇联盟第 15 届世界会议（the League of Historical Cities 15th World Conference）上发布的文件。

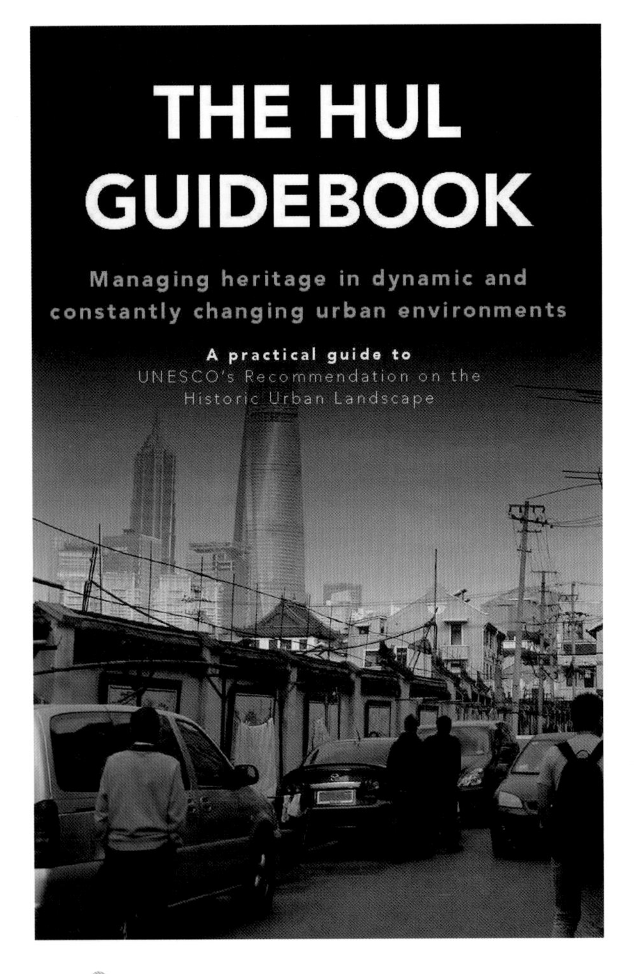

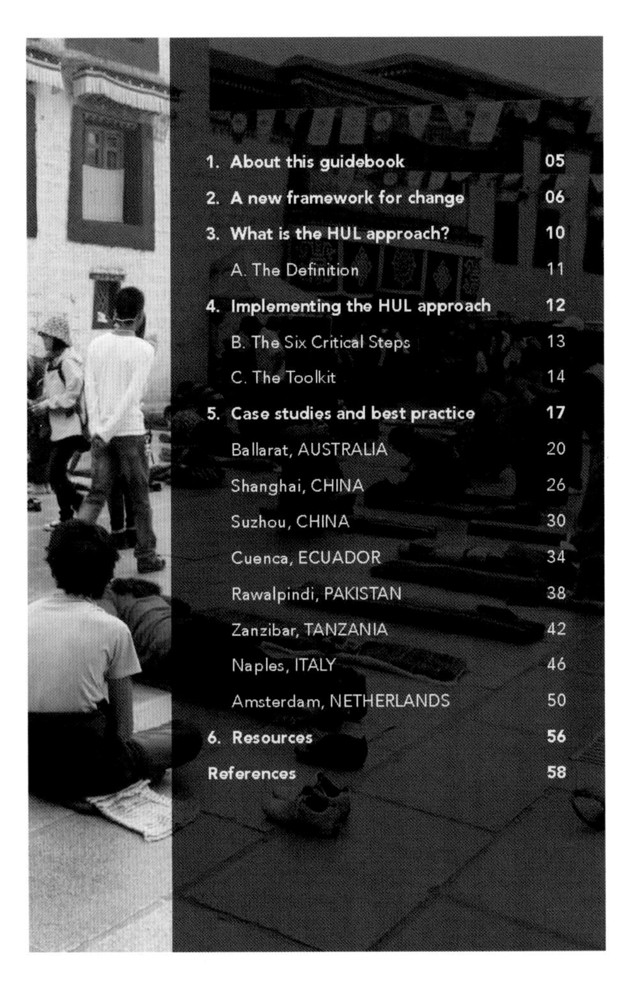

指南首先说明了历史性城镇景观方法（HUL）产生的背景，系统阐述历史性城镇景观方法（HUL）的六个关键步骤，明确了社区参与、知识和规划工具、监管制度和金融工具四方面的工具包。同时，指南中还介绍了7个采用的HUL方法的实践案例，包括巴拉瑞特（澳大利亚）、上海（中国）、苏州（中国）、昆卡（厄瓜多尔）、拉瓦尔品第（巴基斯坦）、桑给巴尔（坦桑尼亚）、那不勒斯（意大利）和阿姆斯特丹（荷兰）等城市。

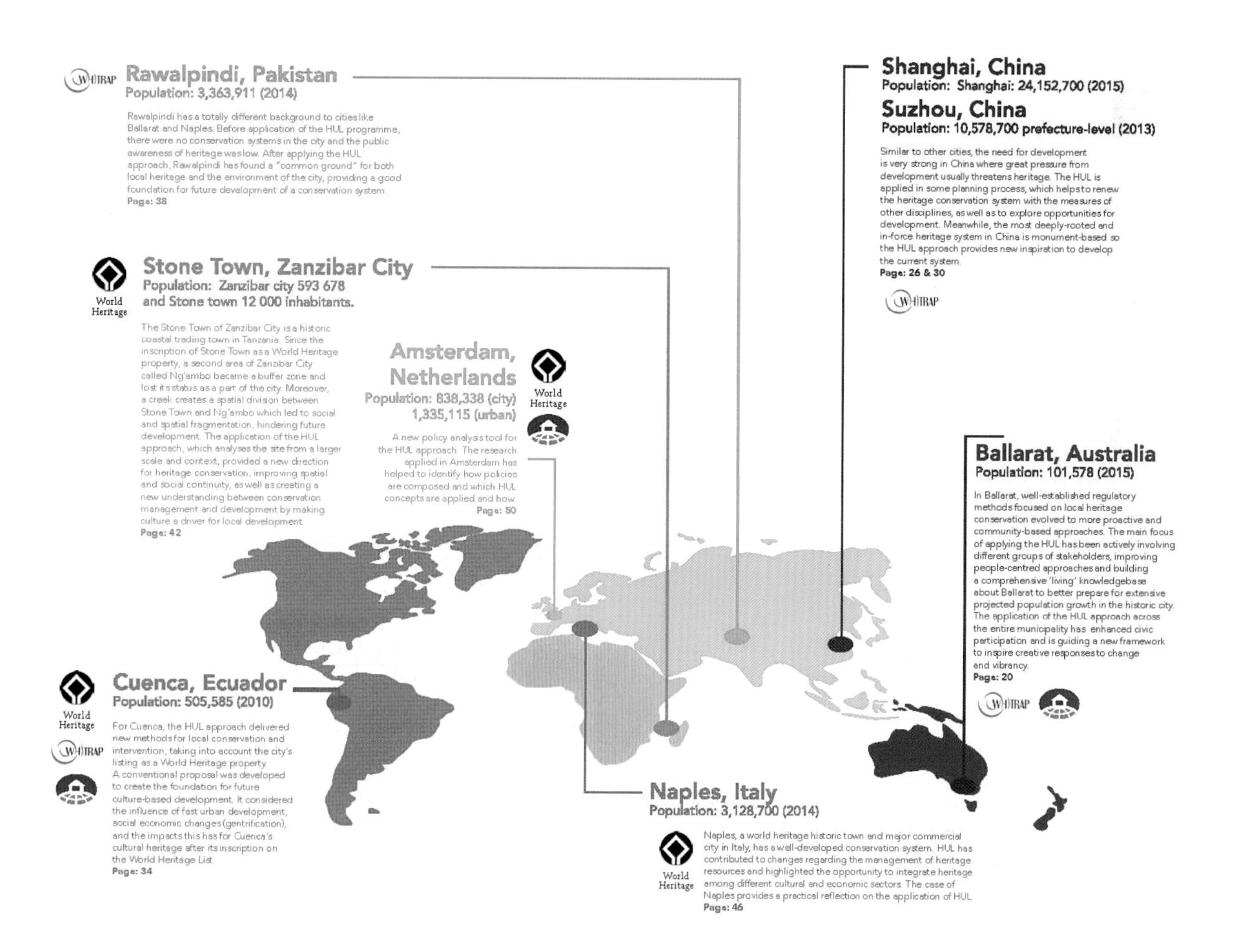

中国上海市以虹口区为例，案例中提出的最重要方法是公众参与，整个过程中开放的讨论、多部门的意见参与到地方规划和政策制定中。地方政府组织当地研究机构和社会组织参与到本地发展中。许多建设项目也有社会和市场力量的参与，包括工业遗产和历史建筑的保护更新项目。考虑到经济发展的需要，引

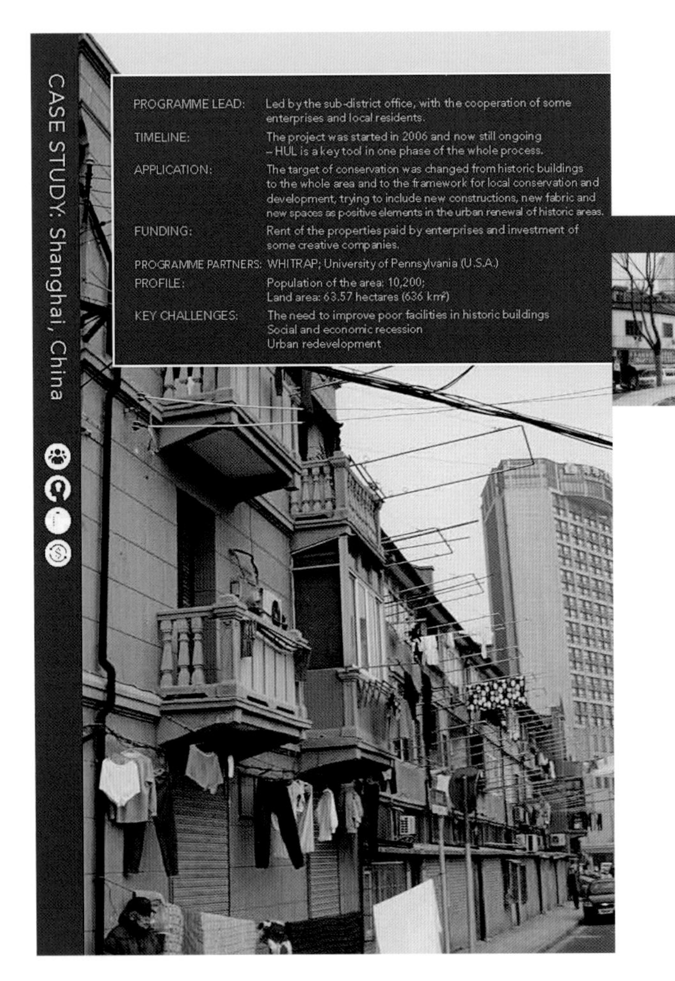

CASE STUDY: Shanghai, China

PROGRAMME LEAD:	Led by the sub-district office, with the cooperation of some enterprises and local residents.
TIMELINE:	The project was started in 2006 and now still ongoing – HUL is a key tool in one phase of the whole process.
APPLICATION:	The target of conservation was changed from historic buildings to the whole area and to the framework for local conservation and development, trying to include new constructions, new fabric and new spaces as positive elements in the urban renewal of historic areas.
FUNDING:	Rent of the properties paid by enterprises and investment of some creative companies.
PROGRAMME PARTNERS:	WHITRAP; University of Pennsylvania (U.S.A.)
PROFILE:	Population of the area: 10,200; Land area: 63.57 hectares (636 km²)
KEY CHALLENGES:	The need to improve poor facilities in historic buildings Social and economic recession Urban redevelopment

Shanghai

CHINA

Hongkou River Area, Shanghai - China

Prof. Dr. ZHOU Jian, WHITRAP Shanghai, China

1. Layers of the site

Hongkou River is located in the central part of Hongkou District in downtown Shanghai. The layers in the historic urban landscape of this area expresses the long history of development and transition from the Qing Dynasty, passing through the Foreign Concessions period, up to contemporary times.

According to archaeological discovery, the first settlement in Shanghai emerged in approximately 4000 BC. With years of development and recession, Shanghai became an important port city in Qing Dynasty (1616-1912). Before the opening of Shanghai (1848), which was the result of the defeat in the First Opium War (1840-1842), there had already been a prosperous market with several small fishing villages in the area, the buildings of which are now still standing alongside Hongkou historic streets.

During the U.S. Concession period (1848-1863), there were many new road construction projects in the area, which developed with the growth of the shipping industry. Later, in the public concession period, the area was well developed in terms of society, economy and culture. For example, with the construction of the road network, the commercial, business and public facilities boomed, and included wharfs, warehouses, and manufacturers. The contemporary urban fabric was mainly formed in that period. The urban development of the area also led to the increase in the number of immigrants, which led to the emergence of diverse cultural activities such as local operas and films.

When the area was occupied by Japanese troops (1932-1945), numerous factories, shops, and residential buildings were destroyed and the whole area entered a period of decline. During the period from 1945 to 1949 and after the end of World War II, urban construction was scarce but the local population was dramatically increasing due to the huge number of refugees moving into the area. Shortly after, certain small and medium scale businesses resumed operations. Many local traditional houses and public buildings built after 1949 have been kept in use until the present day.

The HUL Guidebook | 27

入创意产业保护工业遗产和提升公共空间质量，从而防止工业遗产和仓库的衰落，也是地方复兴重要的组成部分。

CASE STUDY: Shanghai, China

4. Perspectives and results

The effect of HUL is well presented in this case. It took more than 10 years to manage the change of the historic environment of the Hongkou River area and in this process, the target of conservation was changed from historic buildings to the whole area and to the framework for local conservation and development, trying to include new constructions, new fabric and new spaces as positive elements in the urban renewal of historic areas.

As a good practice in urban heritage conservation and revitalization, the local plan of the Hongkou River area is now still being edited and improved. In 2016, the local traditional residential houses and industrial constructions, which cover 11 neighbourhoods in total, were included into the Conservation List of Shanghai Historic Neighbourhoods.

After the 1990s, when the local industries started to transform, many factories in the Hongkou area as well as at Hongkou Wharf were idle. In the urban renewal progress, some shanties and factories were transformed into new residential buildings. Meanwhile, the water system and the urban fabric were preserved so in this area there still maintains historic architecture, public facilities and old urban spaces. The built environment of the site presents the long history of human settlement, city development and cultural exchange.

2. Background

In the past few years, the redevelopment of Hongkou District has put severe pressure on the remaining buildings and environment in three primary regards:

1) The need to improve the poor facilities in historic buildings, such as shared kitchens and bathrooms, the lack of modern appliances, and damages in building structures.

2) Social and economic recession, which causes factories to vacate and businesses to stagnate, and the increase of low-income populations.

3) Urban redevelopment, defined by projects which damaged or even demolished the historic buildings, like road-widening and real estate development.
Moreover, the local need of development is now increasing, which contributes to the great change in the physical and social environment of the area, such as road repaving, river maintenance, facilities enhancement in residential buildings, reuse of factories as places for creative industries, etc.

3. Management of change

In order to have a deep consideration on the balance between development and conservation, the HUL approach - which sees and interprets the site as a continuum in time and space to achieve maintenance of continuity, enhance life quality and living condition, and create a virtuous in urban conservation - is introduced into the management on Hongkou River area. To achieve these three aims, the main tool used in the process is public participation, which is involved in local plan preparation, open discussions, and relevant adjustments in local plans and policies. The local government also organised a consultation on the local development with the participation of research institutes and social associations. Moreover, many local construction projects involved both social and market forces, in which the local industrial heritage and historic buildings were renewed.

Regarding the need to encourage economic development, introducing creative industries was an important part in the local policies for revitalization, which aims to conserve the industrial heritage and improve the quality of surrounding space by reusing the idle factories and warehouses. Meanwhile in the redeveloping progress, new social groups have been attracted for the opportunities which led to the change in the social structure of the area.

28 | The HUL Guidebook

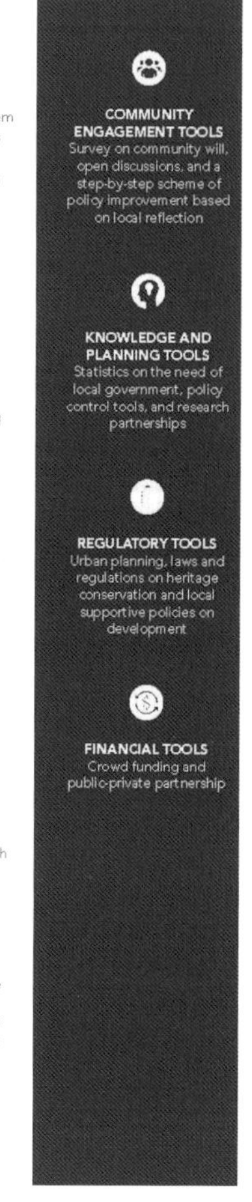
COMMUNITY ENGAGEMENT TOOLS
Survey on community will, open discussions, and a step-by-step scheme of policy improvement based on local reflection

KNOWLEDGE AND PLANNING TOOLS
Statistics on the need of local government, policy control tools, and research partnerships

REGULATORY TOOLS
Urban planning, laws and regulations on heritage conservation and local supportive policies on development

FINANCIAL TOOLS
Crowd funding and public-private partnership

《遗产地的新用途（指南）》

New Uses for Heritage Places

新南威尔士州遗产办公室
新南威尔士州规划部
澳大利亚皇家建筑师学会新南威尔士州分会
2008

新南威尔士州遗产办公室组织编写了《遗产地的新用途（指南）》。指南首先对基本术语、相关法规进行介绍，解释了项目再利用相关政策；阐述了历史建筑和场地的新功能的适应性原则和评估信息；最后搜集了10个不同类型的范例以供参照，并提供了相关机构信息。

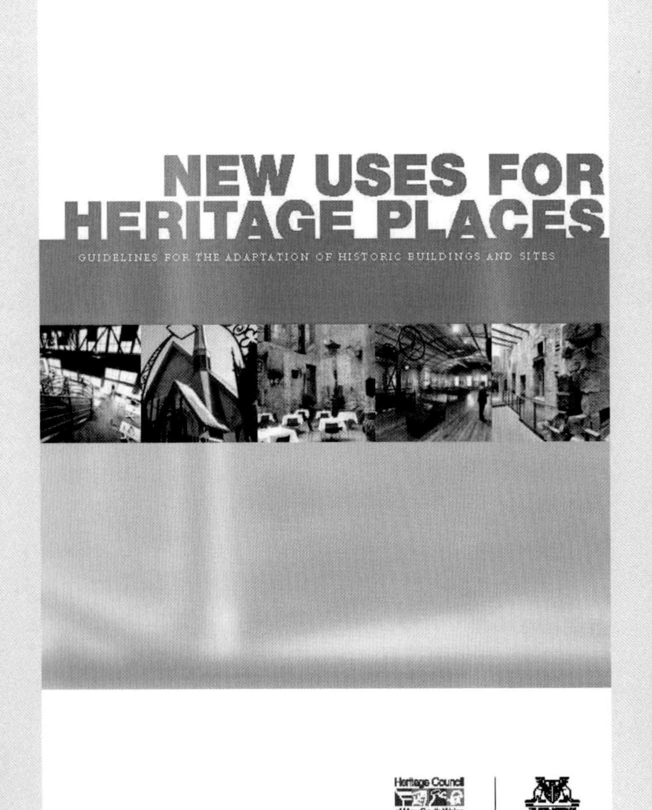

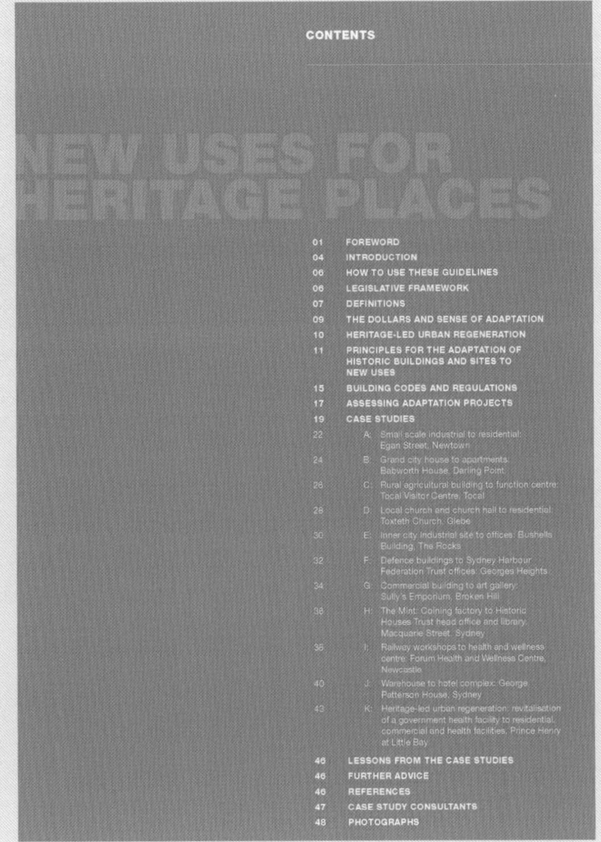

CONTENTS

NEW USES FOR
HERITAGE PLACES

指南列举了遗产评估的相关文件，同时梳理了遗产评估的详细清单，搜集并整理了小型工业建筑利用为住宅小区、豪华住宅改造为公寓、乡村建筑利用为公共中心、地方教堂利用为住宅、工业遗产利用为办公建筑、防御建筑利用为办公建筑、商业建筑利用为艺术画廊、铸币厂历史建筑利用为信托总部及图书馆、铁路工场利用为健康与养生中心、仓库建筑利用为宾馆等 10 个范例。

6

HOW TO USE THESE GUIDELINES

THE GUIDELINES PROVIDE INFORMATION ABOUT THE LEGISLATIVE CONTEXT FOR THE ADAPTATION OF HERITAGE BUILDINGS, EXPLAIN THE POLICIES THAT GUIDE ADAPTATION PROJECTS AND PROVIDE INFORMATION ABOUT HOW STATUTORY AUTHORITIES ASSESS SUCH APPLICATIONS. A CHECKLIST FOR APPLICANTS AND ASSESSORS IS PROVIDED.

Case studies provide examples of adaptation projects across New South Wales, which reflect the types of use listed below.

Case Study A:
Small scale industrial to residential:
Egan Street, Newtown

Case Study B:
Grand city house to apartments:
Babworth House, Darling Point

Case Study C:
Rural agricultural building to function centre: Tocal Visitor Centre, Tocal

Case Study D:
Local church and church hall to residential: Toxteth Church, Glebe

Case Study E:
Inner city industrial site to offices:
the Bushells Building, The Rocks

Case Study F:
Defence buildings to Sydney Harbour Federation Trust offices: Georges Heights

Case Study G:
Commercial building to art gallery:
Sully's Emporium, Broken Hill

Case Study H:
The Mint: Coining Factory to Historic Houses Trust head office and library, Macquarie Street, Sydney

Case Study I:
Railway workshops to health and wellness centre: The Forum Health and Wellness Centre, Newcastle

Case Study J:
Warehouse to hotel complex:
George Patterson House, Sydney

Case Study K:
Heritage-led urban regeneration: revitalisation of a government health facility to residential, commercial and health facilities, Prince Henry at Little Bay

The case studies illustrate how the guidelines work in practice. Each case study demonstrates a respect for the building traditions of the past, as well as the successful integration of modern technology and design. They celebrate the richness and diversity of good architectural solutions — conserving and adapting existing buildings to sustainable new uses.

LEGISLATIVE FRAMEWORK

The Heritage Council of NSW has endorsed the policies in these guidelines as best practice for the conservation and adaptation of heritage items of either local or State significance. It will use these guidelines when assessing development applications for adaptation projects. Local councils should use the guidelines for the same purpose.

Applicants should seek the advice of their local council's heritage advisor or planning staff at an early stage of their project. The advice of the Heritage Office, NSW Department of Planning, should be sought at the earliest opportunity for proposals which affect heritage items or precincts of State significance.

Part A: Documents to be included 第一部分：相关文件	Applicant's confirmation 申请人确认	Assessor's comments 评估人员意见
Date of submission 提交日期		
Conservation Management Plan (CMP) or Conservation Management Strategy (CMS) 保护管理规划或保护管理策略 A CMS may be sufficient where no major intervention is proposed or as an interim planning document while a CMP is prepared. 在没有进行重大干预的情况下，或在准备保护管理规划时作为临时性文件，保护管理策略也具有一定的效力。		
Statement of Heritage Impact (SOHI) 遗产影响评估报告 Include a Statement of Significance of the heritage item, precinct or conservation area affected by the new development. 包括一份新开发项目对遗产本身、遗产保护区重要性的影响评估。 Address the Adaptation principles described in the Guidelines in graphic and written point form (see Part B of this checklist). 以图形和文字要点记录指南中描述的改造原则（见本清单的第二部分表格）。		
Drawings 图纸 Show clearly existing fabric, extent of demolition and/or alterations and additions, including the information below: 清晰表达现有的结构、拆除、改建和增加的范围，包括如下信息：		
Site Plan showing setting, view lines and cones, adjacent properties (buildings, trees and structures, such as fences). 总平面图反映位置、视线和视角，周边要素属性（建筑物、树木和构筑物，如栅栏） 1:200 scale minimum 最小比例1：200		
Landscape plan 景观设计 1:100 scale 比例尺1：100		
Floor plans 楼层平面图 1:100 scale比例尺1：100		
Sections and details 剖面及详图 1:100 scale minimum 最小比例尺1：100		
Elevations 立面图 1:100 scale minimum 最小比例尺1：100		
External materials and colours 外部材料及色彩 Provide a schedule and sample board, where required. 根据需要提供时期和材料样板。		
Working model 工作模型 1:200 scale minimum 最小比例尺1：200		

历史建筑和场地的适应性改造有多种途径的解决方案，指南提出了遗产地认知的重要性、新功能的合理性、改造力度的恰当性、保护措施的可逆性、视廊保护的重要性、遗产管理的持续性和价值阐释的必要性等七个评估原则，评估章节则重点对这七个原则进行了详细阐述和评估要素的制定。

Part B: Checklist for inclusion in Heritage Impact Statement: response to adaptation principles 第二部分：遗产影响评估报告的清单：基于改造原则	Applicant's confirmation 申请人确认	Assessor's comments 评估人员意见
1. Does the project demonstrate that the significance of the place has been understood? 是否能够证明此遗产项目的重要性已经被理解? • Is there a CMP or CMS that provides policies for change? • 是否有涉及改变内容的保护管理规划或保护管理策略? • Is the proposal consistent with the CMP/CMS policies? • 该建议方案是否符合保护管理规划或保护管理策略?		
2. Is the use appropriate to the identified significance? 使用用途是否符合认定的遗产价值? • Where use is significant, is it retained? • 哪里能够体现遗产价值？是否得以保留? • Is the new use compatible with significance – explain how? • 新用途是否符合遗产价值并予解释说明? • Are practices or associations that contribute to the site's significance continued? • 有助于遗产价值保护的实践或组织是否能够得以延续? • Is public access retained where this has been available? • 已经对公众开放的地方是否继续开放? • Does the project involve minimal change to significant fabric? • 该项目是否涉及到重要结构的细微变化?		
3. Is the level of change appropriate to the significance of the place? 改造力度是否与遗产价值相适应? • Is significant fabric appropriately conserved or adapted? • 重要结构是否得到恰当的保护或适应? • Are any new elements sited appropriately? • 新要素的引入和安排是否得当? • Are significant interiors conserved? • 重要的室内装饰是否得以保留? • Are significant associations and meanings conserved? • 重要的关联和意义是否得以保留? • Do the proposed works affect the structural or technical performance of the buildings? • 拟建工程是否影响建筑物的结构或技术性能? • If the works have a major impact on the significance of the place, describe the alternative solutions examined. • 如该工程对遗产价值有重大影响，请提供备选解决方案。		
4. Does the project allow for the place to be returned at a later time to its former uses or for significant fabric to be conserved? 该项目是否具有可逆性？重要的结构是否得以保留? • Are additions sited so that if they are removed at a later date, the essential form would be restored? • 如加建部分未来被移除，原建筑的基本形式是否能够得以复原? • Are non-reversible changes proposed to significant fabric — if so, is there no other feasible alternative? • 方案中是否存在对重要结构的不可逆改造？——如有，是否没有其他可行的替代方案? • Is adequate recording proposed? • 是否提出了充分的记录?		
5. Does the proposal conserve the setting and preserve significant views? 方案是否保护了遗址环境及重要视廊?		
6. Does the proposal provide for the long-term management and viability of the heritage place? 方案是否为遗产地的长效管理和持续生命力做出了准备? • Are conservation works to the place part of the project? How are they secured as part of the project? • 遗产场所的保护工程是否属于该项目的一部分？作为项目的一部分，它们是如何得到保障的? • Does the project involve fragmenting the site through subdivision? If so, what mechanisms are proposed that secure overarching management to conserve related aspects of the site? • 项目是否涉及对遗址的分割？如果涉及，建议采取什么机制来确保遗址相关的全面保护管理?		
7. How does the proposal reveal and interpret the significance of the place in an integrated and meaningful way? 方案是如何以完整并有效的对遗址的价值进行阐释的?		

《遗产类建筑活化再用和改动及加建工程实用手册》

Practice Guidebook for Adaptive Re-use of and Alteration and Addition Works to Heritage Building

香港屋宇署

2012年5月

遗产类建筑的有效再利用是保存历史和审美价值的唯一途径，也是遗产类建筑能够符合现代标准的有效途径。香港屋宇署联合康乐及文化事务署古物古迹办事处、消防处及建筑署讨论制定的《遗产类建筑活化再用和改动及加建工程实用手册》广泛借鉴了香港和海外成功的文物保育项目的经验。

Practice Guidebook for Adaptive Re-use of and Alteration and Addition Works to Heritage Buildings 2012

目录及主要内容

该实用手册首先阐述了相关概念和建筑法规，详细介绍了平衡的方法、替代的方法和可替代的方法3种方式，基于现代建筑安全和设计标准论证了遗产类建筑活化再利用和改动及加建工程的原则和方法，并提供了《建筑物条例》规定的建筑安全和健康要求的设计指南，明确了遗产类建筑活化再用和改动及加建工程的审批程序。最后用9个案例详细验证了以上方法和原则，包括有香港康堂、香港文物探知馆、伯大妮、市区重建局、伦敦代表团大楼、鲤鱼门公园度假村6个香港案例，和日本东京上野公园国际儿童文学图书馆、新加坡亚洲文明博物馆、英国伦敦萨默塞特大厦3个国际案例。附录部分为当代建筑设计标准清单和管理计划样例。

Contents

目 录

案例 1- 香港青山道 7 号康堂

1914 年建造的一座名为“康堂”的旧住宅楼将改造成孙中山博物馆。这座建筑在改建时被古物咨询委员会（AAB）评为二级历史建筑；2010 年，它被康乐及文化事务署古物古迹办事处（AMO）公布为法定古迹。这座建筑是经典的爱德华式建筑风格，建筑高 4 层，是香港最早的钢结构建筑。康乐及文化事务署古物古迹办事处（AMO）认定希腊风格的花岗岩柱、正立面上弧形阳台和木楼梯具有重要的历史价值，因此应予以保护。

1）由于缺乏关于建筑结构设计的资料，有必要进行全面的结构调查和评估。此外，为验证现有钢筋混凝土楼板的承载能力，对一些选定的楼板进行了全面的静载试验，试验荷载是设计的荷载的 1.25 倍；对白蚁病害较为严重的木楼梯构件进行必要的更换。

2）现代消防安全中对的逃生通道，包括楼梯数量、宽度、走廊宽度以及设备和疏散距离等都有要求，依此评估建筑遗产再使用的可能性和改造的可行性。

为了尽量减少对建筑物遗产价值的视觉干扰，制定了替代性的消防安全设计方案。如提高管理水平，控制参观访客数量等措施。

3）为了保护建筑主要楼梯价值的真实性和本身的安全性，运用管理的手段以确保楼梯栏杆安全性不受到威胁。用装饰性的植物景观放置在栏杆旁，防止人们靠近的同时消除了高处坠落的危险，同时对这一情况进行实时监测。

4）由于受法定古迹建筑的风貌完整性和场地高程的影响，无障碍电梯被巧妙的设置在后院。

《英国遗产》

English Heritage

英国历史建筑和古迹委员会

英国历史建筑和古迹委员会（the Historic Buildings and Monuments Commission for England）作为英格兰政府提供历史环境方面的专家咨询服务团队，长期为地方政府、业主和公众提供建设性的咨询。其主办的《英国遗产》（English Heritage）杂志，在遗产保护的各个方面展开深入细致的研究，如关于遗产的实践、历史环境投资、建设性保护和可持续发展等等许多方面。

从 2004~2013 年五册专辑说明如何成功地建设性保护英格兰最有价值的历史地段和历史建筑。2004 年

《伦敦实践》（2004）
（Capital Solutions）

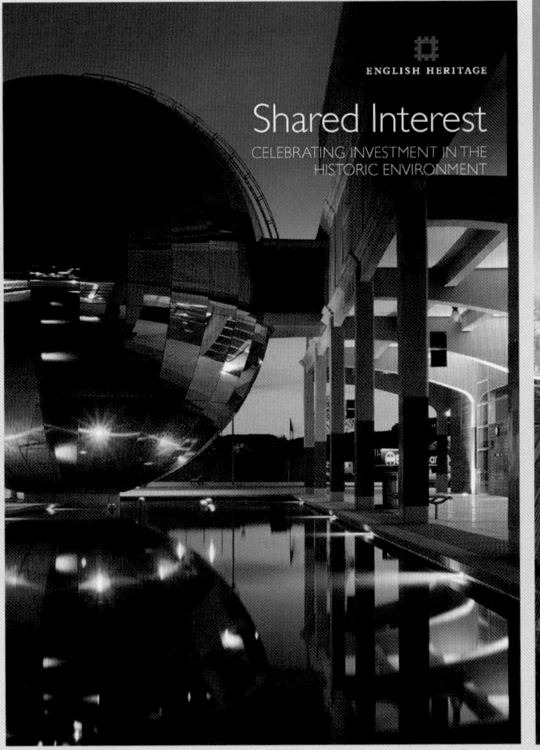

《共同利益：历史环境中的优良投资》（2006）
（Shared Interest：Celebrating Investment in the Historic Environment）

以《伦敦实践》(Capital Solutions)为主题解读了伦敦地区的案例，2006 年以《共同利益》(Shared Interest)为主题将范围扩大到了整个英格兰地区；2008 年以《建设性保护》(Constructive Conservation)为主题阐述了超过 20 种方法的范例，2011 年则以《重视地方》(Valuing Places)阐述并证明了建设性保护方法在保护区中的应用；2013 年继续以《建设性保护》(Constructive Conservation)为主题阐述了更新改造以后功能的适应性和历史地段的可持续发展。

建设性保护实践》(2008)
Constructive Conservation
n Practice)

《重视地方：保护区的良好实践》(2011)
(Valuing Places：Good Practice in Conservation Areas)

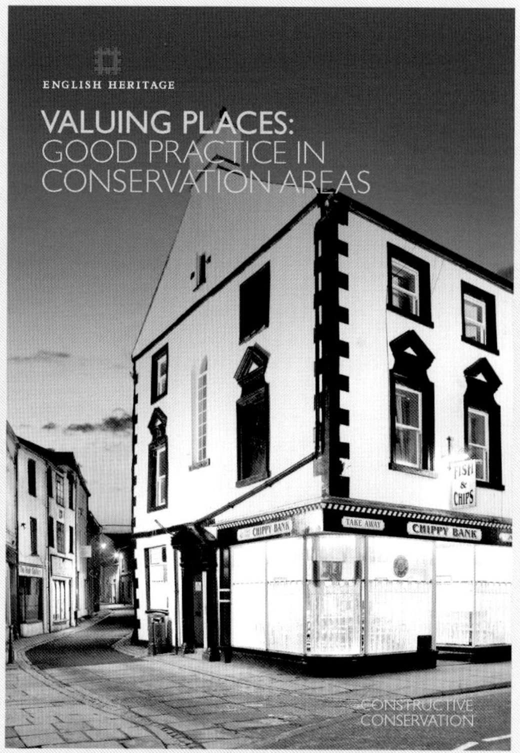

《建设性保护：历史地段的可持续发展》(2013)
(Constructive Conservation Sustainable Growth for Historic Places)

《时光中的建筑》

Architetture nel tempo

Maurizio De Vita

佛罗伦萨大学出版社

2015年

本书是意大利佛罗伦萨大学建筑学院出版的丛书之一。

《时光中的建筑》一书呈现了时间长河中的建筑遗产和历史场所的持续、永恒和真实的特点；原书用意大利语写作与出版。该书从理论到实践，勾勒了意大利建筑遗产当代保护与再利用的轮廓，为我国的建筑遗产保护与适宜性再利用提供了较为全面的参考。

全书呈现出这样的一种观点：建筑遗产的延续性和当代性可以通过保护得以实现，使其能够向未来的传递。旧建筑中的新功能，以及新旧建筑的对话，更深化了建

筑遗产保护工程的意义。在适宜性再利用情况下，建筑遗产通过适当的建筑功能、保护技术的保障，在社会意识与城市规划的背景下，能够重新发挥出夺目的光彩，再次进入人们的视野，成为目光的焦点、再次融入当代的生活，展现文化多元性与历史的丰富性。

全书共分为两部分。首先以“旧建筑与新功能：时光中的相遇”为题目，分为 14 小节回顾了意大利近代建筑遗产保护的理论、人物与实践的，说明建筑遗产保护与再利用始终是一种“当代”文化活动的观点。

Referenze fotografiche
Archivio Pica Ciamarra Associati (pp. 126-135)
A. Bartolozzi (pp. 33, 42, 43, 45, 54-61, 158-167)
L. Bellia (pp. 158-167)
M. Benedetti (pp. 93, 94, 97, 98, 99, 100, 101, 102, 103)
F. Castagna (pp. 85-90)
A. Ciampi (pp. 104, 105, 108-115)
M. Ciampi (pp. 10, 68-82, 87)
C. Consorti (pp. 158-167)
R. Dalla Negra (pp. 118-125)
M. De Vita (pp. 15, 18, 23, 62, 201)
D. Esposito (pp. 188-193)
N. Leuzzi (pp. 170-173, 175, 176)
L. Mingardi (p. 39)
A. Muciaccia (p. 92, 95, 96)
© Musei di Strada Nuova (p. 36)
V. Neri (pp. 46, 136, 139, 142-146, 148, 149, 151-157)
Officine fotografiche (p. 147)
A. Reiner (pp. 50, 51, 198)
V. Sedy (p. 91)
Studio COMES (pp. 178-185)
Studio Prof. Ing. Arch. M. Dezzi Bardeschi (pp. 63-67)
Studio SPIRA (pp. 158-167)
M. Tortoioli (pp. 168, 169, 172, 173)
D. Virdis (pp. 140, 141)

14 小节的标题如下：

1. 修缮：一种基于当代的文化活动
2. 新与旧：跨越世纪的联系
3. 博伊托（C・Boito）：“必须以当代的方式进行添加或者翻建”
4. 1931 年的雅典宪章和乔万诺尼的“环境协调主义”
5. 从战后重建到威尼斯宪章
6. 帕尼（R・Pane）的新与旧的建筑理念
7. 以修缮与城市保护对抗“千城一面”与标准化
8. Sanpaolesi（1904~1980 年，意大利砖石加固技术与方法实验第一人）与他的《关于建筑修缮的总体方法》
9. 关于材料的保护与争论
10. 建筑遗产的当代化：现代建筑师与技术的可能
11. 斯卡帕诗意的改造
12. 遗产与保护的愿景
13. 20 世纪末的复杂性与冲突
14. 策略与分类

第二部分为 12 个案例，说明从设计概念到具体实施的项目。案例既涉及单体建筑改造，也涉及城镇改造；既有居住类建筑，也包括商业与文化建筑。案例中不乏当代意大利尚不为人知的优秀案例，也包括为公众所熟悉的建筑。更为重要的是，其中一些案例出自作者本人的实践，从直观经验讲述建筑从修缮、到功能定位、改造与再利用、技术与细节措施，构成完整的视角。

这 12 个案例分别是：

1）山丘上的古镇保护：佛罗伦萨市的 Certaldo 镇
2）从修道院到住宅与商业综合体：比萨市的圣米歇尔修道院
3）从医院到博物馆：锡耶纳市的圣母玛利亚医院
4）从马厩到文化中心：Poggio 县的前美蒂奇马厩改造
5）从城堡到时尚学校：Scandicci 县的 Acciaiolo 城堡改造（作者主持的项目）

Da ospedale a sistema museale

Ospedale di S. Maria della Scala | Siena, Italia

pagina a fronte
S. Maria della Scala, veduta dell'allestimento nell'antico granaio

in basso
Progetto dei percorsi, schizzo di studio

83

committente Comune di Siena
cronologia 1998-1999 progetto, 1999-2000 realizzazione

parole chiave
addizione collegamenti verticali, addizione percorsi, adeguamento impiantistico

progetto architettonico
Guido Canali, Mimma Caldarola, collaboratori,
Claudio Bernardi, Francesco Castagna, Roberta Ottolenghi

direzione lavori architettonica
Guido Canali, Mimma Caldarola, collaboratori,
Claudio Bernardi, Francesco Castagna, Roberta Ottolenghi

Il luogo. Il Santa Maria della Scala è una fabbrica imponente che delimita tutto il fronte sud-est di Piazza Duomo e costituisce una sorta di argine edificato poderoso, attestato saldamente sui terrazzi naturali di arenaria che delimitano Siena verso la campagna.

La storia (da relazione di progetto). Lo Spedale di Santa Maria della Scala fu eretto dai canonici del Duomo e deve il suo particolare nome proprio al fatto di essere situato di fronte alla scalinata della cattedrale senese. L'edificio, imponente, costituisce il fronte sud-est di Piazza Duomo; all'esterno conserva i caratteri di una costruzione della fine del XIII secolo con una lunga facciata in pietra e laterizio aperta da finestroni e bifore.
Nel 1992 l'Amministrazione Comunale di Siena promuove un concorso internazionale di idee per il restauro dello Spedale in vista del trasferimento in altra sede delle funzioni ospedaliere. Lo Spedale senese è in senso proprio una "parte di città": l'imponente mole di mattoni racchiude e custodisce i segni di mille anni di storia, depositati pazientemente dal tempo sulla fabbrica.
La complessità delle stratificazioni è il suo carattere più radicato, più profondo.

Il progetto (da relazione di progetto). Il progetto di restauro e riuso prevede la trasformazione del complesso – sino a tutti gli anni Novanta ospedale – in un sistema museale integrato che possa accogliere la Pinacoteca, il Museo Archeologico, spazi per esposizioni temporanee, un centro documentazione per il restauro, servizi integrati al Museo (bar, ristorante, self-service).
Il restauro è stato avviato nel 1998 con gli interventi preliminari di rimozione di tutte le ostruzioni novecentesche (tramezze, solai, intasamento delle corti interne) che avevano negli ultimi decenni reso illeggibili i caratteri spaziali del testo.

Primi interventi di "restauro leggero" sono stati poi realizzati nell'antico Granaio e nei magazzini della Corticella, per il loro recupero ad uso espositivo. Al fine di "riconquistare" in tempi brevi e a costi contenuti spazi particolarmente suggestivi dello Spedale, in vista di un possibile loro completo restauro in fase successiva.
L'intervento di recupero integrale ha preso avvio nel 1999 dagli spazi sotterranei del complesso, caratterizzati da una sequenza di ambienti voltati, databili intorno al XIII-XIV sec. Gli spazi si affacciano sulla Strada Interna, un percorso urbano progressivamente inglobato entro lo Spedale attraverso successivi ampliamenti ed edificazioni. Questa sequenza di spazi si dilata in una fitta serie di cunicoli scavati nel tufo, che si inoltrano profonda- mente fin sotto Piazza Duomo. Si tratta di spazi particolarmente suggestivi che si presentavano – prima dell'intervento di restauro – separati da significativi dislivelli, ingombri di materiali e costruzioni tecniche recenti, in alcune parti inaccessibili, non comunicanti fra di loro, taluni riempiti di tufo. Impiegati come magazzini, depositi, spazi tecnici, sono denominati

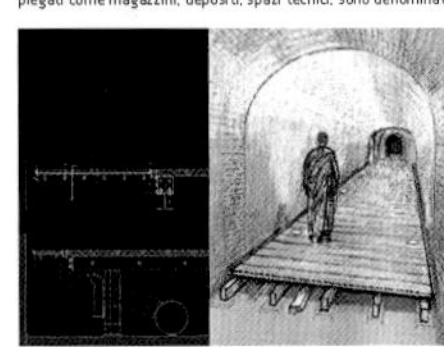

6）从城堡到展览中心：普拉托市的城堡马道改造
7）从厂房到图书馆：Pistoia 市的工厂改造
8）从修道院、监狱到住宅以及社交，文化和商业空间
9）从修道院到图书馆：佛罗伦萨市 Oblate 图书馆改造
10）从城堡到公共空间：普拉托市的 Forche 角堡改造
11）从公爵剧院到语言学校：佛罗伦萨市中心的 Goldoni 大厦改造
12）从羊毛厂到毛织品博物馆：Stia 市的羊毛厂改造

本书既是意大利当代建筑遗产再利用理论与方法方面的重要作品，也从操作者的角度，对实践项目进行了深入解读。书中的图纸与照片精美。既包括历史地图，也包括历史照片、设计过程的图纸、建设过程照片和建成之后的照片，能够从理论背景、价值考量、设计构思、实际建造的过程，全面掌握项目的过程。同时列出了甲方、项目时间、设计者和相关的参考文献，对我国目前正在从事的建筑遗产保护与再利用有较大启发。

Architetture nel tempo Dialoghi della materia, nel restauro • Maurizio De Vita

138

le strade intorno, destinando i piani terra a funzioni diverse: nelle due piazze si trovano spazi commerciali, artigianali ed espositivi.
Alle residenze sono invece destinati i piani superiori ed è stata probabilmente la sfida più grande quella di trasformare e riqualificare l'esistente con strumenti compatibili al complesso storicizzato. Gli spazi minimi delle celle di detenzione sono diventati appartamenti, seppur di tagli piccoli, inglobando più celle, grazie ad aperture con intelaiature in acciaio. L'affaccio sulle due piazze avviene tramite addizioni costituite da logge irregolari e grandi bow window, che rappresentano una prosecuzione dello spazio interno e creano sui prospetti un dialogo tra l'antica muratura ed il nuovo intervento, evidenziato dall'uso dell'acciaio per le logge e dall'alluminio verniciato per gli infissi. Gli ingressi agli appartamenti sono stati ricavati nel grande corridoio voltato a botte, dove un tempo si trovavano i ballatoi sui quali si affacciavano le celle. La volta a botte è stata aperta per avere più aria e luce, lasciando a vista i cosiddetti "arconi", costoloni sorretti da centinature in acciaio. In pianta questo diaframma rappresenta una sorta di ricucitura trasversale tra via Ghibellina e via dell'Agnolo, oltre che essere una cerniera tra le nuove Piazza delle Murate e Piazza della Madonna della Neve.
Dalle due piazze, è possibile osservare altre stratificazioni date dai segni che sono stati volutamente conservati, come il muro dell'orto del monastero, in piazza Madonna della Neve.
L'acciaio è il materiale utilizzato per la maggior parte delle addizioni e gli interventi di consolidamento. I nuovi collegamenti verticali hanno tutti una struttura autoportante in modo da non gravare sulle murature esistenti, lo stesso per quanto riguarda la struttura delle logge che affacciano sulla piazza, realizzate con una struttura verticale in grandi tubolari inclinati.

Bibliografia

G. Niccolini, *The Chronicle of Le Murate*, traduzione a cura di S. L. Weddle, Toronto, Iter, 2011.
A. Marilli, *Il cantiere impossibile. Da carcere ad abitazione*, in «Opere, rivista toscana di architettura», 2006, pp. 14-19.
M. Dambrosio, *Celle*, in «Opere, rivista toscana di architettura», n. 07/2004, pp. 44-51.
G. Trotta, *Le Murate, un microcosmo nel cuore di Firenze*, Firenze, Edizioni Comune aperto, 1999.

Schemi dell'evoluzione storica

pagina a fronte
Prospetto della chiesa Madonna della Neve

pp. 140-141
Veduta degli arconi della galleria prima dell'intervento di restauro

相关政策管理文件推介

相关政策管理文件列表

城市	数量	名　称	公布单位	发布时间	典型选取
上海	1	《上海市历史文化风貌区和优秀历史建筑保护条例》	上海市人民代表大会常务委员会	2011-12-22	√
	2	《上海市文物保护条例》	上海市人民代表大会常务委员会	2014-6-19	
	3	《上海市城市更新实施办法》	上海市人民政府	2015-5-15	
	4	《上海市城市更新规划土地实施细则》	上海市规划和国土资源管理局	2017-11-17	
	5	《关于深化城市有机更新促进历史风貌保护工作的若干意见》	上海市人民政府	2017-7-13	√
江苏	1	《江苏省省级以上文物保护单位开放管理办法》	江苏省文物局	2012-9-14	√
	2	《江苏省文物保护单位开放等级评定办法（试行）》	江苏省文物局	2012-9-14	√
苏州	1	《苏州园林保护和管理条例》	江苏省人民代表大会常务委员会	2016-5-26	
	2	《苏州古树名木保护管理条例》	江苏省人民代表大会常务委员会	2001-12-27	
	3	《苏州古建筑保护条例》	江苏省人民代表大会常务委员会	2002-10-25	
	4	《苏州历史文化名城名镇保护办法》	苏州市人民政府	2003-3-25	
	5	《苏州市古建筑抢修保护实施细则》	苏州市人民政府	2003-12-18	
	6	《苏州西部山区春秋古城址群保护意见》	苏州市人民政府	2003-8-28	
	7	《苏州市城市紫线管理办法（试行）》	苏州市人民政府	2003-12-18	
	8	《苏州市区古建筑抢修贷款贴息和奖励办法》	苏州市人民政府	2004-8-16	√
	9	《苏州市河道管理条例》	江苏省人民代表大会常务委员会	2004-10-22	
	10	《苏州市市区依靠社会力量抢修保护直管公房古民居实施意见》	苏州市人民政府	2004-10-8	√
	11	《苏州市文物保护单位和控制保护建筑完好率测评办法(试行)》	苏州市人民政府	2005-6-24	√
	12	《苏州市文物古建筑维修工程准则》	苏州市文物局	2005-1-1	
	13	《苏州市地下文物保护办法》	苏州市人民政府	2006-7-4	
	14	《苏州市城乡规划条例》	江苏省人民代表大会常务委员会	2010-11-19	
	15	《苏州市非物质文化遗产保护条例》	江苏省人民代表大会常务委员会	2013-9-27	
	16	《苏州市城乡规划若干强制性内容的规定》	苏州市人民政府	2003-4-29	
	17	《苏州古村落保护管理条例》	江苏省人民代表大会常务委员会	2013-11-29	
	18	《关于保护传承香山帮传统建筑营造技艺实施意见》	苏州市住房和城乡建设局	2014 年	
	19	《苏州市历史文化保护区保护性修复整治消防管理办法》	苏州市人民政府	2018-7-20	
	20	《苏州国家历史文化名城保护条例》	江苏省人民代表大会常务委员会	2017-12-2	√
	21	《苏州市古城墙保护条例》	江苏省人民代表大会常务委员会	2017-12-2	

续表

城市	数量	名　称	公布单位	发布时间	典型选取
福州	1	《福州市三坊七巷、朱紫坊历史文化街区保护管理办法》	福州市人民政府	2006-6-30	
	2	《福州市历史文化名城保护管理条例》	福州市人民代表大会常务委员会	2013-8-22	
	3	《福州市历史文化街区国有文物保护单位使用管理办法》	福州市人民政府	2017-10-10	√
	4	《福州市历史文化街区国有房产租赁管理办法》	福州市人民政府	2017-10-10	√
	5	《福州市非物质文化遗产项目传承示范基地评选及管理暂行办法》	福州市人民政府	2014 年	√
	6	《福建省文物古建筑消防安全管理规定》	福建省文物局	2018-6-6	
	7	《福州市三坊七巷历史文化街区古建筑搬迁修复保护办法》	福州市人民政府	2007-5-28	
	8	《三坊七巷历史文化街区古建筑保护修复施工导则》	福州市人民政府	2017-5-28	
	9	《福州市文物修缮陈列制作项目管理办法（试行）》	福州市人民政府	2007-7-2	
	10	《福州市三坊七巷、朱紫坊历史文化街区文物建筑捐赠和征集办法》	福州市人民政府	2007-9-3	
	11	《福州市古建筑保护修复工程消耗量定额（试行）》	福州市城乡建设委员会	2007-4-2	
鼓浪屿	1	《厦门市风景名胜资源保护管理条例》	福建省人民代表大会常务委员会	2018-9	
	2	《厦门市鼓浪屿风景名胜区管理办法》	厦门市人民政府	2006-9-9	
	3	《厦门市鼓浪屿历史风貌建筑保护专项资金管理暂行办法》	厦门市人民政府	2001-8-1	√
	4	《厦门经济特区鼓浪屿历史风貌建筑保护条例》	厦门市人民代表大会常务委员会	2009-3-20	
	5	《关于加快旅游产业发展的若干意见》	福建省委、省政府	2012-9-17	
	6	《厦门经济特区鼓浪屿文化遗产保护条例》	厦门市人民代表大会常务委员会	2012-7-4	
	7	《厦门经济特区鼓浪屿历史风貌建筑保护条例实施细则》	厦门市人民政府	2015-11	
	8	《厦门市鼓浪屿建设活动管理办法》	厦门市人民政府	2015-11	
杭州	1	《关于加强我市历史文化遗产保护的实施意见》	杭州市人民政府	2006-7-11	
	2	《杭州市工业遗产建筑规划管理规定》	杭州市人民政府	2010-12-23	
	3	《杭州市历史文化街区和历史建筑保护条例》	浙江省人民代表大会常务委员会	2013-3-28	
	4	《杭州市历史文化街区和历史建筑保护条例实施细则》	杭州市人民政府	2014-4-11	
	5	《杭州市人民政府关于进一步加强文物工作的实施意见》	杭州市人民政府	2018-7-31	
	6	《浙江省传统民居类文物建筑保护利用导则》	浙江省文物局	2015-12-7	
	7	《浙江省传统民居类文物建筑保护利用图则》	浙江省文物局	2015-12-7	
广州	1	《广州市文物保护规定》	广东省人民代表大会常务委员会	2013-2-1	
	2	《广州市文物保护专项资金管理办法》	广州市文化广电新闻出局、广州市财政局	2015-2-11	

续表

城市	数量	名　称	公布单位	发布时间	典型选取
天津	1	《天津市历史风貌建筑保护条例》	天津市人民代表大会常务委员会	2005-7-20	
	2	《天津市历史风貌建筑使用管理办法》	天津市国土资源和房屋管理局	2010-9-26	√
	3	《天津市历史风貌建筑保护腾迁管理办法》	天津市国土资源和房屋管理局	2005-12-13	
沈阳	1	《沈阳市人民政府办公厅关于保护利用老旧厂房拓展文化空间的指导意见》(2018)	沈阳市人民政府	2018-10-11	
	2	《沈阳市人民政府关于进一步加强文物工作的实施意见》	沈阳市人民政府	2017-7-16	
	3	《铁西新区工业文物保护管理工作意见》	沈阳市铁西区人民委员会、沈阳市铁西区人民政府	2006-12-25	
山西	1	《山西省社会力量参与文物建筑保护利用暂行办法》	山西省文物局	2016-9-23	√
黄山	1	《黄山市古民居抢修保护利用暂行办法》	黄山市文化委员会	2010-11	
	2	《黄山市古民居认领保护利用暂行办法》	黄山市文化委员会	2010-11	√
	3	《黄山市古民居迁移保护利用暂行办法》	黄山市文化委员会	2010-11	
	4	《黄山市古民居原地保护利用土地转让、调整办理程序暂行规定》	黄山市人民政府	2009-12-24	
	5	《黄山市古村落保护利用暂行办法》	黄山市人民政府	2009-12-21	
	6	《黄山市集体土地房屋登记办法》	黄山市房产事务管理局	2010-11	
	7	《黄山市“百村千幢”保护利用工程资金补助暂行办法》	黄山市财政局	2010-11	
	8	《黄山市徽州古建筑保护条例》	黄山市人民代表大会常务委员会	2017-12-20	
黟县	1	《黟县西递、宏村世界文化遗产保护管理办法及实施细则》	黟县人民政府	2001-3-28	

图片索引

图片序号	图片名称	图片来源
HZ-C01	五四宪法历史资料陈列馆	来源：蔡超摄影
HZ-C02	杭州城市遗产保护开放利用框图	来源：根据杭州市园林文物局提供的文件绘制
HZ-C03	清泰第二旅馆旧址	来源：蔡超摄影
HZ-C04	章太炎故居开展小学生民俗体验活动	来源：浙江省文物局提供
HZ-C05	杭州隐庐修缮后作为精品酒店使用	来源：浙江省文物局提供
HZ-C06	富义仓修缮后作为创意空间使用	来源：蔡超摄影
SH-C01	上海历史博物馆南京西路出入口	来源：上海市文物局、上海历史博物馆提供
SH-C02	上海市历史文化保护规划图	来源：上海市文物局提供，引自《上海市总体规划（2017-2035）》
SH-C03	武康路 100 弄	来源：上海市文物局、上海明悦建筑设计事务所提供
SH-C04	上海市历史博物馆航拍图	来源：上海市文物局、上海市历史博物馆提供
SH-C05	上生新所	来源：上海市文物局、华建集团历史建筑保护设计院提供
SH-C06	上海城市遗产保护开放利用框图	来源：课题组根据上海市文物局提供文件绘制
SH-C07	中共一大会址	来源：上海市文物局提供
SH-C08	复兴中路 505 号思南文学之家	来源：上海市文物局、思南公馆提供
SH-C09	四行仓库	来源：上海市文物局、上海建筑设计研究院有限公司提供
SH-C10	上海市历史博物馆	来源：上海市文物局、上海建筑设计研究院有限公司提供
SH-C11	思南公馆	来源：上海市文物局、思南公馆提供
SZ-C01	苏州平江府内景	来源：周景峰、张歆喆摄影
SZ-C02	苏州城市遗产保护开放利用框图	来源：课题组根据苏州市文物局提供资料绘制
SZ-C03	苏州平江府	来源：周景峰、张歆喆摄影
SZ-C04	留园——泛舟吹笛表演	来源：周景峰、张歆喆摄影
SZ-C05	苏州沧浪亭	来源：周景峰、张歆喆摄影
SZ-C06	苏州沧浪亭内景	来源：周景峰、张歆喆摄影
SZ-C07	苏州沧浪亭内景	来源：周景峰、张歆喆摄影
GZ-C01	广州卧云庐	来源：石建华摄影
GZ-C02	广州代表性法规文件	来源：广州市文物局提供
GZ-C03	广州专项资金制度图解	来源：课题组根据广州市文物局提供图片处理
GZ-C04	广东省农民协会旧址	来源：广州市文物局提供
GZ-C05	广州市黄埔区文化遗产监督保育工作站架构	来源：广州市文物局提供
GZ-C06	万木草堂	来源：广州市文物局提供
GZ-C07	陈氏宗祠仪门	来源：广州市文物局提供
GLY-01	鼓浪屿全景	来源：厦门市鼓浪屿管委会提供
GLY-02	鼓浪屿俯瞰	来源：厦门市鼓浪屿管委会提供
GLY-03	鼓浪屿保护区划影像图	来源：厦门市鼓浪屿管委会提供

续表

图片序号	图片名称	图片来源
GLY-04	1840 年以前鼓浪屿聚落状态	来源：吕宁，魏青，钱毅，孙燕．鼓浪屿价值体系研究 [J]. 中国文化遗产，2017(4)：4-15.
GLY-05	1901 年鼓浪屿聚落形态	来源：吕宁，魏青，钱毅，孙燕．鼓浪屿价值体系研究 [J]. 中国文化遗产，2017(4)：4-15.
GLY-06	1941 年鼓浪屿聚落形态	来源：吕宁，魏青，钱毅，孙燕．鼓浪屿价值体系研究 [J]. 中国文化遗产，2017(4)：4-15.
GLY-07	1868 年鼓浪屿历史照片	来源：厦门市鼓浪屿管委会提供
GLY-08	19 世纪后期鼓浪屿历史照片	来源：厦门市鼓浪屿管委会提供
GLY-09	1923 年鼓浪屿历史照片	来源：厦门市鼓浪屿管委会提供
GLY-10	道路交通系统分析图	来源：厦门市鼓浪屿管委会提供
GLY-11	世界遗产核心要素分布图	来源：厦门市鼓浪屿管委会提供
GLY-12	鼓浪屿道路交通系统图	来源：厦门市鼓浪屿管委会提供
GLY-13	鼓浪屿文化主题线路图	来源：厦门市鼓浪屿管委会提供
GLY-14	国保单位和历史风貌建筑标志标识	来源：刘昭祎摄影
GLY-15	古树名木标识、道路导向标识	来源：刘昭祎摄影
GLY-16	世界遗产核心要素标志标识	来源：刘昭祎摄影
GLY-17	国保单位和世界遗产核心要素标志标识	来源：刘昭祎摄影
GLY-18	通往音乐厅地面导向标识	来源：刘昭祎摄影
GLY-19	鼓浪屿微型消防站	来源：刘昭祎摄影
GLY-20	鼓浪屿监测预警中心	来源：刘昭祎摄影
GLY-21	鼓浪屿监测预警系统	来源：刘昭祎摄影
GLY-22	鼓浪屿保护管理手册	来源：刘昭祎摄影
GLY-23	鼓浪屿管委会管理构架图	来源：课题组根据厦门市鼓浪屿管委会提供文件绘制
GLY-24	鼓浪屿治理组织结构图	来源：王翔．共建共享视野下旅游社区的协商治理研究——以鼓浪屿公共议事会为例 [J]. 旅游学刊，2017，32(10)：91-103.
GLY-25	鼓浪屿公共议事会组织结构图	来源：王翔．共建共享视野下旅游社区的协商治理研究——以鼓浪屿公共议事会为例 [J]. 旅游学刊，2017，32(10)：91-103.
GLY-26	鼓浪屿社区·遗产地·景区结构图	来源：厦门市鼓浪屿管委会提供
GLY-27	亚细亚火油公司旧址立面图	来源：厦门市鼓浪屿管委会提供
GLY-28	菽庄花园立面图	来源：厦门市鼓浪屿管委会提供
GLY-29	黄荣远堂总平面图	来源：厦门市鼓浪屿管委会提供
GLY-30	母亲节朗诵会	来源：鼓浪屿外图书店提供
GLY-31	郎朗在钢琴博物馆演奏	来源：http：//blog.sina.cn/dpool/blog/u/1274558191#type=-1
GLY-32	唱片博物馆唱片聆听体验厅	来源：刘昭祎摄影
GLY-33	外图书店内景	来源：鼓浪屿外图书店提供
GLY-34	钢琴博物馆展览	来源：刘昭祎摄影
GLY-35	唱片博物馆一层展厅	来源：刘昭祎摄影

表格序号	表格名称	表格来源
表 HZ-C01	杭州历史文化资源统计表	来源：课题组根据提供文件绘制
表 HZ-C02	杭州市代表性文件一览表	来源：课题组根据提供文件绘制
表 SH-C01	上海市历史文化资源一览表	来源：课题组根据提供文件绘制
表 SH-C02	上海市代表性规划文件	来源：课题组根据提供文件绘制
表 SH-C03	上海历史风貌保护制度形成历程统计表	来源：根据邵甬．从“历史风貌保护”到“城市遗产保护”一论上海历史文化名城保护 [J]. 上海城市规划，2016（5）内容绘制
表 SH-C04	上海城市遗产保护利用相关政策文件一览表	来源：根据张松中国文物学会历史名街委员会 2018 年年会发言绘制
表 SZ-C01	苏州政策文件一览表	来源：课题组根据提供文件绘制
表 GZ-C01	广州代表性法规文件统计	来源：课题组根据提供文件绘制
表 GLY-C01	鼓浪屿保护与利用相关规范性文件一览表	来源：课题组根据提供文件汇总
表 AH-01	西递村保护与利用相关性文件一览表	来源：课题组根据提供文件汇总

安徽

图片序号	图片名称	图片来源
AH-01	西递村	来源：http：//www.naic.org.cn/html/2017/gzbh_0928/24476.html
AH-02	西递村地形图	来源：黟县世界文化遗产管理办公室
AH-03	笃敬堂	来源：黟县世界文化遗产管理办公室
AH-04	笃敬堂立面图	来源：黟县世界文化遗产管理办公室
AH-05	膺福堂立面图	来源：黟县世界文化遗产管理办公室
AH-06	南屏叙轶堂	来源：黟县世界文化遗产管理办公室
AH-07	追慕堂平面图	来源：黟县世界文化遗产管理办公室
AH-08	追慕堂立面图	来源：黟县世界文化遗产管理办公室
AH-09	消防安全培训	来源：黟县世界文化遗产管理办公室
AH-10	消防安全检查	来源：黟县世界文化遗产管理办公室
AH-11	消防安全宣传	来源：黟县世界文化遗产管理办公室
AH-12	黟县国际乡村摄影节——在宏村拍徽州新娘	来源：黟县世界文化遗产管理办公室
AH-13	元旦写春联活动	来源：黟县世界文化遗产管理办公室

北京

图片序号	图片名称	图片来源
BJ-01	正乙祠戏楼	来源：新华雅集提供
BJ-02	戏楼舞台	来源：新华雅集提供
BJ-03	演员在舞台上表演《霸王别姬》剧照	来源：新华雅集提供
BJ-04	演员在 T 台上表演越剧《红楼梦》	来源：新华雅集提供
BJ-05	《梅兰芳华》剧照	来源：新华雅集提供
BJ-06	《幻茶谜经》剧照	来源：新华雅集提供
BJ-07	演员在戏台二层表演越剧《红楼梦》	来源：http://www.sohu.com/a/250185872_187816
BJ-08	《中国元气 · 周家班》剧照	来源：新华雅集提供
BJ-09	演员在 T 台上表演《梅兰芳华》	来源：新华雅集提供
BJ-10	梅派京剧是正乙祠戏楼的主要剧目	来源：新华雅集提供
BJ-11	梅派京剧是正乙祠戏楼的主要剧目	来源：新华雅集提供
BJ-12	智珠寺庭院夜景	来源：东景缘提供
BJ-13	都纲殿内	来源：东景缘提供
BJ-14	维修前的智珠寺	来源：东景缘提供
BJ-15	藻井彩画修复前后	来源：东景缘提供
BJ-16	藻井彩画修复前后	来源：东景缘提供
BJ-17	藻井彩画修复前后	来源：东景缘提供
BJ-18	藻井彩画修复前后	来源：东景缘提供
BJ-19	藻井彩画修复前后	来源：东景缘提供
BJ-20	保留的厂房	来源：东景缘提供
BJ-21	保留厂房的侧墙被利用为投影墙	来源：东景缘提供
BJ-22	都纲殿被利用为多功能厅	来源：东景缘提供
BJ-23	西餐厅用餐区与天王殿候餐区	来源：东景缘提供
BJ-24	入口处的艺术装饰与修缮工程纪录片	来源：东景缘提供
BJ-25	2018 年中国古迹遗址保护协会、中国世界文化遗产中心联合主办的“遗产故事会：国际古迹遗址日主题沙龙”在北京智珠寺举办	来源：东景缘提供
BJ-26	智珠寺院内陈列的王书刚雕塑作品	来源：东景缘提供
BJ-27	森所服装品牌快闪店	来源：东景缘提供
BJ-28	利用旧厂房举办的时装秀	来源：东景缘提供
BJ-29	万松老人塔本体	来源：正阳书局提供
BJ-30	正阳书局入口	来源：正阳书局提供

续表

图片序号	图片名称	图片来源
BJ-31	“北京砖读空间”图书馆	来源：正阳书局提供
BJ-32	万松老人塔历史展	来源：正阳书局提供
BJ-33	“北京砖读空间”阅览室	来源：正阳书局提供
BJ-34	古建筑主题文化活动	来源：正阳书局提供
BJ-35	周边学校自发组织的院内写生	来源：正阳书局提供
BJ-36	文化交流活动	来源：正阳书局提供
BJ-37	学术座谈	来源：正阳书局提供
BJ-38	专题讲座活动	来源：正阳书局提供
BJ-39	美国使馆旧址鸟瞰	来源：东江米巷花园（北京）餐饮有限公司提供
BJ-40	使馆入口影壁	来源：东江米巷花园（北京）餐饮有限公司提供
BJ-41	使馆建筑群主楼	来源：东江米巷花园（北京）餐饮有限公司提供
BJ-42	使馆建筑副楼	来源：东江米巷花园（北京）餐饮有限公司提供
BJ-43	时尚精品店内饰	来源：东江米巷花园（北京）餐饮有限公司提供
BJ-44	院内演艺厅门外	来源：东江米巷花园（北京）餐饮有限公司提供
BJ-45	使馆改造模型	来源：中国建筑设计研究院有限公司提供
BJ-46	院内环境	来源：中国建筑设计研究院有限公司提供 张广源摄影
BJ-47	院内环境	来源：东江米巷花园（北京）餐饮有限公司提供
BJ-48	旧明信片上的使馆环境	来源：http://www.sohu.com/a/138616976_773040
BJ-49	使馆老照片	来源：http://www.sohu.com/a/138616976_773040
BJ-50	使馆改造后的草坪	来源：东江米巷花园（北京）餐饮有限公司提供
BJ-51	东方饭店全景	来源：东方饭店提供
BJ-52	酒店咖啡厅名人墙	来源：刘岠摄影
BJ-53	西楼入口	来源：东方饭店提供
BJ-54	酒店民国文化展廊	来源：刘岠摄影
BJ-55	陈列展示的老物件	来源：刘岠摄影
BJ-56	房间内饰品	来源：刘岠摄影
BJ-57	大堂主题绘画	来源：刘岠摄影
BJ-58	酒店旋转楼梯	来源：东方饭店提供
BJ-59	孙中山主题套房	来源：东方饭店提供
BJ-60	鲁迅主题套房陈设	来源：刘岠摄影
BJ-61	鲁迅主题套房陈设	来源：刘岠摄影
BJ-62	首钢园区内星巴克咖啡厅	来源：周景峰摄影
BJ-63	首钢园区北部区域鸟瞰	来源：周景峰摄影

续表

图片序号	图片名称	图片来源
BJ-64	北京 2022 年冬奥会和冬残奥会组织委员会办公区	来源：周景峰摄影
BJ-65	三号高炉	来源：关志航摄影
BJ-66	首钢工舍特色酒店	来源：周景峰摄影
BJ-67	冬奥广场	来源：张歆哲摄影
BJ-68	奥组委办公区	来源：关志航摄影
BJ-69	首钢园区内星巴克夜景	来源：徐非摄影

重庆

图片序号	图片名称	图片来源
CQ-01	湖广会馆全景	来源：重庆湖广会馆实业发展有限公司提供
CQ-02	戏台	来源：重庆湖广会馆实业发展有限公司提供
CQ-03	湖广会馆夜景	来源：重庆湖广会馆实业发展有限公司提供
CQ-04	湖广会馆建筑构件展厅	来源：徐非摄影
CQ-05	建筑构件分布位置说明	来源：徐非摄影
CQ-06	禹王祭祀活动	来源：重庆湖广会馆实业发展有限公司提供
CQ-07	戏台戏曲表演	来源：重庆湖广会馆实业发展有限公司提供
CQ-08	多媒体展示入川线路	来源：徐非摄影
CQ-09	场景展示入川艰苦	来源：徐非摄影
CQ-10	体验移民手续办理	来源：徐非摄影
CQ-11	国民政府警察局旧址入口	来源：徐非摄影
CQ-12	入口庭院	来源：徐非摄影
CQ-13	社区居民读书	来源：徐非摄影
CQ-14	二层露台	来源：徐非摄影
CQ-15	一层图书馆	来源：徐非摄影
CQ-16	文化活动	来源：重庆靶点影视文化传媒有限公司提供

福建

图片序号	图片名称	图片来源
FJ-01	三坊七巷俯瞰	来源：福州市三坊七巷保护开发有限公司提供
FJ-02	三坊七巷屋顶与曲线山墙	来源：福州市三坊七巷保护开发有限公司提供
FJ-03	修缮过程展示	来源：袁琳溪摄影
FJ-04	修缮流程展示	来源：袁琳溪摄影

续表

图片序号	图片名称	图片来源
FJ-05	老字号店铺	来源：张歆喆摄影
FJ-06	非物质文化遗产博览苑非遗文创	来源：张歆喆摄影
FJ-07	创意油纸伞售卖	来源：袁琳溪摄影
FJ-08	林觉民故居播放并展示《与妻书》	来源：张歆喆摄影
FJ-09	非遗售卖店	来源：张歆喆摄影
FJ-10	三坊七巷整体沙盘	来源：袁琳溪摄影
FJ-11	学生临摹水榭戏台	来源：张歆喆摄影
FJ-12	非物质文化遗产博览苑 VR 体验	来源：张歆喆摄影
FJ-13	三坊七巷 LOGO	来源：三坊七巷新浪官方微博 http：//blog.sina.com.cn/sanfqx
FJ-14	基于传统文化的文创开发	来源：张歆喆摄影
FJ-15	斗茶大赛	来源：袁琳溪摄影
FJ-16	严复书院书店	来源：袁琳溪摄影
FJ-17	林森公馆	来源：徐非摄影
FJ-18	林森公馆二层绘本阅读室	来源：徐非摄影
FJ-19	林森公馆一层中厅绘本展陈室	来源：徐非摄影
FJ-20	绘本音乐创想课——“故事时间”	来源：仓山区图书馆林森绘本分馆提供
FJ-21	“寻丝之路，快乐养蚕”活动	来源：仓山区图书馆林森绘本分馆提供
FJ-22	亲子阅读讲座	来源：仓山区图书馆林森绘本分馆提供
FJ-23	纪念林森 150 诞辰大会	来源：仓山区图书馆林森绘本分馆提供
FJ-24	一层绘本阅读室	来源：徐非摄影
FJ-25	二层绘本图书室	来源：徐非摄影
FJ-26	安全消防讲解	来源：仓山区图书馆林森绘本分馆提供
FJ-27	安全消防演练	来源：仓山区图书馆林森绘本分馆提供
FJ-28	汇丰银行福州分行立面	来源：徐非摄影
FJ-29	独立厅立面	来源：徐非摄影
FJ-30	汇丰银行福州分行历史照片	来源：https：//baike.baidu.com/item/汇丰银行福州分行旧址
FJ-31	早期汇丰银行福州分行职员合影	来源：https：//baike.baidu.com/item/汇丰银行福州分行旧址
FJ-32	汇丰银行福州分行修缮后	来源：https：//baike.baidu.com/item/汇丰银行福州分行旧址
FJ-33	成人古筝公益培训课	来源：福州市仓山区文化馆提供
FJ-34	少儿国学公益培训课	来源：福州市仓山区文化馆提供
FJ-35	少儿非洲鼓公益培训课	来源：福州市仓山区文化馆提供
FJ-36	独立厅入口	来源：徐非摄影
FJ-37	独立厅内展览	来源：福州市仓山区文化馆提供

续表

图片序号	图片名称	图片来源
FJ-38	烟山清风书场廉政评话	来源：徐非摄影
FJ-39	春草堂主入口	来源：刘昭祎摄影
FJ-40	春草堂主楼	来源：刘昭祎摄影
FJ-41	春草堂附楼	来源：刘昭祎摄影
FJ-42	春草堂主楼正立面	来源：http：//you.ctrip.com/sight/xiamen21/1473028-dianping11422408.html
FJ-43	春草堂侧入口	来源：http：//you.ctrip.com/sight/xiamen21/1473028-dianping11422408.html
FJ-44	春草堂一层平面图	来源：厦门市鼓浪屿管委会提供
FJ-45	春草堂剖面图	来源：厦门市鼓浪屿管委会提供
FJ-46	春草堂正立面图	来源：厦门市鼓浪屿管委会提供
FJ-47	春草堂侧立面图	来源：厦门市鼓浪屿管委会提供
FJ-48	春草堂背立面图	来源：厦门市鼓浪屿管委会提供
FJ-49	春草堂客厅入口	来源：刘昭祎摄影
FJ-50	春草堂入口砖柱	来源：http：//blog.sina.com.cn/s/blog_53f2ed410100g6iq.html
FJ-51	春草堂外廊	来源：http：//blog.sina.com.cn/s/blog_53f2ed410100g6iq.html

广东

图片序号	图片名称	图片来源
GD-01	永庆坊街景	来源：http://hlzjc.gdcyl.org/Article/ShowArticle.asp?ArticleID=96406
GD-02	“云”，办公、接待和会议空间	来源：成月摄影
GD-03	“塾”，培养业余爱好的教学空间	来源：成月摄影
GD-04	永庆坊更新流程图	来源：《永庆片区微改造建设导则》詹美旭绘
GD-05	永庆坊街景	来源：广州市文物局提供
GD-06	西关打铜店	来源：广州市文物局提供
GD-07	开放利用为文创办公的民居	来源：成月摄影
GD-08	李小龙祖屋展示	来源：成月摄影
GD-09	永庆坊内景	来源：成月摄影
GD-10	永庆坊入口	来源：成月摄影
GD-11	李小龙祖屋	来源：广州市文物局提供
GD-12	开放利用为文创办公的民居	来源：成月摄影
GD-13	活版印刷体验馆	来源：成月摄影
GD-14	陈家祠堂木雕	来源：周景峰摄影

续表

图片序号	图片名称	图片来源
GD-15	陈家祠堂入口	来源：广东民间工艺博物馆提供
GD-16	葫芦雕刻作品展	来源：广东民间工艺博物馆提供
GD-17	广绣绣品及工艺展示	来源：周景峰摄影
GD-18	扇子上的东方与西方展览	来源：广东民间工艺博物馆提供
GD-19	情景复原展示	来源：广东民间工艺博物馆提供
GD-20	剪纸活动	来源：广东民间工艺博物馆提供
GD-21	刺绣展览	来源：广东民间工艺博物馆提供
GD-22	书院讲座	来源：广东民间工艺博物馆提供
GD-23	高校学生社会实践活动	来源：广东民间工艺博物馆提供
GD-24	建筑灰塑和陶塑	来源：广东民间工艺博物馆提供
GD-25	建筑砖雕	来源：广东民间工艺博物馆提供
GD-26	建筑灰塑细部	来源：广东民间工艺博物馆提供
GD-27	卧云庐正立面	来源：石建华摄影
GD-28	卧云庐入口	来源：石建华摄影
GD-29	家风家训展览	来源：周景峰摄影
GD-30	金沙文体广场　家风家训主题文化传承	来源：周景峰摄影
GD-31	书法艺术展示	来源：石建华摄影
GD-32	参观家风家训展览的社区居民	来源：石建华摄影
GD-33	万木草堂陈列馆正立面	来源：万木草堂陈列馆提供
GD-34	庭院景观陈设	来源：万木草堂陈列馆提供
GD-35	万木草堂讲堂内景	来源：万木草堂陈列馆提供
GD-36	万木草堂庭院内景	来源：万木草堂陈列馆提供
GD-37	洞箫文化讲座	来源：万木草堂陈列馆提供
GD-38	“我的世界你不懂”少儿画展	来源：万木草堂陈列馆提供
GD-39	“相约国际博物馆日，相约星空下的书院”主题活动	来源：万木草堂陈列馆提供
GD-40	手拉手一起走，中外学生同游万木草堂	来源：万木草堂陈列馆提供

湖北

图片序号	图片名称	图片来源
HB-01	武汉大学图书馆	来源：周景峰摄影
HB-02	1932 年理学院、文学院和男生宿舍和学生俱乐部落成	来源：武汉大学保障部提供

续表

图片序号	图片名称	图片来源
HB-03	武汉大学理学院	来源：武汉大学保障部提供
HB-04	理学院内部走廊	来源：周景峰摄影
HB-05	理学院修缮前后对比	来源：武汉大学保障部提供
HB-06	理学院内部空间利用	来源：武汉大学保障部提供
HB-07	理学院教室内部露明敷设的设备管线	来源：武汉大学保障部提供
HB-08	理学院设计立面图	来源：武汉大学保障部提供
HB-09	缪恩钊、高翰故居现为国学院	来源：周景峰摄影
HB-10	十栋现为闻一多纪念馆	来源：周景峰摄影
HB-11	十八栋专题展	来源：周景峰摄影
HB-12	室外景观	来源：周景峰摄影
HB-13	图书馆立面图	来源：武汉大学保障部提供
HB-14	校史馆	来源：周景峰摄影
HB-15	校史馆展陈	来源：周景峰摄影
HB-16	汉口横滨正金银行大楼（中信银行滨江支行）	来源：http://www.sohu.com/a/151545706_297098
HB-17	汉口横滨正金银行大楼修缮后	来源：http://www.sohu.com/a/151545706_297098
HB-18	一层大堂精细分区	来源：周景峰摄影
HB-19	建筑原空间的考据恢复和原构件的保存	来源：周景峰摄影
HB-20	修缮中适当抬高屋面解决排水问题	来源：周景峰摄影
HB-21	经考据修复的天花装饰	来源：周景峰摄影
HB-22	二楼办公区	来源：周景峰摄影
HB-23	建筑室内石膏线脚保护与维修	来源：周景峰摄影
HB-24	建筑屋顶平台防水与景观设计结合	来源：周景峰摄影
HB-25	大楼内二层回廊空间	来源：周景峰摄影
HB-26	大楼内二层回廊空间	来源：周景峰摄影

湖南

图片序号	图片名称	图片来源
HN-01	岳麓书院入口	来源：周景峰摄影
HN-02	岳麓书院建筑匾额	来源：周景峰摄影
HN-03	岳麓书院环境	来源：周景峰摄影
HN-04	岳麓书院文创产品	来源：周景峰摄影
HN-05	书院博物馆	来源：周景峰摄影

续表

图片序号	图片名称	图片来源
HN-06	岳麓书院景观	来源：周景峰摄影
HN-07	书院博物馆展陈	来源：周景峰摄影
HN-08	岳麓书院讲堂	来源：周景峰摄影
HN-09	岳麓书院讲坛	来源：岳麓书院 黄沅玲提供
HN-10	书院博物馆场景展示	来源：周景峰摄影

吉林

图片序号	图片名称	图片来源
JL-01	长春电影制片厂早期建筑大门	来源：长影集团有限责任公司提供
JL-02	20 世纪 70 年代长影电影制片厂	来源：长影集团有限责任公司提供
JL-03	长影旧址博物馆	来源：张歆喆摄影
JL-04	长影电影院走廊	来源：张歆喆摄影
JL-05	长影电影院大厅	来源：张歆喆摄影
JL-06	影厅历史信息阐释牌	来源：张歆喆摄影
JL-07	仿电影院场景	来源：长影集团有限责任公司提供
JL-08	“甲午风云”互动体验	来源：长影集团有限责任公司提供
JL-09	珍贵电影道具展示	来源：长影集团有限责任公司提供
JL-10	长影电影艺术馆一层展陈设计	来源：长影集团有限责任公司提供
JL-11	长影电影艺术馆二层展陈设计	来源：长影集团有限责任公司提供
JL-12	摄影棚展区	来源：长影集团有限责任公司提供

江苏

图片序号	图片名称	图片来源
JS-01	颐和路公馆区第十二片区大门	来源：周景峰摄影
JS-02	酒店内花园洋房	来源：周景峰摄影
JS-03	酒店内 17 号民国建筑	来源：周景峰摄影
JS-04	酒店内庭院	来源：周景峰摄影
JS-05	颐和公馆西餐厅内景	来源：周景峰摄影
JS-06	金陵古籍善本展	来源：周景峰摄影
JS-07	民国饮食文化展	来源：周景峰摄影
JS-08	薛岳抗战陈列馆	来源：周景峰摄影

续表

图片序号	图片名称	图片来源
JS-09	民国建筑彩铅画展	来源：周景峰摄影
JS-10	金陵兵工厂旧址大门	来源：周景峰摄影
JS-11	1865 创意时尚休闲区	来源：周景峰摄影
JS-12	金陵机器制造局西门	来源：周景峰摄影
JS-13	晨光 1865 科技创意产业园功能格局规划图	来源：南京晨光一八六五置业投资管理有限公司提供
JS-14	园区厂房改造前后对比	来源：南京晨光一八六五置业投资管理有限公司提供
JS-15	领导参观创意产业园	来源：南京晨光一八六五置业投资管理有限公司提供
JS-16	领导参观创意产业园	来源：南京晨光一八六五置业投资管理有限公司提供
JS-17	承创织绣艺术工作坊	来源：周景峰摄影
JS-18	洪泰创新办公空间	来源：周景峰摄影
JS-19	永银钱币博物馆	来源：周景峰摄影
JS-20	传统文化展示馆	来源：周景峰摄影
JS-21	丽则女学校旧址	来源：花间堂 · 丽则女学门店提供
JS-22	丽则女学校旧址建筑	来源：花间堂 · 丽则女学门店提供
JS-23	花间堂 · 丽则女学酒店套房	来源：花间堂 · 丽则女学门店提供
JS-24	花间堂 · 丽则女学酒店会议室	来源：花间堂 · 丽则女学门店提供
JS-25	花间堂 · 丽则女学酒店客房	来源：花间堂 · 丽则女学门店提供
JS-26	花间堂 · 丽则女学酒店公共空间	来源：花间堂 · 丽则女学门店提供
JS-27	花间堂 · 丽则女学健身娱乐设施	来源：花间堂 · 丽则女学门店提供
JS-28	花间堂 · 丽则女学酒店院内古亭	来源：花间堂 · 丽则女学门店提供
JS-29	北半园入口	来源：周景峰摄影
JS-30	北半园内半亭	来源：平江府酒店提供
JS-31	评弹特色表演	来源：平江府酒店提供
JS-32	评弹特色表演	来源：平江府酒店提供
JS-33	昆曲特色表演	来源：平江府酒店提供
JS-34	北半园内茶室	来源：周景峰摄影
JS-35	北半园内精品餐饮区	来源：周景峰摄影
JS-36	书香府邸 · 平江府酒店中餐厅	来源：周景峰摄影
JS-37	书香府邸 · 平江府酒店客房公共空间	来源：周景峰摄影
JS-38	书香府邸 · 平江府酒店客房公共空间	来源：周景峰摄影
JS-39	沧浪亭观鱼处	来源：苏州市沧浪亭管理处提供
JS-40	沧浪亭园内	来源：苏州市沧浪亭管理处提供
JS-41	浮生六记剧照	来源：苏州市沧浪亭管理处提供

续表

图片序号	图片名称	图片来源
JS-42	浮生六记剧照	来源：苏州市沧浪亭管理处提供
JS-43	浮生六记表演	来源：韩真元摄影
JS-44	浮生六记暖场互动	来源：韩真元摄影
JS-45	浮生六记剧照	来源：苏州市沧浪亭管理处提供
JS-46	浮生六记剧照	来源：苏州市沧浪亭管理处提供

辽宁

图片序号	图片名称	图片来源
LN-01	1905 文化创意园大门	来源：沈阳壹玖零伍文化创意园有限公司提供
LN-02	沈重集团搬迁后的二金工车间	来源：沈阳壹玖零伍文化创意园有限公司提供
LN-03	改造之初车间	来源：沈阳壹玖零伍文化创意园有限公司提供
LN-04	1905 文化创意园外貌	来源：沈阳壹玖零伍文化创意园有限公司提供
LN-05	改造之初车间	来源：沈阳壹玖零伍文化创意园有限公司提供
LN-06	改造后车间	来源：沈阳壹玖零伍文化创意园有限公司提供
LN-07	创意书吧	来源：关志航摄影
LN-08	木木剧场	来源：关志航摄影
LN-09	首层平面图	来源：沈阳壹玖零伍文化创意园有限公司提供
LN-10	二层平面图	来源：沈阳壹玖零伍文化创意园有限公司提供
LN-11	施工现场	来源：沈阳壹玖零伍文化创意园有限公司提供
LN-12	施工现场	来源：沈阳壹玖零伍文化创意园有限公司提供
LN-13	潮流音乐现场	来源：沈阳壹玖零伍文化创意园有限公司提供
LN-14	木木剧场举办活动	来源：沈阳壹玖零伍文化创意园有限公司提供
LN-15	数字之诗艺术展现场	来源：沈阳壹玖零伍文化创意园有限公司提供
LN-16	犀牛市集现场	来源：沈阳壹玖零伍文化创意园有限公司提供

四川

图片序号	图片名称	图片来源
SC-01	西秦会馆入口	来源：自贡市盐业历史博物馆提供
SC-02	手工制作的井盐打捞工具互动模型	来源：蔡超摄影
SC-03	近年出版的部分著作	来源：李虹摄影

续表

图片序号	图片名称	图片来源
SC-04	主办的《盐业史研究》期刊	来源：李虹摄影
SC-05	2014 年川盐古道与区域发展学术研讨会	来源：李虹摄影
SC-06	手工制作的井盐输卤设施模型	来源：蔡超摄影
SC-07	制盐陈列馆	来源：自贡市盐业历史博物馆提供
SC-08	2016 年 8 月开展的“天车是怎样站起来的”活动	来源：李虹摄影
SC-09	2018 年 4 月开展的“榫卯技艺大比拼”活动	来源：李虹摄影
SC-10	2017 年 8 月开展的“自贡小三绝之扎染培训班”	来源：李虹摄影
SC-11	2017 年“盐与健康”科学普及活动走进偏远乡镇	来源：李虹摄影
SC-12	2018 年 4 月开展的盐雕 DIY 亲子活动	来源：李虹摄影
SC-13	2018 年 9 月“盐史中秋 亲子拾光”中秋节主题活动	来源：李虹摄影
SC-14	屈氏庄园入口全景	来源：屈氏庄园博物馆提供
SC-15	屈氏庄园俯瞰全景	来源：屈氏庄园博物馆提供
SC-16	戏台修缮前	来源：屈氏庄园博物馆提供
SC-17	戏台修缮后	来源：屈氏庄园博物馆提供
SC-18	过厅修缮前	来源：屈氏庄园博物馆提供
SC-19	过厅修缮后	来源：屈氏庄园博物馆提供
SC-20	左弄堂修缮前	来源：屈氏庄园博物馆提供
SC-21	左弄堂修缮后	来源：屈氏庄园博物馆提供
SC-22	屈氏庄园的碉楼	来源：屈氏庄园博物馆提供
SC-23	村民和游客一起看石牌坊村的雨坛彩龙（全国非物质文化遗产）	来源：屈氏庄园博物馆提供
SC-24	端午节包粽子活动	来源：屈氏庄园博物馆提供

山东

图片序号	图片名称	图片来源
SD-01	青岛啤酒厂早期建筑	来源：蔡超摄影
SD-02	青岛啤酒厂早期建筑厂房	来源：蔡超摄影
SD-03	青岛啤酒厂早期建筑办公楼	来源：韩真元摄影
SD-04	糖化车间的机器及工人模型	来源：韩真元摄影
SD-05	游客品尝原浆啤酒	来源：蔡超摄影
SD-06	全息影像呈现胡蝶女士品酒	来源：蔡超摄影
SD-07	三维动画呈现厂房建造过程	来源：蔡超摄影
SD-08	展示流线上老生产车间	来源：蔡超摄影

续表

图片序号	图片名称	图片来源
SD-09	展示流线上正在生产的车间	来源：蔡超摄影
SD-10	原木结构厂房内布置展厅	来源：蔡超摄影
SD-11	德国胶州邮政局旧址全景	来源：蔡超摄影
SD-12	一层大厅明信片展示售卖区域	来源：蔡超摄影
SD-13	二层博物馆展陈空间	来源：蔡超摄影
SD-14	一层大厅的胶澳慢递业务柜台	来源：蔡超摄影
SD-15	管理人员精心留存的剪报、活动海报以及留言簿	来源：蔡超摄影
SD-16	顶层阁楼的良友书坊	来源：蔡超摄影

上海

图片序号	图片名称	图片来源
SH-01	四行仓库全景	来源：邵峰摄影
SH-02	1945 年四行仓库	来源：华建集团上海建筑设计研究院有限公司提供
SH-03	1983 年四行仓库	来源：华建集团上海建筑设计研究院有限公司提供
SH-04	1990 年四行仓库	来源：华建集团上海建筑设计研究院有限公司提供
SH-05	2014 年四行仓库	来源：华建集团上海建筑设计研究院有限公司提供
SH-06	1937 年战后四行仓库西墙上留下的累累弹痕	来源：华建集团上海建筑设计研究院有限公司提供
SH-07	四行仓库西墙现状	来源：邵峰摄影
SH-08	第一展区“血鏖淞沪”展项	来源：四行仓库抗战纪念馆提供
SH-09	第一展区“浴血奋战”场景	来源：四行仓库抗战纪念馆提供
SH-10	第二展区“同写遗书”场景	来源：四行仓库抗战纪念馆提供
SH-11	第四展区“英名墙”展项	来源：四行仓库抗战纪念馆提供
SH-12	入口内退空间	来源：陈伯熔摄影
SH-13	建筑立面细部	来源：邵峰摄影
SH-14	建筑南立面	来源：王良苗摄影
SH-15	修缮方法示意图	来源：华建集团上海建筑设计研究院有限公司提供
SH-16	邬达克旧居修缮后	来源：王良苗摄影
SH-17	邬达克旧居西立面	来源：袁琳溪摄影
SH-18	楼梯修缮后与历史照片对照	来源：邬达克文化发展中心提供
SH-19	栏杆修缮后与历史照片对照	来源：邬达克文化发展中心提供
SH-20	举办“探索邬达克”建筑科普项目	来源：邬达克文化发展中心提供
SH-21	举办“邬达克建筑遗产文化月”活动	来源：邬达克文化发展中心提供

续表

图片序号	图片名称	图片来源
SH-22	志愿者讲解	来源：邬达克文化发展中心提供
SH-23	科普体验实践基地授牌	来源：邬达克文化发展中心提供
SH-24	沙逊大厦夜景	来源：上海和平饭店有限公司提供
SH-25	印度主题套房	来源：王良苗摄影
SH-26	老年爵士乐团国内外演出及获奖	来源：袁琳溪摄影
SH-27	老年爵士乐团表演	来源：上海和平饭店有限公司提供
SH-28	沙逊大厦纹样展示	来源：王良苗摄影
SH-29	和平博物馆	来源：袁琳溪摄影
SH-30	游客在仔细观看展览	来源：袁琳溪摄影
SH-31	沙逊大厦外观	来源：上海和平饭店有限公司提供

山西

图片序号	图片名称	图片来源
SX-01	张壁古堡建筑	来源：山西凯嘉张壁古堡生态旅游有限公司提供
SX-02	山西省文物建筑“认养”流程	来源：根据《曲沃县古建筑认领保护暂行办法》及《山西省社会力量参与文物建筑保护利用暂行办法》绘制
SX-03	张壁古堡内	来源：山西凯嘉张壁古堡生态旅游有限公司提供

天津

图片序号	图片名称	图片来源
TJ-01	静园主体建筑	来源：静园提供
TJ-02	静园主体建筑	来源：刘峘摄影
TJ-03	附属平房内的溥仪生平展	来源：静园提供
TJ-04	静园一楼餐厅	来源：刘峘摄影
TJ-05	静园二楼溥仪卧室	来源：静园提供
TJ-06	多种方式展示修缮成果	来源：刘峘摄影
TJ-07	多种方式展示修缮成果	来源：静园提供
TJ-08	多种方式展示修缮成果	来源：刘峘摄影
TJ-09	多种方式展示修缮成果	来源：刘峘摄影
TJ-10	多种方式展示修缮成果	来源：静园提供

续表

图片序号	图片名称	图片来源
TJ-11	静园门票	来源：静园提供
TJ-12	静园系列文创产品	来源：静园提供
TJ-13	静园系列文创产品	来源：静园提供
TJ-14	静园系列文创产品	来源：静园提供
TJ-15	静园系列文创产品	来源：静园提供
TJ-16	静园系列文创产品	来源：静园提供
TJ-17	静园系列文创产品	来源：静园提供
TJ-18	静园入口溥仪婉容卡通塑像	来源：静园提供
TJ-19	静园内“漫话溥仪”展示橱窗	来源：刘峘摄影
TJ-20	庆王府主体建筑入口	来源：庆王府提供
TJ-21	庆王府会客厅	来源：庆王府提供
TJ-22	业态调整前的溥铨书房卧室	来源：庆王府提供
TJ-23	业态调整后的溥铨书房卧室	来源：庆王府提供
TJ-24	业态调整前的影室	来源：庆王府提供
TJ-25	业态调整后的影室	来源：庆王府提供
TJ-26	庆王府文创产品	来源：庆王府提供
TJ-27	庆王府文创产品	来源：庆王府提供
TJ-28	庆王府文创产品	来源：庆王府提供
TJ-29	《庆王府大修实录》封面	来源：庆王府提供

云南

图片序号	图片名称	图片来源
YN-01	沙溪古镇魁星阁古戏台	来源：云南省大理州剑川县文化体育广播电视局提供
YN-02	沙溪古镇段家登古戏台	来源：云南省大理州剑川县文化体育广播电视局提供
YN-03	沙溪古镇玉津桥	来源：云南省大理州剑川县文化体育广播电视局提供
YN-04	启文庵修缮前	来源：云南省大理州剑川县文化体育广播电视局提供
YN-05	启文庵修缮后	来源：云南省大理州剑川县文化体育广播电视局提供
YN-06	城隍庙建筑修缮前	来源：云南省大理州剑川县文化体育广播电视局提供
YN-07	城隍庙建筑修缮后	来源：云南省大理州剑川县文化体育广播电视局提供
YN-08	城隍庙戏台修缮后	来源：云南省大理州剑川县文化体育广播电视局提供

图片序号	图片名称	图片来源
YN-09	黄花坪魁阁修缮前	来源：云南省大理州剑川县文化体育广播电视局提供
YN-10	黄花坪魁阁修缮后	来源：云南省大理州剑川县文化体育广播电视局提供
YN-11	寺登古戏台修缮工程展示	来源：云南省大理州剑川县文化体育广播电视局提供
YN-12	2005 年联合国教科文组织亚太地区的遗产保护奖	来源：云南省大理州剑川县文化体育广播电视局提供
YN-13	居民参与沙溪复兴工程居民参与讨论	来源：云南省大理州剑川县文化体育广播电视局提供
YN-14	沙溪古镇复兴工程修缮后街景	来源：云南省大理州剑川县文化体育广播电视局提供
YN-15	石龙霸王鞭	来源：云南省大理州剑川县文化体育广播电视局提供
YN-16	沙溪歌会	来源：云南省大理州剑川县文化体育广播电视局提供
YN-17	火把节	来源：云南省大理州剑川县文化体育广播电视局提供
YN-18	兴教寺古戏台	来源：云南省大理州剑川县文化体育广播电视局提供
YN-19	和顺图书馆主馆入口	来源：和顺县图书馆提供
YN-20	和顺图书馆主馆	来源：和顺县图书馆提供
YN-21	和顺图书馆外借阅览室	来源：和顺县图书馆提供
YN-22	和顺图书馆中华再造善本藏书综合楼	来源：和顺县图书馆提供
YN-23	和顺讲堂之“滇西抗战与微观战史”专题讲座	来源：和顺县图书馆提供
YN-24	暑期少儿书法培训班	来源：和顺县图书馆提供
YN-25	和顺讲堂之“精彩阅读·快乐成长”专题讲座	来源：和顺县图书馆提供
YN-26	和顺传统文化——洞经展演活动	来源：和顺县图书馆提供
YN-27	春节免费送春联活动	来源：和顺县图书馆提供
YN-28	查阅馆藏古籍文献	来源：和顺县图书馆提供
YN-29	“鲐背书香·经典诵读”庆祝和顺图书馆建馆 90 周年经典诵读活动	来源：和顺县图书馆提供
YN-30	和顺图书馆全景图	来源：和顺县图书馆提供
YN-31	和顺图书馆侧门	来源：和顺县图书馆提供
YN-32	和顺图书馆总平面图	来源：和顺县图书馆提供
YN-33	天神殿剖面图	来源：和顺县图书馆提供
YN-34	文昌宫大门剖面图	来源：和顺县图书馆提供

浙江

图片序号	图片名称	图片来源
ZJ-01	胡庆余堂俯瞰全景	来源：张永胜摄影
ZJ-02	胡庆余堂前店药铺营业厅	来源：张永胜摄影

续表

图片序号	图片名称	图片来源
ZJ-03	胡庆余堂留存下来的“戒欺”牌匾	来源：张永胜摄影
ZJ-04	胡庆余堂常年免费提供药茶	来源：张永胜摄影
ZJ-05	营业厅处方抓药处	来源：蔡超摄影
ZJ-06	营业厅缴费取药处	来源：蔡超摄影
ZJ-07	中药博物馆入口	来源：张永胜摄影
ZJ-08	中药博物馆陈列展厅	来源：蔡超摄影
ZJ-09	孩子们在兴趣室体验制药工具	来源：胡庆余堂中药博物馆提供
ZJ-10	胡庆余堂老药师展示手工泛丸技能	来源：叶建华摄影
ZJ-11	天井的中草医植物都贴有标签	来源：蔡超摄影
ZJ-12	中药文化节活动——药材鉴别	来源：蔡超摄影
ZJ-13	中药文化节活动——中医药讲解	来源：叶建华摄影
ZJ-14	老药工带孩子体验传统制药技艺	来源：张永胜摄影
ZJ-15	胡庆余堂开展“第二课堂”活动	来源：张永胜摄影
ZJ-16	胡庆余堂天井	来源：蔡超摄影
ZJ-17	五四宪法起草地旧址外景	来源：蔡超摄影
ZJ-18	“五四宪法”起草地旧址修缮前后对比照（上图均为修缮前，下图均为修缮后）	来源：五四宪法历史资料陈列馆提供
ZJ-19	“五四宪法”起草地旧址俯瞰	来源：五四宪法历史资料陈列馆提供
ZJ-20	复原陈列 办公室	来源：五四宪法历史资料陈列馆提供
ZJ-21	复原陈列 会议室	来源：五四宪法历史资料陈列馆提供
ZJ-22	主题陈列 第一单元 制定五四宪法的历史背景	来源：韩真元摄影
ZJ-23	主题陈列 第二单元 毛泽东主持“西湖稿”起草	来源：五四宪法历史资料陈列馆提供
ZJ-24	改为手工艺活态展示馆的通益公纱厂厂房入口	来源：手工艺活态展示馆提供
ZJ-25	手工艺活态展示馆内部场景	来源：蔡超摄影
ZJ-26	联合国教科文组织颁发的荣誉证书	来源：http: //ori.hangzhou.com.cn/ornews/content/2018-07/25/content_7041777.htm
ZJ-27	植物蓝染产品展示	来源：韩真元摄影
ZJ-28	植物蓝染技艺体验	来源：韩真元摄影
ZJ-29	竹编产品展示	来源：韩真元摄影
ZJ-30	竹编技艺体验	来源：韩真元摄影
ZJ-31	心兰书社外部全景	来源：瑞安市文物保护管理所提供
ZJ-32	心兰书社修缮前后对比照（左侧为修缮前，右侧为修缮后）	来源：瑞安市文物保护管理所提供

续表

图片序号	图片名称	图片来源
ZJ-33	心兰书社借阅室	来源：瑞安市文物保护管理所提供
ZJ-34	心兰书社中间大厅	来源：瑞安市文物保护管理所提供
ZJ-35	心兰文化驿站举办的古韵琴音读书沙龙活动	来源：瑞安市文物保护管理所提供
ZJ-36	心兰文化驿站举办的香道分享会	来源：瑞安市文物保护管理所提供
ZJ-37	松阳县三都乡酉田村全貌	来源：松阳县老屋办提供
ZJ-38	松阳县赤寿乡界首村	来源：松阳县老屋办提供
ZJ-39	松阳县三都乡杨家堂村	来源：松阳县老屋办提供
ZJ-40	松阳县拯救老屋行动项目技术培训	来源：松阳县老屋办提供
ZJ-41	施工时采用传统的墙体夯筑技艺	来源：松阳县老屋办提供
ZJ-42	松阳县传统节庆活动	来源：松阳县老屋办提供
ZJ-43	松阳县南直街的汀屋	来源：松阳县博物馆提供
ZJ-44	松阳县界首村“卓庐若家”精品民宿	来源：松阳县博物馆提供
ZJ-45	周氏民宅改为科同村文化礼堂后全貌	来源：海宁市文物保护管理所提供
ZJ-46	修缮前后对比照（上图为修缮前，下图为修缮后）	来源：海宁市文物保护管理所提供
ZJ-47	前南厢房维修前后对比照（上图为修缮前，下图为修缮后）	来源：海宁市文物保护管理所提供
ZJ-48	科同村文化礼堂举办家风家训活动	来源：海宁市文物保护管理所提供
ZJ-49	科同村文化礼堂举办迎新春活动	来源：海宁市文物保护管理所提供
ZJ-50	科同村文化礼堂举办“七岁儿童启蒙礼”活动	来源：海宁市文物保护管理所提供
ZJ-51	科同村文化礼堂举办包粽子比赛	来源：海宁市文物保护管理所提供
ZJ-52	科同村文化礼堂举办“文化和自然遗产日”活动	来源：海宁市文物保护管理所提供

致 谢

感谢提供工作指导的顾问专家、单位及个人

感谢国家文物局文物处凌明处长在课题中的支持与协助。
感谢刘德谦、刘正辉、刘智敏、黄滋、何经平、霍晓卫、魏青、郑一琳、张瑾、张光玮、蔡君、阎照等各位专家在案例指南编制过程中的指导。
感谢戚军、徐非、宋亚亭、张曼等同仁在案例指南编制过程中的文字撰写及帮助。
感谢所有提供图片的摄影者、支持单位及个人，极少数图片未能联系上摄影者，见书后可与课题组联系（邮箱：jaoy@vip.qq.com）。

安徽
黟县世界文化遗产管理办公室

北京市
北京市文物局
北京市东城区文委
北京市西城区文委
孔庙和国子监博物馆
新华雅集国际文化传播（北京）有限公司
东景缘（北京）酒店管理有限公司
北京正阳书局有限公司
东江米巷花园（北京）餐饮有限公司
北京东方饭店有限责任公司

重庆市
重庆市文物局
渝中区文物管理所
重庆红岩革命历史博物馆
九龙坡区文物管理所
南岸区文物管理所
重庆湖广会馆实业发展有限公司
重庆靶点影视文化传媒有限公司
成都高宅文化传播有限公司
重庆九龙坡区建川博物馆

福建省
福州市文物局
三坊七巷保护开发有限公司
福州市仓山区博物馆
福州市仓山区文化馆
福州市仓山区图书馆 · 绘本分馆
福州市台江区博物馆 · 古田会馆
濂江书院
厦门市鼓浪屿管委会
厦门市鼓浪屿—万石风景名胜区管理委员会
厦门市鼓浪屿游览区管理处
故宫博物院 · 故宫鼓浪屿外国文物馆
鼓浪屿 · 外图书店
中国唱片博物馆

广东省
广东省文物局
广州市文物局
开平市文物局
越秀区文化广电新闻出版局
白云区文化遗产管理办公室
广东民间工艺博物馆
白云区金沙街道办事处
万木草堂陈列馆
金沙艺术馆
广州市越秀区文化广电新闻出版社
广州市越秀区文德文化商会
广州凯月文化传播有限公司

河北省
河北省文物局
正定县文物保管所

湖北省
湖北省文物局
武汉大学保障部
中信银行滨江支行
中信建筑设计研究总院

湖南省
湖南省文物局
湖南大学岳麓书院

吉林省
吉林省文物局
长影旧址博物馆
长影集团有限责任公司
伪满皇宫博物院

江苏省
江苏省文物局
南京市文物局
苏州市文物局
苏州市园林和绿化管理局
罗莱夏朵 · 南京颐和公馆
南京晨光一八六五置业投资管理有限公司
苏州沧浪亭管理处
书香府邸 · 平江府
花间堂 · 丽则女学门店

辽宁省
辽宁省文物局
沈阳市文物局
沈阳市铁西区文体局
沈阳壹玖零伍文化创意园有限公司

青海省
青海塔尔寺管理委员会

四川省
四川省文物局
成都杜甫草堂博物馆
自贡市盐业历史博物馆
泸州市文物局
泸县屈氏庄园博物馆

山东省
青岛市文物局
青岛啤酒博物馆
青岛邮电博物馆

上海市
上海市文物局
上海四行仓库抗战纪念馆
华建集团上海建筑设计研究院有限公司
邬达克文化发展中心
上海和平饭店有限公司

山西省
山西省文物局
山西凯嘉张壁古堡生态旅游有限公司

天津市
天津市文物局
天津市和平区文保所
天津市历史风貌建筑文化旅游发展有限公司
天津市庆王府酒店管理有限公司
天津利顺德大饭店有限公司

云南省
云南省文化厅文物处
云南省大理州剑川县文化体育广播电视局
和顺县图书馆

浙江省
浙江省文物局
浙江省古建筑设计研究院
杭州市园林文物局
湖州市文化广电新闻出版局
胡庆余堂中药博物馆
“五四宪法”历史资料陈列馆
手工艺活态展示馆
湖州南浔旅游发展集团有限公司
杭州商贸旅游集团公司
富义仓文化创意产业园